高职高专建筑工程技术专业系列规划教材

建筑CAD

（第2版）

主　编　游普元
副主编　胡庆芳

JIANZHU

CAD

重庆大学出版社

内 容 提 要

本书是根据高职高专职业教育和建筑工程技术等土木类专业的培养目标及教学改革要求,参照教育部工程图学教学指导委员会2010年修订的工程图学课程教学基本要求编写,书中采用了《房屋建筑制图统一标准》(GB 50001—2010)最新的规定。本书共10章,主要内容有:课程导入,AutoCAD 2012 的入门,绘图设置,基本图形的绘制与显示,图形编辑,文本、标注与表格,建筑施工图的绘制,高级应用技巧,图形打印输出,三维绘图简介,天正软件应用等,文后附有附录。本书按照"由浅入深,先基础再提高"的原则编写,内容结合建筑工程实际,示例实用、典型。

本书可作为高职高专建筑工程技术、工程造价、工程项目管理、工程监理、建筑装饰工程技术、建筑设计技术等专业的建筑 CAD 教材,也可供其他类型学校,如职工大学、函授大学、电视大学等相关专业选用,以及有关的工程技术人员参考。

图书在版编目(CIP)数据

建筑 CAD/游普元主编 . —2 版 . —重庆:重庆大
学出版社,2017.1(2020.9 重印)
高职高专建筑工程技术专业系列规划教材
ISBN 978-7-5624-7962-8

Ⅰ.①建… Ⅱ.①游… Ⅲ.①建筑设计—计算机辅助
设计—AutoCAD 软件—高等职业教育—教材 Ⅳ.①TU201.4

中国版本图书馆 CIP 数据核字(2016)第 275037 号

建筑 CAD
(第 2 版)

主　编　游普元
副主编　胡庆芳
策划编辑:曾令维

责任编辑:李定群　高鸿宽　　版式设计:曾令维
责任校对:邹　忌　　　　　　责任印制:张　策

＊

重庆大学出版社出版发行
出版人:饶帮华
社址:重庆市沙坪坝区大学城西路 21 号
邮编:401331
电话:(023) 88617190　88617185(中小学)
传真:(023) 88617186　88617166
网址:http://www.cqup.com.cn
邮箱:fxk@ cqup.com.cn(营销中心)
全国新华书店经销
重庆升光电力印务有限公司印刷

＊

开本:787mm×1092mm　1/16　印张:19　字数:474 千
2017 年 1 月第 2 版　　2020 年 9 月第 7 次印刷
印数:10 606—12 105
ISBN 978-7-5624-7962-8　定价:39.00 元

前言

  AutoCAD 计算机辅助设计已成为我国工科院校学生的必修内容之一,学生在校学习期间,已将其应用于"建筑制图"课程、"建筑结构"课程,以及各类课程的课程设计或实训和毕业设计等教学环节中。通过课程体系的合理设计,使学生在校期间学习、使用 AutoCAD 不间断,不仅改善学生绘图环境、提高绘图速度和质量,更为学生的就业岗位:施工员、质量员、安全员、资料员、监理员等工作打下良好的基础。

  本书选择较新的 AutoCAD 2012 版本为载体,针对建筑工程制图的特点,精选了大量典型示例,全面系统地介绍了如何使用 AutoCAD 完成建筑工程图的绘制、编辑、标注、打印等工作。

  建筑工程制图与其他工程制图相比,有较多的特殊线型、构造、图例和标注等。本书针对以上特征,采用了大量典型的建筑工程图例进行介绍,并尽可能将命令的讲解、使用融入典型示例的绘制过程中。结合建筑工程中的平面图、立面图、剖面图、大样图、结施图等,介绍了使用 AutoCAD 绘制完成建筑工程图的步骤和要点、可能出现的问题与解决方法等。对于常用的 AutoCAD 命令,从命令调用方式、命令及提示、功能和操作要点或参数说明 3 个方面进行详细介绍,并在每章后选编了与建筑工程图联系较紧密的习题进行操作实训,能有效地帮助用户巩固所学内容。

  本书主要内容包括:课程导入,AutoCAD 2012 的入门,绘图设置,基本图形的绘制与显示,图形编辑,文本、标注与表格,建筑施工图的绘制,高级应用技巧,图形打印输出、三维绘图简介,天正软件应用及附录等。

  参与本书编写的人员姓名、单位及任务分工和学时建议如下表:

编写章节	姓　名	工作单位	学时建议	备注
课程导入	游普元	重庆工程职业技术学院	2	
第 1 章　AutoCAD 2012 的入门	游普元、孙磊	重庆工程职业技术学院	8 ~ 10	

续表

编写章节	姓　名	工作单位	学时建议	备注
第 2 章　绘图设置	游普元	重庆工程职业技术学院	4～6	
第 3 章　基本图形的绘制与显示	赵　林	黑龙江农垦科技职业学院	6～8	
第 4 章　图形编辑	孙　磊	重庆工程职业技术学院	6～8	
第 5 章　文本、标注与表格	胡庆芳	重庆工程职业技术学院	4～6	
第 6 章　建筑施工图的绘制	游普元	重庆工程职业技术学院	8～10	
第 7 章　高级应用技巧	王坤禄	重庆龙脊（集团）有限公司	4～6	
第 8 章　图形打印输出	胡庆芳	重庆工程职业技术学院	4～6	
第 9 章　三维绘图简介	肖能立	重庆工程职业技术学院	4～6	
第 10 章　天正软件应用	孙　磊	重庆工程职业技术学院	2～4	
附录 A	孙　磊	重庆工程职业技术学院		
附录 B、附录 C	游普元	重庆工程职业技术学院		

全书由游普元进行统稿、审核工作，孙磊协助进行初审工作，重庆龙脊（集团）有限责任公司王坤禄（全国注册一级结构工程师）副总经理担任主审。

在编写过程中得到重庆工程职业技术学院建筑工程学院的部分老师、企业人员的大力支持，在此表示感谢。

限于编者的水平和经验，书中难免有不当之处，恳请各位读者不吝赐教、批评指正，以便我们在今后的工作中改进和完善。

编　者

2016 年 11 月

目录

1

课程导入

章节概述

自 CAD 问世以来,极大地提高了绘图的效率、质量和准确性,本部分主要介绍 CAD 的发展历程、绘图特点、应用及 CAD 制图标准。

知识目标

能熟练表述 CAD 的基本概念、发展历程。

能基本表述 CAD 在土木工程专业中的应用现状。

能力目标

能熟练应用 CAD 制图标准,对图纸进行编号、命名等。

计算机绘图是相对于手工绘图而言的一种高效率、高质量的绘图技术。手工绘图使用三角板、丁字尺、圆规等简单工具,是一项细致、冗杂的劳动,不但效率低、质量差,而且不易于修改。

0.1 计算机软件绘图认知

0.1.1 什么是 CAD

CAD 是"计算机辅助设计"(Computer-Aided Design)的缩略语。CAD 是计算机技术与工程设计相结合的产物,它着重研究解决如何用计算机这一现代化的工具去辅助工程技术人员更好地做设计。CAD 的核心技术是关于工程图形的计算机处理技术。CAD 的两个阶段:计算机辅助绘图和计算机辅助设计。

0.1.2 发展历程

20 世纪 50 年代初,人们根据数控机床的原理,用绘图笔代替刀具而发明了第一台平板式数控图机,随后又发明了滚筒式数控绘图机。同期,国际上发明了阴极射线管,从而使数据可以以图形的方式显示在荧光屏上。以后,由于计算机、图形显示器、光笔、图数据转换器等设备的生产、发展和人们对图学的理论探讨及应用研究,逐渐形成了一门新兴的学科——计算机图学。

作为计算机技术应用的重要领域之一，CAD 技术是伴随着计算机技术的发展而逐步成熟、完善的，其发展过程大致可分为以下 4 个阶段：

(1) 第一代 CAD 系统

20 世纪 60 年代，为大型机 CAD 阶段。其典型硬件设备为大型计算机、刷新式随机扫描图形显示器和光笔，图形支撑软件为二维图形系统。CAD 技术实质上还处于实验阶段，不具备实用的图形处理功能，仅局限于解决单纯的计算问题，如平面和纵面几何线型的计算等。

(2) 第二代 CAD 阶段

20 世纪 60 年代末至 70 年代末，为小型机阶段。其典型硬件设备为小型计算机、存储管式图形显示器和图形输入板，图形支撑软件同样基于二维图形系统，但增加了非几何数据处理和数据库管理。本阶段 CAD 凭借其功能强大、使用方便、计算可靠、效率高的优点而逐渐成为商品，成为结构工程领域有力且不可缺少的分析工具，在全球得到迅速的推广和普及。

(3) 第三代 CAD 系统

20 世纪 70 年代末至 90 年代末，为微机与工作站 CAD 阶段。其典型硬件设施为微机（工作站）、光栅扫描图形显示器、绘图仪、图形输入装置，图形支撑软件为三维图形系统。本阶段计算机硬件的性能不断提高，价格大幅下降，使用越来越方便，出现了一批实用的 CAD 系统，很大程度上拓宽了 CAD 的应用范围，是 CAD 高速发展的阶段，广泛应用于机械、土建、电子、航天、航空、造船、石化、冶金等各个领域。

(4) 第四代 CAD 系统

20 世纪 90 年代至今，随着用户界面技术的发展，尤其是图形用户界面 GUI(Graphics Use Interfase)的普遍使用，显著提高了 CAD 的易用性。CAD 技术与数据库技术、网络技术、人工智能技术紧密结合，使 CAD 系统向着网络化和智能化方向发展。三维曲面和实体几何造型技术的发展和应用，可以实时显示设计成果的三维模型，使 CAD/CAM 的信息集成，使工程和产品的设计、生产、管理一体化成为可能。

0.1.3 归属及特点

计算机绘图是计算机图学的一个分支，它的主要特点是给计算机输入非图形信息，经过计算机的处理，生成图形信息输出。一个计算机绘图系统可有不同的组合方式，最简单的是由一台微型计算机加一台绘图机组成。除硬件外，还必须配有各种软件，如操作系统、语言系统、编辑系统、绘图软件及显示软件等。

工程设计中，繁杂的设计工作可归纳为两类：创造性工作和重复性工作。创造性工作指的是研究和分析方面的工作；重复性工作则主要是大量烦琐的运算和绘图。一般情况下，应用 CAD 技术有如下特点：

(1) 缩短设计周期

计算机处理速度快，可不间断工作，能提高分析计算速度，解决复杂的计算问题；通过直观地了解设计对象，可减少综合分析的时间；可大幅度提高绘图效率和设计效率，缩短设计周期。

(2) 提高设计质量

利用计算机准确的计算和逻辑判断能力，可进行周密的工程分析，提供多种可选择的设计方案；可减少设计误差，便于修改设计；利用计算机得到清晰、规范的设计图纸和文档，便于校核和修改，有效防止手工绘图过程中各种错误的产生，从而提高设计质量。

（3）促进设计规范化和标准化

CAD 技术的广泛应用可使设计方法、设计文档和制图标准得到统一；计算机生成的规范设计图纸和文档可改进各专业设计间的信息传递；通过建立统一数据库，实现信息共享，可促进设计的规范化和标准化。

（4）降低设计成本

CAD 系统可帮助设计者提高设计效率和设计质量，随着设计劳务费的日趋提高，计算机性能价格比不断改善，应用 CAD 系统可降低设计劳务费，取得显著的经济效益。

计算机绘图图像如图 0.1 所示。

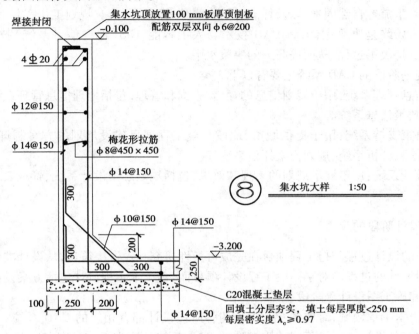

图 0.1　计算机绘图图像

0.2　CAD 在土木工程中的运用

土木工程是建造各类工程设施的科学技术的总称，它既指工程建设的对象，即建在地上、地下、水中的各种工程设施，也指所应用的材料、设备和所进行的设计、施工、保养、维护等技术。土木工程所包含的内容极为广泛，而且种类繁多。常见的土木工程一般可分基础工程、建筑工程、道路工程、铁路工程、桥梁工程、机场工程、港口工程、隧道和地下工程、水利水电工程及给排水工程等。

土木工程是 CAD 技术应用最早、发展最快的领域。目前，我国工程设计已普遍采用计算机绘图和设计，全面实施了国务院提出的"CAD 应用工程"，甲、乙级设计企业计算机出图率达100%。CAD 技术已成为土木工程设计不可缺少的工具和手段，并贯穿于工程的规划、设计和施工管理等全过程，取得了缩短设计工期、提高设计质量、降低设计成本的显著效果。随着人工智能技术、多媒体技术、科学计算可视化技术以及网络技术的迅猛发展和广泛应用，土木工程 CAD 应用的范围和深度不断扩展。土木工程 CAD 实现了智能化、集成化、网络化、异地设计、协同工作、信息共享,信息化施工与管理(BIM)正受到广泛重视。

一般土木工程的建设都要经过规划、设计、施工、验收 4 个阶段,建成以后进入维护管理阶段。目前,CAD 技术已用于规划、设计、施工、验收、维护管理等各个阶段。

0.2.1 规划阶段的应用

对于任何工程项目,规划工作十分重要,其主要任务包括项目可行性分析、方案设计等。规划中需要综合考虑诸多因素,如:土地利用、经济、交通、景观、法律等社会经济因素,资源、气象、地质、地形、水流等自然因素,以及耗能、污染、绿化等环境因素。规划工作实际上是一个决策过程,其中人始终是决策主体,将 CAD 技术与人工智能、GIS(地理信息系统)技术结合起来,可以辅助支持决策过程,从而提高人的决策水平。

应用于规划阶段的 CAD 系统主要有以下 3 类:

①规划信息管理系统:用于规划信息的存储、查询和管理,包括地理信息管理系统、资源信息系统、规划政策信息系统等。

②规划决策支持系统:用于提供城市、地域乃至工程项目建设规划的方案制订和决策支持,包括规划信息分析系统、规划方案评估系统等。

③规划设计系统:用于展示规划的表现和效果,包括规划总图设计系统、景观表现系统、交通规划系统等。

0.2.2 设计阶段的应用

土木工程的设计过程是指工程项目在完成可行性研究和投资决策后,从设计准备开始,直到完成施工图设计的过程。对于一般工程设计项目而言,土木工程设计包括方案设计、初步设计、技术设计和施工图设计等阶段。

目前,在土木工程领域,对应各专业工程的各阶段设计都有相应的 CAD 系统。应用比较广泛的是对应于各设计过程或不同结构类型的 CAD 系统。这类系统针对某一设计环节或任务,具有功能齐全、操作方便的特点。但为完成一项设计需要使用多个系统,导致大量数据重复输入,影响了设计效率。随着 CAD 技术的发展,面向设计全过程的集成化 CAD 系统日趋成熟,得到了应用和推广。集成化 CAD 系统实现了各阶段设计的信息共享,避免了数据重复输入,极大地提高了 CAD 系统的效率和水平。

CAD 技术在土木工程设计中的应用主要包括以下 4 个方面:

①建筑工程设计:包括建筑设计、结构设计以及安装工程设计。其中,建筑设计包括三维造型、建筑渲染、平面布景、建筑构造、小区规划、日照分析、室内装饰等设计;结构设计包括结构选型、有限元分析、结构设计、施工图绘制设计等;安装工程设计包括水,电、暖通等各种设备及管道设计。

②城市规划和市政工程设计:包括城市道路、高架桥、轻轨、地铁、市政管网设计等。

③交通工程设计:包括公路、桥梁、铁路、机场、港口、码头等工程设计。

④水利水电工程设计:包括大坝、水渠、水利枢纽、河海工程等设计。

0.2.3 施工阶段的应用

土木工程施工一般包括投标报价、施工组织、资源调配、具体施工及工程进度管理、工程验收等环节。目前,CAD 技术已经广泛应用于施工过程的各个环节,具体包括以下 3 个方面:

①工程施工技术:包括基坑支护设计系统、模板设计系统、脚手架设计系统、混凝土工程计算软件、钢筋下料计算软件、冬季施工的热工计算软件等。

②工程施工管理:包括施工组织设计系统、工程项目管理系统、工程造价管理系统、工程质量管理系统、施工安全管理系统、施工设备管理系统、工程材料管理系统、施工人力资源管理系统等。

③施工企业管理:投标报价、合同管理、工程概预算、网络计划、人事工资以及财务管理等方面的专业软件已得到广泛应用,在项目管理、企业信息化综合管理方面也已经起步。

随着建设领域信息化的发展,虚拟建造技术以及信息化施工技术在工程施工中得到了广泛应用,提高了工程施工技术和管理的现代化水平。

0.2.4 维护管理阶段的应用

维护管理包括工程的定期检测,维修加固的规划、设计和施工。CAD 技术主要用于检测信息和维护检查结果的存储管理及分析评估、维修和加固的方案制订、设计计算和施工图绘制等。当前的研究和应用方向是综合结构安全性、材料耐久性分析以及灾害研究,对工程在使用阶段的功能及安全进行预测分析和追踪管理。

0.3 本课程的学习目标、任务及方法

0.3.1 本课程学习目标

本课程是在学习"建筑制图"或"建筑工程图识读与绘制"等专业必修课的基础上,培养学生基本的计算机图形绘制、编辑、打印的技能,能利用通用图形软件 AutoCAD 完成建施图、结施图、设施图、装饰图等相关建筑工程设计图的绘制,能绘制二维图形和简单的三维图形,具备在设计、施工、监理、研究等部门从事基本的专业图形绘制工作的能力。

0.3.2 本课程学习任务

本课程基于美国 Autodesk 公司开发的通用图形软件 AutoCAD 2012 进行介绍,要求学生在完成课程学习后,能达到以下技能水平:

①熟悉 AutoCAD 的基本操作,正确使用常用绘图命令、图形编辑命令、图层的应用、特征点捕捉等的技巧与方法。

②正确绘制、编辑和标注建筑工程专业图形,正确打印图形。

③能使用 AutoCAD 进行三维图形的基本建模。

④正确使用 AutoCAD 常见技巧,解决实际应用中的一些疑难问题。

0.3.3　本课程学习方法

本课程是一门应用型的综合课程,学生应具备计算机的基本知识、计算机软硬件的基本操作技能,有较好的建筑专业知识素养和较强的动手能力。从基本绘图命令入手,掌握常见绘图和编辑的技能,在入门阶段不要贪多,要注意培养交互式参数绘图的基本思维方式和图形坐标系的概念,在此基础上结合专业知识完成简单专业图形的绘制;在系统学习图形标注和图形格式的基础上,完成较复杂专业图形的绘制和打印;在熟练掌握交互绘制二维图形的基础上,了解提高绘图工作效率的技巧和简单三维图形的绘制方法,达到系统学习本课程的目的;学习该课程应做到理论与实践结合,边学边练。

0.4　CAD 制图标准介绍

在《房屋建筑制图统一标准》(GB 50001—2010)中对 CAD 的制图标准有相关规定。

0.4.1　计算机制图文件

(1)一般规定

①计算机制图文件可分为工程图库文件和工程图纸文件。工程图库文件可在一个以上的工程中重复使用;工程图纸文件只能在一个工程中使用。

②建立合理的文件目录结构,可对计算机制图文件进行有效的管理和利用。

(2)工程图纸的编号

1)工程图纸编号应符合的规定

①工程图纸根据不同的子项(区段)、专业、阶段等进行编排,宜按照设计总说明、平面图、立面图、剖面图、大样图(大比例视图)、详图、清单、简图的顺序编号。

②工程图纸编号应使用汉字、数字和连字符"-"的组合。

③在同一工程中,应使用统一的工程图纸编号格式,工程图纸编号应自始至终不变。

2)工程图纸编号格式应符合的规定

①工程图纸编号可由区段代码、专业缩写代码、阶段代码、类型代码、序列号、更改代码及更新版本序列号等组成,如图 0.2 所示。其中,区段代码、专业缩写代码、阶段代码、类型代码、序列号、更改代码及更新版本序列号可根据需要设置。区段代码与专业缩写代码、阶段代码与类型代码、序列号与更改代码之间用连字符"-"分隔开。

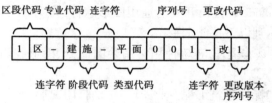

图 0.2　工程图纸编号格式

②区段代码用于工程规模较大、需要划分子项或分区段时,区别不同的子项或分区,由 2~4 个汉字和数字组成。

③专业缩写代码用于说明专业类别(如建筑等),由1个汉字组成,宜选用《房屋建筑制图统一标准》(GB 50001—2010)附录A所列出的常用专业缩写代码。

④阶段代码用于区别不同的设计阶段,由1个汉字组成,宜选用《房屋建筑制图统一标准》(GB 50001—2010)附录A所列出的常用阶段代码。

⑤类型代码用于说明工程图纸的类型(如楼层平面图),由2个字符组成,宜选用《房屋建筑制图统一标准》(GB 50001—2010)附录A所列出的常用类型代码。

⑥序列号用于标识同一类图纸的顺序,由001~999的任意3位数字组成。

⑦更改代码用于标识某张图纸的变更图,用汉字"改"表示。

⑧更改版本序列号用于标识变更图的版次,由1~9的任意1位数字组成。

(3)计算机制图文件的命名

1)工程图纸文件命名应符合的规定

①工程图纸文件可根据不同的工程、子项或分区、专业、图纸类型等进行组织,命名规则应具有一定的逻辑关系,便于识别、记忆、操作和检索。

②工程图纸文件名称应使用拉丁字母、数字、连字符"-"和井字符"#"的组合。

③在同一工程中,应使用统一的工程图纸文件名称格式,工程图纸文件名称自始至终保持不变。

2)工程图纸文件命名格式应符合的规定

①工程图纸文件名称可由工程代码、专业代码、类型代码、用户定义代码和文件扩展名组成(见图0.3)。其中,工程代码和用户定义代码可根据需要设置,专业代码与类型代码之间用连字符"-"分隔开,用户定义代码与文件扩展名之间用小数点"."分隔开。

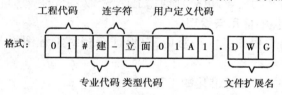

图0.3 工程图纸文件命名格式

②工程代码用于说明工程、子项或区段,可由2~5个字符和数字组成。

③专业代码用于说明专业类别,由1个字符组成;宜选用《房屋建筑制图统一标准》(GB 50001—2010)附录A所列出的常用专业代码。

④类型代码用于说明工程图纸文件的类型,由2个字符组成;宜选用《房屋建筑制图统一标准》(GB 50001—2010)附录A所列出的常用类型代码。

⑤用户定义代码用于进一步说明工程图纸文件的类型,宜由2~5个字符和数字组成;其中,前两个字符为标识同一类图纸文件的序列号,后两位字符表示工程图纸文件变更的范围与版次(见图0.4)。

⑥小数点后的文件扩展名由创建工程图纸文件的计算机制图软件定义,由3个字符组成。

3)工程图库文件命名应符合的规定

①工程图库文件应根据建筑体系、组装需要或用法等进行分类,便于识别、记忆、操作和检索。

②工程图库文件名称应使用拉丁字母和数字的组合。

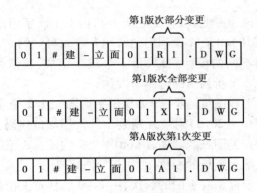

第1版次部分变更

| 0 | 1 | # | 建 | – | 立 | 面 | 0 | 1 | R | 1 | . | D | W | G |

第1版次全部变更

| 0 | 1 | # | 建 | – | 立 | 面 | 0 | 1 | X | 1 | . | D | W | G |

第A版次第1次变更

| 0 | 1 | # | 建 | – | 立 | 面 | 0 | 1 | A | 1 | . | D | W | G |

图0.4　工程图纸文件变更表示方式

③在特定工程中使用工程图库文件,应将该工程图库文件复制到特定工程的文件夹中,并应更名为与特定工程相适应的工程图纸文件名。

(4)计算机制图文件夹

①计算机制图文件夹可根据工程、设计阶段、专业、使用人和文件类型等进行组织。计算机制图文件的名称可以由用户或计算机制图软件定义,并应在工程上具有明确的逻辑关系,便于识别、记忆、管理和检索。

②计算机制图文件夹名称可使用汉字、拉丁字母、数字和连字符"－"的组合,但汉字与拉丁字母不得混用。

③在同一工程中,应使用统一的计算机制图文件夹命名格式,计算机制图文件夹名称应自始至终保持不变,且不得同时使用中文和英文的命名格式。

④为了满足协同设计的需要,可分别创建工程、专业内部的共享与交换文件夹。

(5)计算机制图文件的使用与管理

①工程图纸文件与工程图纸一一对应,以保证存档时工程图纸与计算机制图文件的一致性。

②计算机制图文件宜使用标准化的工程图库文件。

③文件备份应符合下列规定:

a.计算机制图文件应及时备份,避免文件及数据的意外损失、丢失等。

b.计算机制图文件备份的时间和份数可根据具体情况自行确定,宜每日或每周备份一次。

④应采取定期备份、预防计算机病毒、在安全的设备中保存文件的副本、设置相应的文件访问与操作权限、文件加密以及使用不间断电源(UPS)等保护措施,对计算机制图文件进行有效保护。

⑤计算机制图文件应及时归档。

⑥不同系统间图形文件交换应符合现行国家标准《工业自动化系统与集成产品数据表达与交换》(GB/T 16656—2010)的规定。

(6)协同设计与计算机制图文件

1)协同设计的计算机制图文件组织应符合的规定

①采用协同设计方式,应根据工程的性质、规模、复杂程度和专业需要,合理、有序地组织计算机制图文件,并据此确定设计团队成员的任务分工。

②采用协同设计方式组织计算机制图文件,应以减少或避免设计内容的重复创建和编辑为原则,条件许可时,宜使用计算机制图文件参照方式。

③为满足专业之间协同设计的需要,可将计算机制图文件划分为各专业共用的公共图纸文件、向其他专业提供的资料文件和仅供本专业使用的图纸文件。

④为满足专业内部协同设计的需要,可将本专业的一个计算机制图文件分解为若干个零件图文件,并建立零件图文件与组装图文件之间的联系。

2)协同设计的计算机制图文件参照应符合的规定

①在主体计算机制图文件中,可引用具有多级引用关系的参照文件,并允许对引用的参照文件进行编辑、剪裁、拆离、覆盖、更新、永久合并的操作。

②为避免参照文件的修改引起主体计算机制图文件的变动,主体计算机制图文件归档时,应将被引用的参照文件与主体计算机制图文件永久合并(绑定)。

0.4.2　计算机制图文件的图层

(1)图层命名应符合的规定

①图层可根据不同的用途、设计阶段、属性和使用对象等进行组织,但在工程上应具有明确的逻辑关系,便于识别、记忆、软件操作和检索。

②图层名称可使用汉字、拉丁字母、数字和连字符"-"的组合,但汉字与拉丁字母不得混用。

③在同一工程中,应使用统一的图层命名格式,图层名称应自始至终保持不变,且不得同时使用中文和英文的命名格式。

(2)图层命名格式应符合的规定

①图层命名应采用分级形式,每个图层名称由2~5个数据字段(代码)组成,第一级为专业代码,第二级为主代码,第三级、第四级分别为次代码1和次代码2,第五级为状态代码;其中,专业代码和主代码为必选项,其他数据字段为可选项;每个相邻的数据字段用连字符"-"分隔开。

②专业代码用于说明专业类别,宜选用《房屋建筑制图统一标准》(GB 50001—2010)附录A所列出的常用专业代码。

③主代码用于详细说明专业特征,主代码可以和任意的专业代码组合。

④次代码1和次代码2用于进一步区分主代码的数据特征,次代码可以和任意的专业代码组合。

⑤状态代码用于区分图层中所包含的工程性质或阶段,但状态代码不能同时表示工程状态和阶段,宜选用《房屋建筑制图统一标准》(GB 50001—2010)附录B所列出的常用状态代码。

⑥中文图层名称宜采用如图0.5所示的格式,每个图层名称由2~5个数据字段组成,每个数据字段为1~3个汉字,每个相邻的数据字段用连字符"-"分隔开。

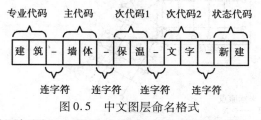

图0.5　中文图层命名格式

⑦英文图层名称宜采用如图0.6所示的格式,每个图层名称由2~5个数据字段组成,每个数据字段为1~4个字符,每个相邻的数据字段用连字符"-"分隔开。其中,专业代码为

1 个字符,主代码、次代码 1 和次代码 2 为 4 个字符,状态代码为 1 个字符。

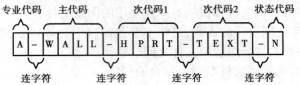

图 0.6　英文图层命名格式

⑧图层名宜选用《房屋建筑制图统一标准》(GB 50001—2010)附录 A 和附录 B 所列出的常用图层名称。

0.4.3　计算机制图规定

(1)计算机制图的方向与指北针应符合的规定

①平面图与总平面图的方向宜保持一致。

②绘制正交平面图时,宜使定位轴线与图框边线平行(见图 0.7)。

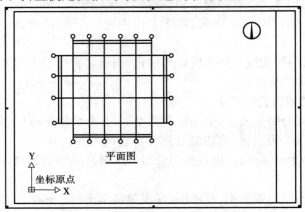

图 0.7　正交平面图方向与指北针方向示意

③绘制由几个局部正交区域组成且各区域相互斜交的平面图时,可选择其中任意一个正交区域的定位轴线与图框边线平行(见图 0.8)。

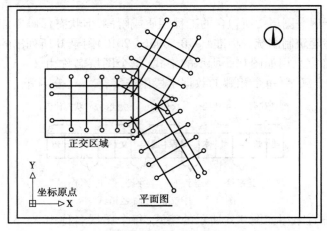

图 0.8　正交区域相互斜交的平面图方向与指北针方向示意

④指北针应指向绘图区的顶部(见图0.7),在整套图纸中保持一致。

(2)计算机制图的坐标系与原点应符合的规定

①计算机制图时,可选择世界坐标系或用户定义坐标系。

②绘制总平面图工程中有特殊要求时,也可使用大地坐标系。

③坐标原点的选择,应使绘制的图样位于横向坐标轴的上方和纵向坐标轴的右侧并紧邻坐标原点(见图0.7、图0.8)。

④在同一工程中,各专业宜采用相同的坐标系与坐标原点。

(3)计算机制图的布局应符合的规定

①计算机制图时,宜按照自下而上、自左至右的顺序排列图样;宜优先布置主要图样(如平面图、立面图、剖面图),再布置次要的图样(如大样图、详图)。

②表格、图纸说明宜布置在绘图区的右侧。

(4)计算机制图的比例应符合的规定

①计算机制图时,采用1∶1的比例绘制图样时,应按照图中标注的比例打印出图;采用图中标注的比例绘制图样,则应按照1∶1的比例打印成图。

②计算机制图时,可采用适当的比例书写图样及说明中文字,但打印成图时应符合《房屋建筑制图统一标准》(GB 50001—2010)中第5.0.2条至第5.0.7条的规定。

第 *1* 章
AutoCAD 2012 的入门

章节概述

要想熟练使用,必须对该软件的基本知识,如软件安装、启动、窗口认识、命令调用方式、文件保存等内容有一个清醒的认识。

知识目标

能正确表述调用工具栏的方法。

能熟练表述不同命令的输入方法、绘图和编辑命令。

能基本表述 AutoCAD 文件管理的要求。

能力目标

能熟练安装、删除 AutoCAD 软件。

能熟练调用各种常见工具栏。

根据绘制建筑工程制图的要求,能熟练设置绘图环境。

能熟练利用 AutoCAD 的系统帮助绘制图样。

1.1 AutoCAD 2012 的安装与启动

1.1.1 AutoCAD 2012 对计算机硬件的配置要求

(1)32 位的 AutoCAD 2012 对系统配置要求

①Windows 7,Windows Vista,Windows XP sp2。

②Windows Vista,Windows 7:英特尔奔腾 4、AMD Athlon 双核处理器 3.0 GHz 或英特尔、AMD 的双核处理器 1.6 GHz 或更高,支持 SSE2。

③2 GB 内存。

④1.8 GB 空闲磁盘空间进行安装。

⑤1 280×1 024 真彩色视频显示器适配器,128 MB 以上独立图形卡。

⑥微软 Internet Explorer 7.0 或之后。

（2）64 位 AutoCAD 2012 对系统配置要求

①Windows 7，Windows Vista。

②Windows Vista，Windows 7：英特尔奔腾 4、AMD Athlon 双核处理器 3.0 GHz 或英特尔、AMD 的双核处理器 2 GHz 或更高，支持 SSE2。

③2 GB 内存。

④2 GB 空闲磁盘空间进行安装。

⑤1 280×1 024 真彩色视频显示器适配器，128 MB 以上独立图形卡。

⑥Internet Explorer 7.0 或之后。

1.1.2　AutoCAD 2012 安装步骤

AutoCAD 2012 提供了一个较方便的安装向导，可以按照安装向导的操作提示逐步进行安装。

（1）使用光盘安装

如果是采用光盘安装，将 AutoCAD 的安装光盘放入计算机的光驱中，双击桌面上"我的计算机"后，依次选择"光盘驱动器图标"→"AutoCAD 安装程序"，根据安装向导逐步单击"下一步"和填入需要的内容后，单击"完成"按钮即可。

技术提示：安装完成后一定要重新启动计算机才能使配置生效。

（2）使用拷贝在计算机中的软件安装

如果使用拷贝在计算机硬盘上的软件安装，其具体的安装步骤如下：

①在 AutoCAD 2012 安装文件夹中，双击 ▢ AutoCAD_2012_Sim，出现如图 1.1 所示对话框。

图 1.1　安装界面

②单击图 1.1 安装界面中的"安装（在此计算机上安装）"按钮，出现如图 1.2 所示的对话框。

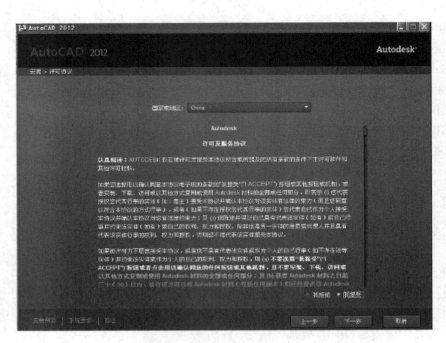

图 1.2　安装许可协议

③在图 1.2 中选择国家和地区,点选"我接受",再单击"下一步"按钮,出现如图 1.3 所示的对话框。

图 1.3　序列号对话框

④输入 AutoCAD 2012 的序列号和产品密钥号,单击"下一步"按钮,出现如图 1.4 所示对话框。

图 1.4　安装路径对话框

　　⑤在图 1.4 中单击"浏览"按钮,选择安装路径,然后单击"确定"按钮,出现如图 1.5 所示之类的安装过程对话框和图 1.6 的安装完成对话框。

图 1.5　安装过程对话框

图 1.6　安装完成对话框

技术提示：安装过程中图案会发生变化。

⑥重新启动计算机后，单击桌面 AutoCAD 2012 的启动图标，出现如图 1.7 所示对话框。

技术提示：只有该计算机已经装有比 AutoCAD 2012 低的版本，才会出现如图 1.7 所示的对话框。

⑦单击图 1.7 中的"确定"按钮，出现如图 1.8 所示的对话框。

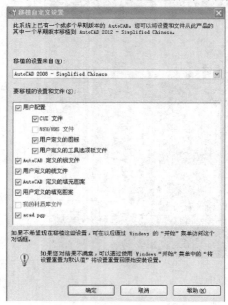

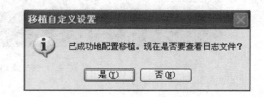

图 1.7　移植自定义设置对话框　　　　　图 1.8　成功移植自定义设置对话框

⑧单击图 1.8 中的"是"按钮,出现成功配置移置后的对话框;单击"否"按钮,出现如图 1.9所示的打开过程对话框,最后出现如图 1.10 所示对话框。

图 1.9　CAD 打开过程对话框

⑨如果没有产品激活码,可以单击"试用"按钮,直接进入 AutoCAD 2012 的绘图界面;如果拥有一个 Autodesk 的激活码,就单击图 1.10 的"激活"按钮,出现图如 1.11 所示对话框。

图 1.10　激活界面对话框 1　　　　　　　图 1.11　激活界面对话框 2

⑩勾选图 1.11 对话框中的"我已阅读⋯⋯",单击"继续"按钮,出现如图 1.12 所示对话框。

⑪如果 AutoCAD 2012 所安装的计算机使用的是 32 位处理器,就双击 图标,启动 32 位注册码;如果使用的是 64 位处理器,就双击 图标,启动 64 位注册码,出现如图 1.13所示的对话框。

⑫粘贴图 1.12 激活界面中的申请号至如图 1.13 所示注册机中的 Request 栏中,单击 Generate 算出激活码,并单击"Mem Patch"键。

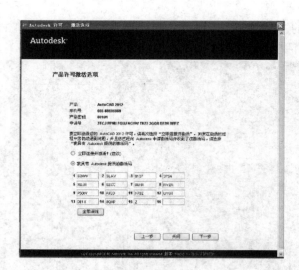

图 1.12　产品许可激活选项对话框

技术提示：单击 Generate 算出激活码，还需单击"Mem Patch"键，否则无法激活，提示注册码不正确。

⑬最后复制图 1.13 Activation 中的激活码至图 1.12"输入激活码"栏中，并单击"下一步"，出现如图 1.14 所示激活完成对话框，单击图 1.14"完成"按钮，即进入 AutoCAD 2012 绘图界面。

图 1.13　注册机对话框　　　　　　　　图 1.14　激活完成对话框

技术提示：经过以上步骤，你已拥有一个完全注册 Autodesk 产品。

1.1.3　启动与退出 AutoCAD

（1）**启动** AutoCAD

启动 AutoCAD 应用软件的方法有以下两种：

①双击桌面上的 AutoCAD 2012 快捷图标。

②打开"开始"菜单,鼠标移至程序,在程序的子菜单中找到"Autodesk",其子菜单显示
AutoCAD 快捷图标,单击即可打开,如图 1.15 所示。

图 1.15　从"开始"菜单打开 AutoCAD 应用程序

(2) 退出 AutoCAD

退出 AutoCAD 的方法有以下 3 种:

①单击 AutoCAD 界面右上角的"退出"按钮█。

②选择"文件"菜单→"退出"命令。

③单击标题栏中的 AutoCAD 图标,弹出小菜单,从小菜单的"关闭"命令中退出。

在关闭 AutoCAD 之前,应保存用户绘制的图形,如用户
未保存图形,则在关闭程序前,屏幕上会出现一个如图 1.16
所示的对话框,用以确定用户是否保存所绘制的图形。如
保存图形,单击 是(Y) 按钮,并输入图形的文件名;如不
保存,单击 否(N) 按钮,退出 AutoCAD 程序。

图 1.16　AutoCAD 提示保存信息

　　小技巧:双击工作界面上的控制图标按钮,也能退出
AutoCAD。

1.2　认识 CAD 2012 窗口

　　双击桌面上的 AutoCAD 快捷图标,启动 AutoCAD,屏幕上显示 AutoCAD 的绘图界面。Au-
toCAD 的绘图界面由标题栏、菜单栏、工具栏、命令窗口、绘图窗口、状态栏等组成,如图 1.17
所示。

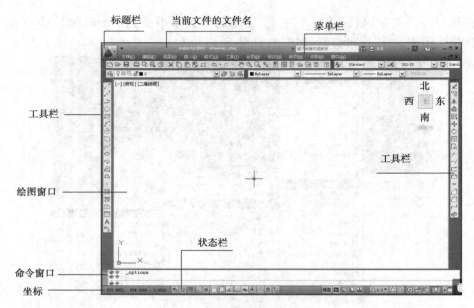

图 1.17　AutoCAD 的绘图界面

1.2.1　标题栏

标题栏(Title Bar)位于 AutoCAD 绘图界面的最上方,由软件名称、新建、打开、保存和当前文件名等组成,单击左上角图标 的下拉"三角形"符号,出现如图 1.18 所示对话框;在标题栏上单击右键,出现如图 1.19 所示的对话框,可以实现移动、最小化、最大化等功能;当前文件的文件名为 AutoCAD 2012　Drawing1.dwg ,文件名的后缀为".dwg"。

图 1.18　软件名称的下拉菜单

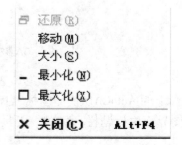

图 1.19　右键对话框

1.2.2　菜单栏

菜单栏(Menu Bar)位于标题栏下方,由 11 个菜单(见图 1.20)组成,每个菜单都有对应的下拉菜单(见图 1.21),使用时,单击菜单名称,打开下拉菜单,选择用户执行的命令,再单击,即可执行相应的命令。下拉菜单中的命令右侧如有小三角形,表示单击此命令将出现子菜单(见图 1.22);如下拉菜单命令右侧有"...",表示执行此命令将会出现一个对话框。

图 1.20　菜单栏

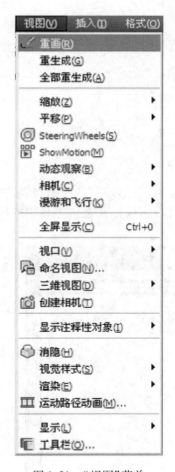

图 1.21　"视图"菜单

图 1.22　"格式"菜单→下拉菜单

1.2.3　工具栏

工具栏(Tool Bar)位于菜单栏的下方和绘图窗口的两侧,它以图标的形式直观地代替 AutoCAD 的一个个命令,是比较快捷的操作方式。用户使用时只要单击工具栏上的命令图标按钮即可。将鼠标移至某一按钮上,稍作停留,屏幕上就会显示该按钮的命令名称及相应的用法说明,如图 1.23 所示。

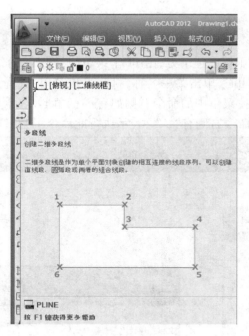

图 1.23 多段线的用法说明

（1）工具栏的调出和添加

将鼠标移至 AutoCAD 界面上工具栏的任何位置,单击鼠标右键,出现工具栏的列表,如图 1.24 所示,选择并单击需要的工具栏,在屏幕上就出现该工具栏,将鼠标移至该工具栏的标题栏上,压住鼠标左键,可将其拖放到合适的位置上。

图 1.24 工具栏列表

（2）工具栏的分类

根据工具栏的位置可分为固定工具栏、浮动工具栏和嵌套工具栏 3 种形式。

1）固定工具栏

固定工具栏是指经常使用的工具栏，如"标准"（Standard）工具栏、"对象特性"（Properties）工具栏、"绘图"（Draw）工具栏和"修改"（Modify）工具栏。"标准"工具栏和"对象特性"工具栏通常位于菜单栏的下方，"绘图"工具栏和"修改"工具栏通常位于绘图窗口的两侧。

"标准"工具栏含有图形管理的主要控制按钮，如图 1.25 所示，是 AutoCAD 绘图中图形管理、编辑的主要工具栏。

图 1.25　"标准"工具栏

2）浮动工具栏

浮动工具栏与固定工具栏相比使用较少，用户可以按照自己的意愿在界面上任意拖动，使其浮动到满意的位置，如图 1.26 所示。也可以将鼠标放至工具栏的一个边缘上，当鼠标变成两条竖线时，拖动工具栏，以改变工具栏的形状。

图 1.26　浮动工具栏（"标注"工具栏）

3）嵌套工具栏

有些命令的右下角有一个小三角形，鼠标单击时，就会打开嵌套工具栏供选择使用，如图 1.27 所示。

图 1.27　嵌套工具栏

练习：在 AutoCAD 绘图界面上增加"查询"工具栏和"对象捕捉"工具栏，并将其移至绘图窗口的左侧。

1.2.4　绘图窗口

屏幕上最大的空白区就是 AutoCAD 的绘图窗口，它相当于手工绘图的图纸，但 AutoCAD 的绘图窗口利用视窗的缩放功能，可以使绘图窗口无限增大和无限缩小，从而使得在 AutoCAD 命令下作图永远可以采用 1：1 的比例绘制。

在绘图区的左下角有 3 个标签，分别为模型（Model）标签、布局 1（Layout1）标签和布局 2

（Layout2）标签，用于模型空间和图纸空间的切换，这 3 个标签的左侧有 4 个滚动箭头，用于滚动显示标签。

绘图区的下方和右方可有滚动条，使视窗上下或左右移动。

技术提示：按下鼠标中间的滚轮，也可实现视窗上下或左右的移动。

1.2.5　命令窗口

在绘图窗口的下方为命令窗口（Command Window），如图 1.28 所示。

指定下一点或[放弃（U）]:
指定下一点或[放弃（U）]:

命令:

图 1.28　命令窗口

命令窗口由两部分组成：命令行和命令历史窗口。

命令行（Command Line）是绘图人员与计算机对话的窗口。在绘图时，应注意命令行的提示信息，一般提示用户下一步该做什么或提示错误信息、命令选项。

命令历史窗口显示前面执行过的命令。

命令窗口的位置可以移动，将鼠标移至窗口左侧的两条横线上单击并拖动，可将其移动到任何需要的位置，如图 1.29 所示。

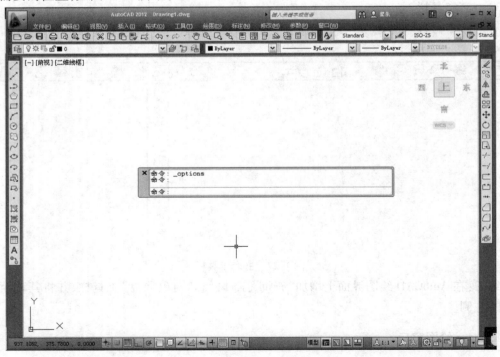

图 1.29　命令窗口的移动

命令窗口的大小还可以根据用户的需要自行设定，将鼠标移至命令窗口的上边缘成双线上下箭头时，按住左键拖动即可。

1.2.6　状态栏

状态栏位于屏幕的最下方,在状态栏的左侧显示鼠标十字光标所在位置的坐标,坐标值随鼠标的移动而不断变化。状态栏的中间为 14 个功能按钮,如图 1.30 所示。单击鼠标左键使其"亮显色",即可调用该按钮对应的功能。如在图 1.30 中,"捕捉模式""栅格显示""对象捕捉"3 个按钮为亮显色,表示此时这 3 种功能处于开启状态。

图 1.30　状态栏

图 1.30 状态栏中从左至右,各符号代表的意义及快捷方式见表 1.1。

表 1.1　状态栏中各符号代表的意义及快捷键

符　号	意　义	快捷键	符　号	意　义	快捷键
523.2057, 569.7618, 0.0000	图形坐标	Ctrl + L		对象捕捉追踪	F11
	推断约束	Ctrl + Shift + L		允许/禁止动态 UCS	F6
	捕捉模式	F9		动态输入	F12
	栅格显示	F7		显示/隐藏线宽	
	正交模式	F8		显示/隐藏透明度	
	极轴追踪	F10		快捷特性	Ctrl + Shift + P
	对象捕捉	F3		选择循环	Ctrl + W
	三维对象捕捉	F4			

注:其余符号的意义在此不作介绍,请自学。

1.3　CAD 2012 入门实例

1.3.1　鼠标操作

鼠标是用户和 Windows 应用程序进行信息交流的主要工具。对于 AutoCAD 来说,鼠标操作是使用 AutoCAD 进行画图、编辑的主要手段,灵活地使用鼠标对于提高绘图速度和绘图质量有着至关重要的作用。

移动鼠标时,光标就会在屏幕上不断移动,光标所在屏幕的位置不同,其形状也不相同。当光标在绘图区时,显示为一段十字形状;在其他区域时,则显示为另外的形状,表 1.2 列出了不同状态下光标形状的含义。

表 1.2　各种光标形状的含义

光标形状	含　义	光标形状	含　义
▷	正常选择	↕	调整垂直大小
╪	正常绘图形状	↔	调整水平大小
╋	输入状态	↖	调整左上-右下符号
□	选择目标	↗	调整右上-左下符号
⧖	等待符号	✥	任意移动
▷⧖	应用程序启动符号	☝	帮助跳转符号
▣	视图动态缩放符号	I	插入文本符号
▷□	视图窗口缩放	▷?	帮助符号
╪	调整命令窗口大小	◤	视图平移符号

　　鼠标上一般有左右两个键和中间的滚轮,上下滚动滚轮可以进行视窗的缩放。按下滚轮不动,绘图区会出现手掌图形,这时移动鼠标,图形界面也跟着移动。

　　鼠标的操作一般有 4 种情况。

　　(1)单击鼠标左键

　　①选择目标。将鼠标移至需要操作的位置,如菜单,单击左键,会打开下拉菜单;或在工具栏上左键单击某按钮,将执行此按钮所代表的命令。

　　②确定十字光标在绘图区的位置。

　　③控制绘图状态。将鼠标移至状态栏要选择的绘图状态,单击左键,会打开或关闭绘图所执行的工作状态。

　　(2)双击鼠标左键

　　执行应用程序或打开一个新窗口。

　　(3)单击鼠标右键

　　①结束命令。当命令执行完成后单击右键,表示结束该命令的操作。

　　②重复执行命令。当上一个命令执行完毕后,单击右键,会出现一个菜单,供选择重复执行该命令或进入编辑状态。

　　③控制工具栏。将鼠标放在某一工具栏的任一位置,单击鼠标右键,会打开工具栏选项菜单供选择需要的工具栏。

　　(4)拖动

　　在某对象上按住鼠标左键,移动鼠标至适当位置放开,可操作以下内容:

　　①拖动水平、垂直滚动条,可快速移动视图。

②动态平移。

③移动工具栏。

1.3.2　菜单的操作

(1)打开菜单的方法

①用鼠标单击菜单。

②按"Alt + 带下画线字母组合键",可打开某一相应的菜单。如"Alt + T"组合键可打开"工具"菜单;"Alt + D"组合键可打开"绘图"菜单。

③按"Alt"或"F10"键可以激活菜单栏,用左右方向键选择菜单,用上下键选择命令,然后按"Enter"键就可以执行命令。

(2)AutoCAD 菜单的介绍

AutoCAD 在默认的情况下有 11 个菜单,分别为文件(File)、编辑(Edit)、视图(View)、插入(Insert)、格式(Format)、工具(Tools)、绘图(Draw)、标注(Dimension)、修改(Modify)、窗口(Window)和帮助(Help)。

①"文件"菜单:包含的命令主要是文件管理的命令,如"打开""保存""另存为""打印""页面设置""退出"等。

②"编辑"菜单:包含的命令主要是文件编辑的命令,如"剪切""复制""粘贴""清除""选择"等。

③"视图"菜单:视窗的管理,如进行缩放、平移、鸟瞰、清除屏幕和打开工具栏的对话框等操作。

④"插入"菜单:该菜单主要进行图块和文件的插入和连接。

⑤"格式"菜单:设置各种绘图参数,如文字样式、尺寸标注样式、图层、颜色、线宽、图形界限等。

⑥"工具"菜单:此菜单可以对 AutoCAD 的绘图辅助工具进行设置,如捕捉、栅格、绘图区的颜色、光标的大小等。

⑦"绘图"菜单:包括了所有的绘图命令,是 AutoCAD 的基本命令。

⑧"标注"菜单:包括尺寸标注的所有命令。

⑨"修改"菜单:包括 AutoCAD 的所有编辑命令。

⑩"窗口"菜单:包括 AutoCAD 的工作空间、窗口的排列方式和目前打开的 AutoCAD 文件名称。

⑪"帮助"菜单:提供帮助信息。

(3)对话框的操作

AutoCAD 的有些命令需要用对话框进行操作,对话框以表格的形式出现,用户通过填表的方式和程序进行交流。

1)对话框的组成

对话框一般由标题栏、标签、控制按钮、命令按钮、单选框、复选框、列表框、下拉列表框组成,如图 1.31 所示。

①标题栏:位于对话框的顶部,是对话框的题目,在其右侧是对话框的控制按钮。

②标签:在一个对话框中同时有几个类似对话框时,可用标签同时对几个对话框进行设置。

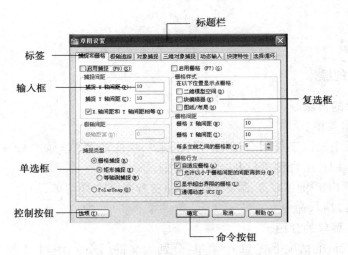

图 1.31　对话框的组成（"草图设置"对话框）

如图 1.31 所示"草图设置"的对话框中可对"捕捉和栅格""极轴追踪"等 7 个标签进行设置。

③文本框：又称编辑框，用户可在此输入或选择符合要求的信息。

④单选框：该框内的选项只能选择一项，被选中的选项前有一个圆点。

⑤复选框：在该框中的选项可同时选择多个符合要求的选项。

⑥控制按钮：单击可进入其他对话框。

⑦命令按钮：命令按钮通常有"确定（OK）""取消（Cancel）"和"帮助（Help）"。单击"确定"按钮，表示确定对话框中的内容并关闭对话框；单击"取消"按钮，表示取消这一对话框的内容；单击"帮助"按钮，表示启动帮助功能。

2）对话框的操作

操作对话框的方式一般有以下 4 种：

①直接单击鼠标左键选取要选择的选项，如需要输入文本，则先在文本框中用鼠标单击左键，激活选项，输入文本即可。

②按"Tab"键，虚线框在各选项之间顺序切换，按"Enter"键，表示该选项被启动。

③使用"Shift + Tab"组合键，虚线框在各选项之间反向切换。

④在同一组选项中，可以用左右键移动虚线框，按"Enter"键表示启动。

1.4　AutoCAD 的文件管理

1.4.1　新建图形文件

（1）使用默认设置创建新图形

用鼠标双击 AutoCAD 应用程序的图标，屏幕上自动出现文件名"Drawlng. dwg"的绘图文件，用户可以直接在绘图窗口绘图并保存。

（2）利用样板创建新图形

利用样板创建新图形的方法有以下 3 种：

①单击"标准"工具栏中的"新建"按钮 。
②在命令行中输入"NEW"或组合键"Ctrl + N"。
③选择"文件"→"新建"菜单。

用以上 3 种方法都可打开"选择样板"对话框,选择样板文件,单击"打开"按钮即打开 AutoCAD 的样板,可以在其上直接作图,如图 1.32 所示。

图 1.32　选择样板新建图形

1.4.2　打开已有图形文件

打开已有文件的方法有以下 3 种:

①单击"标准"工具栏中的"打开"按钮 。
②在命令行中输入"OPEN"或组合键"Ctrl + O"。
③选择"文件"→"打开"菜单。

利用上述 3 种方法之一打开"选择文件"对话框,选择要打开的文件,单击 打开(0) 按钮即可,如图 1.33 所示。

技术提示:在"选择文件"对话框中,用户可用"Ctrl + 鼠标单击要选择的多个文件名",同时打开多个文件;也可用"Shift + 鼠标单击要选择的连续多个文件名",打开连续的多个文件。

1.4.3　保存图形

如果图形已经命名存盘,存盘后又作了修改,再次存盘时,AutoCAD 会自动将修改后的图形存入原文件名下。

如果绘制新图形,保存文件的方法有以下 3 种:

①单击"标准"工具栏中的"保存"按钮 。
②在命令行输入"SAVE"或组合键"Ctrl + S"。

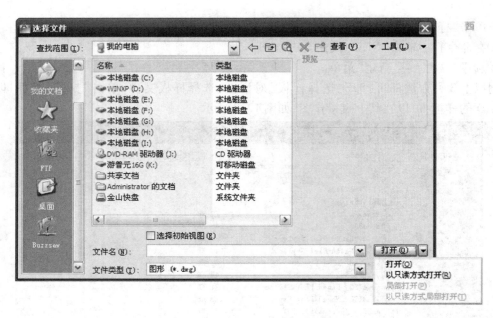

图 1.33 "打开文件"对话框

③选择"文件"→"保存"菜单。

屏幕上会出现"图形另存为"对话框,在对话框的"文件名"文本框中输入文件名,单击右下角的按钮 保存(S) 即可,如图 1.34 所示。

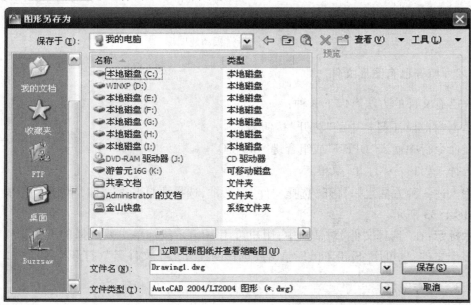

图 1.34 文件的保存

技术提示:在保存的文件类型中,尽量选用 AutoCAD 2004 的低版本进行保存,以便大多数使用者都能顺利打开。

如果换名存盘,则应选择"文件"→"另存为"菜单,打开"图形另存为"对话框进行命名保存。

1.5　AutoCAD 命令的调用

AutoCAD 命令的输入方法有 3 种:命令按钮法、下拉菜单法、键盘输入法。当用户执行某个命令后,命令窗口将出现进一步提示,这时,用户可以根据命令的提示,按步骤进行操作,从而完成命令。

下面介绍 AutoCAD 系统中在命令窗口出现的各种符号意义和中途退出命令的方法。

①"/"。分隔符号,将 AutoCAD 命令中的不同选项分隔开,每一选项的大写字母表示其缩写方式,可直接键入此字母执行该选项。

②"< >"。小括号,此括号内为缺省输入值或当前要执行的选项,如不符合用户的绘图要求,可输入新值。

③"Esc"。中途退出命令键。在绘图过程中直接按"Esc",可退出正在执行的命令。

1.5.1　命令按钮法

用鼠标左键单击需要执行的工具栏上的一个按钮,系统就会执行该按钮对应的命令。

1.5.2　下拉菜单法

用鼠标左键单击菜单,打开下拉菜单,再单击要执行的命令即可。

1.5.3　键盘输入法

使用键盘在命令行中直接输入命令是一种常见的操作方式。键盘输入的基本方法是在命令行中用英文输入命令后,按"Enter"键或空格键。

快捷键是 Windows 系统提供的功能键和功能组合键,目的是为用户提供快速、方便的操作方式。AutoCAD 中包括 Windows 系统自身的快捷键和 AutoCAD 设定的快捷键。在每一个菜单命令的右面有该命令的快捷键功能提示。

表 1.3 列出了这些快捷键的操作和功能。

表 1.3　快捷键的操作和功能

快捷键	功　能	快捷键	功　能	快捷键	功　能
F1	AutoCAD 帮助	F9	捕捉模式	Ctrl + Z	撤销上一步操作
F2	打开文本窗口	F10	极轴追踪	Ctrl + Y	重复撤销操作
F3	对象捕捉	F11	对象捕捉追踪	Ctrl + C	复制
F4	三维对象捕捉	F12	动态输入	Ctrl + V	粘贴
F5	等轴测平面转换	Ctrl + N	新建文件	Ctrl + 1	对象特性管理器
F6	允许/禁止动态 UCS	Ctrl + O	打开文件	Ctrl + 2	AutoCAD 设计中心
F7	栅格显示	Ctrl + S	保存文件	Del	删除对象
F8	正交模式	Ctrl + P	打印文件		

1.5.4 命令的终止、结束、删除、撤销与恢复

(1)终止命令

用户在执行命令的过程中,如发现所执行的命令是错误的,可按"Esc"键,终止正在执行的命令。

(2)结束命令

用户在命令行输入一个命令后,必须按 Enter 键,才能被计算机接收,当执行完某一命令后,应按 Enter 键,表示命令完成。如果紧接上面再按 Enter 键,表示重复上一个命令。

(3)删除(Erase)命令

在绘图过程中,如需要删除辅助线、构造线或错误图线时,应采用"修改"工具栏中的"删除"按钮;快捷键为"E"。执行命令的方法有以下 3 种:

①单击"编辑"工具栏中的"删除"按钮。

②在命令行中输入"ERASE"或快捷键"E"。

③选择"修改"菜单→"删除"命令。

执行删除命令后,命令行提示:"选择对象:",这时用户可用目标选择命令,选择要删除的对象,然后按"Enter"键,所要删除的对象即在屏幕上消失。

(4)撤销(Undo)命令

撤销命令允许用户从最后一个命令开始,逐一向前撤销以前执行过的命令,可以一直撤销到本次启动时的状态或到保存后的第一个命令为止。

执行"撤销"命令的常用方法有以下两种:

①单击"标准"工具栏上的"撤销"按钮,每单击一次,向前撤销一个命令的执行。

②在命令行中输入"UNDO"或快捷键"U"。

执行 UNDO 命令后,命令行提示:"输入要放弃的操作数目或[自动(A)/控制(C)/开始(BE)/结束(E)/标记(M)/后退(B)]<1>:",这时可输入要放弃的数目,如"3",表示放弃前3步的操作。

(5)恢复(Redo)命令

恢复命令与撤销命令正好相反,因此也称重做命令,调用恢复命令,可恢复前面的撤销命令。

执行"恢复"命令的方法有以下两种:

(1)单击"标准"工具栏上的"恢复"按钮,屏幕上前面撤销的命令被恢复。

(2)选择"编辑"菜单→"重做"命令。

技术提示:只有执行了撤销命令,"恢复"命令按钮才被激活,才能执行。

1.6 目标选择

在绘图过程中,经常要选择对象(Select Object),如删除多余的或错误的图线、移动或复制某个图样,在执行命令后都需选择要编辑的对象,AutoCAD 提供了许多选择对象的方法,供在

绘图过程中根据图样的特性进行选择。

1.6.1　单选(Single)对象

AutoCAD 在需要选择对象时,鼠标的光标就变成一个小方框,这个小方框称为拾取框,移动拾取框,使要选择的对象通过拾取框,单击鼠标左键,选中的对象变成虚线状态,表示该编辑的对象已被选中。这种每次只选择一个对象的方法称为单选对象,如图 1.35 所示。

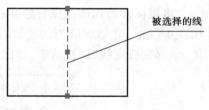

被选择的线

图 1.35　单选对象

1.6.2　全选(A11)对象

如果需要选择所有的图形,可在命令窗口"命令:"提示后面直接输入"All"(快捷键为"A")按"Enter"键,所有的对象即变成虚线供编辑。或者打开"编辑"菜单,单击"全部选择"命令,所有的对象将全部被选中,可进行编辑。

1.6.3　窗口(Window)选择

如果选择的对象较多而又比较集中时,可以采用窗口选择的方式。将鼠标移至被选择对象的左上角或左下角,单击鼠标左键,并将鼠标向相反方向移动,在对象的外围形成一个虚线矩形框,再单击鼠标左键,此时被虚线框全部包围的对象变成虚线,表示被选中。而有些对象没有被虚线框全部包围,则没有变成虚线,表示没有被选中。

技术提示:窗口选择方式也称"W 窗口"选择。

例 1.1　采用窗口选择对象的方式删除如图 1.36 所示的标题栏。

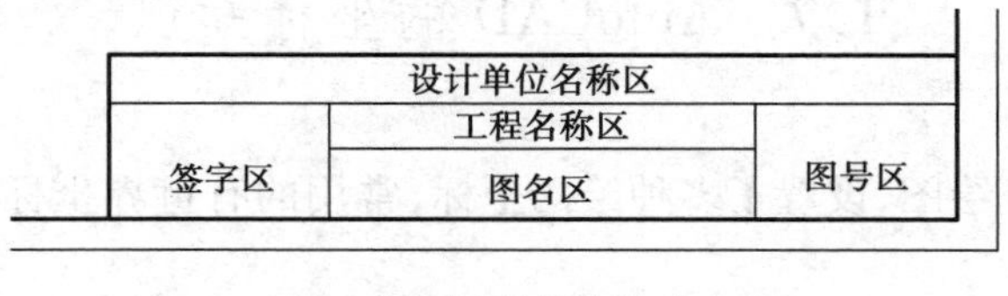

设计单位名称区		
签字区	工程名称区	图号区
	图名区	

图 1.36　标题栏的格式一

作图方法:

单击"编辑"工具栏中的"删除"按钮，移动拾取框到标题栏的左上角,单击左键,拖动鼠标形成虚线矩形框至标题栏的右下角,单击鼠标左键,如图 1.37 所示。按"Enter"键,标题栏就被删除。而图框线因没有被虚线矩形框全部包围,所以不会被删除。

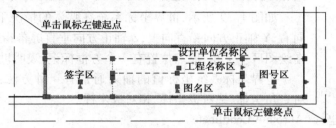

单击鼠标左键起点

设计单位名称区

签字区　工程名称区　图号区

图名区

单击鼠标左键终点

图 1.37　窗口选择标题栏(W 窗口)

1.6.4 交叉(Crossing)选择

(1)交叉选择的具体方法

将鼠标移动到被选择对象的右下角或右上方,单击鼠标左键,再将鼠标向相反方向移动,出现虚线框,移动到恰当的位置,单击鼠标左键,所有进入虚线框的对象,不论是全部还是局部,全部变成虚线,即被选中,如图1.38所示。

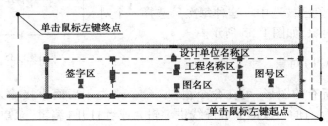

图1.38 交叉选择标题栏(C窗口)

技术提示:交叉选择方式也称"C窗口"选择。

(2)交叉选择与窗口选择的区别

窗口选择的虚线框将对象全部包围在虚线框中,该对象才能被选中,而交叉选择的对象只要有部分进入选择的虚线框,该对象就被选中,如图1.37所示采用"W窗口"选择,标题栏全部进入虚线框,变成虚线,表示被选中,而图框线(粗实线)虽然也进入虚线框,但没有全部进入,图框线未被选中,仍然是实线。

1.7 AutoCAD 的坐标知识

AutoCAD为了方便绘图,设置了多种绘图坐标,常用的有世界坐标系统、笛卡尔坐标系统和用户坐标系统。

1.7.1 世界坐标系统(World Coordinate System)

世界坐标系统简称WCS,是AutoCAD的基本坐标系统,它由3个互相垂直的坐标轴组成,分别用X,Y和Z表示。在绘制和编辑图形中,WCS是默认坐标系统,坐标原点和坐标轴方向不会改变。

图1.39 世界坐标系统

如图1.39所示,世界坐标系统在默认的情况下,X轴正方向水平向右,Y轴正方向铅直向上,Z轴正方向垂直屏幕指向用户。坐标原点在绘图区左下角,原点位置有一个方框标记,表明世界坐标系统。

世界坐标系统坐标值的输入通常有4种方法:绝对直角坐标、相对直角坐标、绝对极坐标、相对极坐标。

(1)绝对直角坐标(Absolute Coordinate)

绝对直角坐标是以原点(0,0,0)为基点定位所有的点。AutoCAD将坐标原点位于绘图区的左下角。在绝对坐标中,X轴、Y轴和Z轴3轴线在原点(0,0,0)相交,绘图区内的任何一点都可以用(X,Y,Z)表示,用户可以通过输入X,Y,Z坐标值来定义点的位置。坐标值之间一定要用","分开。

技术提示:坐标输入时的",",一定是西文逗号,即半角逗号,输入点的坐标后必须按"Enter"键;否则,AutoCAD 不知用户是否完成输入。

例 1.2　绘制一条线段,起点坐标为(50,50,0),终点坐标为(220,200,0)。

作图方法:

用鼠标左键单击"绘图"工具栏中的"直线"按钮 。

-Line 指定第一点:输入线段的起点坐标"50,50",按"Enter"键。

指定下一点或[放弃(U)]:输入终点坐标"220,200",按"Enter"键。

绘图窗口上出现如图 1.40 所示的线段。

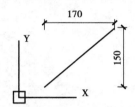

图 1.40　用绝对直角坐标绘制直线

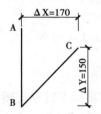

图 1.41　相对直角坐标

(2)相对直角坐标(Relative Coordinate)

相对直角坐标是以前一个输入点为基点,作为后一个输入点的参考点,它们的位移增量为 $\Delta X, \Delta Y, \Delta Z$,输入格式为"$\Delta X, \Delta Y, \Delta Z$"。"@"表示输入一个相对坐标值。

例 1.3　已知线段 AB,过点 B 作线段 BC,使得其 $\Delta X = 170, \Delta Y = 150$。

作图方法:

执行"直线"命令。

指定第一点:鼠标左键单击点 B。

指定下一点或[放弃(U)]:输入相对坐标值"@170,150",按"Enter"键。

此时 C 点坐标与 B 点坐标的差值为 $\Delta X = 170, \Delta Y = 150$,如图 1.41 所示。

(3)绝对极坐标(Absolute Polar Coordinate)

绝对极坐标是以原点为基点,用基点到输入点间距离值及该连线与 X 轴正向间的夹角角度,即极角来表示,极角以 X 轴正向为度量基准,逆时针为正,顺时针为负。用户可输入一个长度距离,后跟一个"<"符号,再加极角即可。如 200 < 45,表示该点离极点(坐标原点)的极长距离为 200,该点与原点的连线与 X 轴正向的夹角为 45°(逆时针)。

具体操作:

执行"点"命令。

命令历史窗口会出现点的模式"point"当前模式;PDMODE = 0 PDSIZE = 0.000"。

指定点:输入"150 < 45",按"Enter"键。

在屏幕上就出现了极长为 150,与 X 轴正向夹角为 45°的点,如图 1.42 所示。

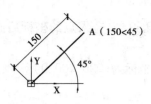

图 1.42 点的极坐标

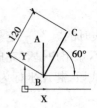

图 1.43 相对极坐标

(4)相对极坐标(Relative Polar Coordinate)

相对极坐标的极半径是输入点与上一输入点之间的距离,相对极角是输入点与上一输入点之间的连线与 X 轴正向之间的夹角,逆时针为正,顺时针为负。相对极坐标的输入方法是:@ 相对极半径 < 相对极角。

例 1.4 绘制如图 1.43 所示的线段 BC。

作图方法:

执行"直线"命令。

指定第一点:用鼠标左键单击图 1.43 中的点 B。

指定下一点或[放弃(U)]:输入"@ 120 < 60",按"Enter"键,线段 BC 即绘制完成。

1.7.2 笛卡尔坐标系统(Cartesian Coordinate System,CCS)

任何物体都由点构成,每个点都由 3 个坐标表示,AutoCAD 采用三维笛卡尔坐标系确定点的位置。当用户正向自动进入笛卡尔右手坐标系的第一象限(即世界坐标系 WCS)时,在屏幕底部状态上显示的三维坐标,就是指当前十字光标所处的空间点在笛卡尔坐标系中的位置。

1.7.3 用户坐标系统(User Coordinate System,UCS)

用户坐标系统是根据用户需要而变化的,默认情况下用户坐标系统与世界坐标系统重合,用户可以根据需要将想要操作的平面设置为当前绘图屏幕。

要设置用户坐标系统,可选择"工具"→"命名 UCS""正交 UCS""移动 UCS""新建 UCS"等菜单选项,或在命令窗口中输入命令"UCS"。

1.8 控制图形显示的方法

在用 AutoCAD 绘图的过程中,经常会遇到这样的情况:在屏幕上显示图形时,由于视图太小,使得局部看不清楚或无法修改,需要将这部分局部放大,修改完成后,又要将视图恢复原来的大小,这就是视窗的缩放、移动。

1.8.1 视窗的缩放

视窗的缩放命令为"ZOOM",快捷键为"Z",可将图形放大或缩小显示,以便观察和绘制图形。执行该命令,既可将图形中很小的局部放大至全屏,也可将很大的图样全屏显示到屏幕上。

技术提示:执行缩放命令,只是视窗中图形放大或缩小,图形的实际大小并不会改变。

执行"缩放"命令的方法有以下两种：

①在命令行中输入"ZOOM"或快捷键"Z"。

②选择"视图"菜单→"缩放"命令。

执行缩放命令后，命令行中提示"［全部（A）/中心（C）/动态（D）/范围（E）/上一个（P）/比例（S）/窗口（W）/对象（O）］<实时>："。

参数说明：

①全部（A）。在当前视窗下显示该文件下的全部图形。执行该命令时，在命令行中输入"Z"，按"Enter"键；再输入"A"，按"Enter"键即可。

②中心（C）。在缩放时，指定一个缩放中心点，同时输入新的缩放系数（nX）或高度，缩放后的图形将以指定点作为视窗中图形显示的中心，按给定的缩放系数进行缩放。

执行命令的方式为输入缩放命令"Z"，按"Enter"键→"C"，按"Enter"键→指定中心点（用鼠标左键单击屏幕上用户要给定图形的中心点）→输入比例或高度（如"2X"），按"Enter"键，图形将放大 2 倍。

③动态（D）。对图形进行动态缩放。

④范围（E）。选择范围缩放"E"后，当前视窗中的图形会尽可能地充满全屏幕。

⑤上一个（P）。执行此命令后，图形将恢复上一个视窗显示的图形，这种恢复最多可以按顺序恢复 10 个以前的图形。

⑥比例（S）。按比例缩放图形，执行此命令后，命令行提示"输入比例因子（nX）"，输入缩放的比例因子，如"2X"，并按"Enter"键，屏幕上的图形就会扩大 2 倍。

⑦窗口（W）。将把鼠标拖动的矩形框内的图形放大到全屏显示。执行的方法为输入缩放命令"Z"，按"Enter"键；再输入"W"，按"Enter"键，此时鼠标的光标变成十字光标，用光标在要放大的图形局部左上方单击鼠标左键，并拖动鼠标成矩形框至右下角，放开鼠标左键，被矩形框包围的图形局部就会充满全屏。

⑧对象（O）。执行此命令，系统会将所选择的对象充满全屏。

⑨实时。该选项为系统缺省项，输入缩放命令后，直接按"Enter"键，鼠标变成 ⁺。。按住鼠标左键，向屏幕外拖动，图形放大，向屏幕内拖动，图形缩小。

技术提示：在执行实时缩放命令时，如图标中的"＋"或"－"在鼠标拖动时消失，则表示图形已缩放到极限，不能再缩放。

从工具栏中也可调出"缩放"工具栏，其各种缩放命令的图标如图 1.44 所示。

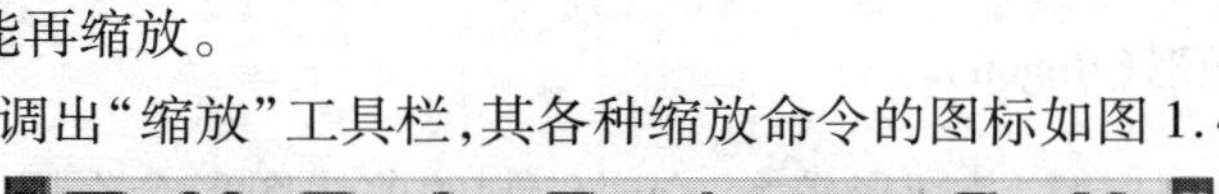

图 1.44　"缩放"工具栏

技术提示：当采用"缩放"工具栏中的"放大"或"缩小"命令时，每单击一次，图形会放大 1 倍或缩小 1 倍。

在 AutoCAD 中，为了方便操作，将常用的缩放命令设置在"标准"工具栏上，如图 1.25 所示。按住"窗口缩放"命令按钮，会将其余的缩放命令打开，可选择需要的缩放命令。在执行完某个绘图或编辑命令后，按"Enter"键，在鼠标的小菜单中也会出现缩放命令。

1.8.2 视窗的移动

视窗的移动使用平移(Pan)命令,快捷键为"P"。平移命令可在不改变图形显示缩放比例的情况下,在屏幕上显示图形的不同部位,此命令与缩放命令配合使用非常有效,图形被放大后,如果在屏幕上显示的位置不符合用户的要求,就可通过执行此命令查看图形的不同部位。

调用"平移"命令的方法如下:

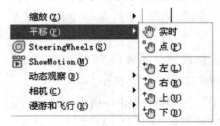

图 1.45 平移命令的调用

选择"视图"菜单→"平移"命令,在"平移"命令后面又有 6 个命令供选择,如图 1.45 所示。在绘图时,最常用的命令是"实时"平移。

执行"实时"平移命令的方法有以下 3 种:

①单击"标准"工具栏中的"平移"按钮 。

②在命令行输入"PAN"或快捷键"P"。

③选择"视图"菜单→"平移"→"实时"命令。

执行该命令后,按下鼠标左键,并拖动鼠标,屏幕的图形会随着光标的移动而移动,达到用户要求的位置时,放开鼠标。

用户在执行命令时可以同时插入缩放命令和平移命令,使绘图的速度大大提高。

技术提示:在执行命令的同时,不需要退出该命令而被直接插入其他命令中执行的命令,称为"透明命令",如缩放命令、平移命令等。

1.8.3 图形重画(Redraw)

在绘图过程中,有时会在屏幕上留下一些"橡皮屑",为了去掉这些"橡皮屑",便于观察图形,可以执行图形重画命令。

执行图形重画命令的方法有以下两种:

①在命令行输入"REDRAW"。

②选择"视图"菜单→"重画"命令。

REDRAW 命令只对当前视窗中的图形起作用,重画后的图形消除了屏幕上的残留标记,使图形更加清晰,便于编辑。

1.8.4 重生成图形(Regen)

在绘制 AutoCAD 图形时,若图形较大,有时绘制的曲线图形会在屏幕上显示成折线图形(图形的属性不变,只是显示变化了),这时可执行重生成命令,使得图形重新变成曲线图线。

执行"重生成"命令的方法有以下两种:

①在命令输入"REGEN"。

②选择"视图"菜单→"重生成"命令。

重生成的过程比较慢,因此在可能的情况下,尽量采用重画命令,如重画命令不能满足用户要求时,再采用重生成命令。

1.9　点坐标的智能输入

在绘图时,有时需要将一些直线的端点相连,或端点与中点相连,作图时,绘图人员虽然尽量准确地将这些点相连,但用窗口缩放命令放大后,会发现连接仍然不准确。AutoCAD 为了方便用户,使得绘制的图样准确无误,设置了目标捕捉的命令,从而达到了准确绘图、方便绘图的目的。

1.9.1　目标捕捉(Object Snap)

所谓目标捕捉,就是当执行绘图命令需要输入点时,调用目标捕捉命令,系统会自动找出图元中的端点、中点、圆心、垂足等作为用户选择输入点,代替用户手工输入,从而提高绘图的精准度。

技术提示:目标捕捉不能单独使用,在执行绘图命令需要时才能调用。

(1)目标捕捉的打开

打开目标捕捉的方式有以下 4 种:

①将鼠标放至工具栏的任一位置,单击鼠标右键,打开工具栏选项菜单,选择"对象捕捉",在其上单击鼠标左键,屏幕上显示如图 1.46 所示的图形,将其移动到视窗的边上即可。

图 1.46　"对象捕捉"工具栏

②快捷菜单:"Shift + 鼠标右键",在绘图区显示目标捕捉的小菜单,如图 1.47 所示,选择目标捕捉的方式。

技术提示:使用工具栏中的捕捉或目标捕捉小菜单中的捕捉命令都是临时捕捉。在绘图过程中,单击工具栏中的任一捕捉命令,其他捕捉命令暂时消失,只有临时捕捉命令能够使用,而临时命令只能使用一次,一次完成后,命令失效。

③单击状态栏中的"对象捕捉"按钮，使其凹下,表示对象捕捉已经开启,反之,表示对象捕捉关闭。

④按功能键"F3"也可以打开/关闭对象捕捉。

(2)设置运行中的目标捕捉方式

目标捕捉的种类很多,如端点捕捉、中点捕捉、圆心捕捉、切点捕捉等,为了方便作图,用户在绘图前应根据需要设置运行中的捕捉。

所谓运行中的目标捕捉,就是执行某一绘图命令需要输入一个点时,AutoCAD 根据用户事先选择好的目标捕捉方式,自动捕捉离靶心最近的一个目标点,并显示相应的捕捉标记,若正好是用户需要的点,单击鼠标左键,即输入捕捉点。如不是用户需要的捕捉点,移动靶心,直到出现需要捕捉点的标记,单击鼠标左键即可。

设置运行中的目标捕捉方式有以下 3 种:

图 1.47　目标捕捉小菜单

①选择"工具"→"绘图设置",显示如图 1.48 所示的"草图设置"对话框。

②在状态栏 的选项中,在 4 个按钮以外的任意一个按钮上单击鼠标右键,会出现一个小菜单,在小菜单中选择"设置"选项,将显示如图 1.48 所示的对话框。

③在命令行中输入"DSETTINGS"并按"Enter"键,显示如图 1.48 所示的对话框。

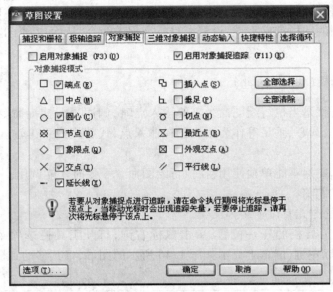

图 1.48   "草图设置"对话框

"草图设置"对话框中有 7 个标签,选择第 3 个标签"对象捕捉",显示对象捕捉的模式。在对象捕捉的模式中,显示各种对象捕捉的标记,用户可在需要执行捕捉的模式标记旁边的方框内单击鼠标左键,使其前面的方框内显示☑,可以根据需要一次选择多个捕捉模式;也可以单击对话框右侧的 全部选择 按钮,将所有的目标捕捉模式选中,再单击对话框下方的 确定 按钮,设置即完成。如选择的不合适,可单击 全部清除 按钮,之前选择的选项被全部清除,重新选择即可。或者在☑框内单击鼠标左键,删除"√"后,也能清除被选项。

"对象捕捉"选项卡提供了多种对象捕捉模式,用户可选择相应复选框开启各种捕捉模式。各种对象捕捉模式的说明如下:

①端点:捕捉直线、圆弧、椭圆弧、多线、多段线的最近端点,以及捕捉填充直线、图形或三维面域最近的封闭角点。

②中点:捕捉直线、圆弧、椭圆弧、多线、多段线、参照线、图形或样条曲线的中点。

③圆心:捕捉圆弧、圆、椭圆或椭圆弧的圆心。

④节点:捕捉点对象。

⑤象限点:捕捉圆、圆弧、椭圆或椭圆弧的象限点。

⑥交点:捕捉两个对象的交点,包括圆弧、圆、椭圆、椭圆弧、直线、多线、多段线、射线、样条曲线或参照线。

⑦延长线:光标从一个对象的端点移出时,系统将显示并捕捉沿对象轨迹延伸出来的虚拟点。

⑧插入点:捕捉插入图形文件中的块、文本、属性及图形的插入点,即它们插入时的原点。

⑨垂足:捕捉直线、圆弧、圆、椭圆弧、多线、多段线、射线、图形、样条曲线或参照线上的一点。该点与用户指定的一点形成一条直线,此直线与用户当前选择的对象正交(垂直),但该点不一定在对象上,有可能在对象的延长线上。

⑩切点:捕捉圆弧、圆、椭圆或椭圆弧的切点。此切点与用户所指定的一点形成一条直线,这条直线将与用户当前所选择的圆弧、圆、椭圆或椭圆弧相切。

⑪最近点:捕捉对象上最近的一点,一般是端点、垂足或交点。

⑫外观交点:捕捉三维空间中两个对象的视图交点(这两个对象实际上不一定相交,但看上去相交)。在二维空间中,外观交点捕捉模式与交点捕捉模式是等效的。

⑬平行线:绘制平行于另一对象的直线。在指定了直线的第一点后,用光标选定一个对象(此时不用单击鼠标指定,AutoCAD 将自动帮助用户指定,并且可以选取多个对象),之后再移动光标,这时经过第一点且与选定对象平行的方向上将出现一条参照线,这条参照线是可见的,在此方向上指定一点,那么该直线将平行于选定的对象。

注意:在绘图过程中,有两种对象捕捉方式:自动捕捉和临时捕捉。以上所介绍的是自动捕捉方式。临时捕捉的激活方法可在"对象捕捉"工具栏中选择对应的捕捉类型,也可在任务栏中右击"对象捕捉"图标,在弹出的快捷菜单中选择需要的捕捉点,如图 1.49 所示。使用临时捕捉方式每捕捉一个特征点都要先选择捕捉类型,使得操作比较烦琐。

与临时捕捉相比,自动捕捉具有方便、高效的特点。不必先选择捕捉模式去捕捉特征点,用户只要预先设置好一些对象捕捉模式,在"对象捕捉"开启、光标移动到图形对象时,就会自动捕捉该对象上符合预先设置的捕捉模式的特征点,因此推荐使用自动捕捉方式。

图 1.49　设置对象临时捕捉模式

技术提示:在绘制复杂图样的时候,设置运行中的目标捕捉时,最好不要采用 全部选择 按钮,因为如果选项过多,在绘图中很容易出错。

(3)各种捕捉命令的应用

1)端点(Endpoint)捕捉

当用户绘制图形需要输入点时,调用端点捕捉命令,系统将自动捕捉到已经绘出的元素端点上,如直线、圆弧上的端点,用户根据标记输入,不仅快捷,而且非常准确。

2)中点(Midpoint)捕捉

当执行绘图命令时,调用中点捕捉命令,可以快速将直线的中点找到。

例 1.5　用端点捕捉命令和中点捕捉命令,给如图 1.50(a)所示的子母门立面图绘制开启线。

作图方法:

执行"直线"命令。

指定第一点:将光标移动到 E 点附近,光标旁边出现端点捕捉标记(小方框),单击鼠标左键。

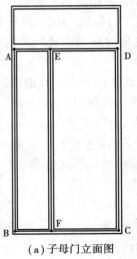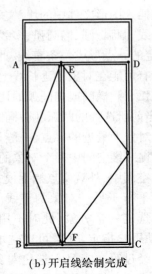

（a）子母门立面图　　　　（b）开启线绘制完成

图 1.50　绘制子母门开启线

指定下一点或［放弃（U）］:将光标移动到 AB 的中点附近,光标旁边出现中点捕捉标记（小三角形）,单击鼠标左键。

指定下一点或［闭合（C）/放弃（U）］:将光标移动到 F 点附近,光标旁边出现端点标记（小方框）,单击鼠标左键。

指定下一点或［闭合（C）/放弃（U）］:将光标移动到 CD 的中点附近,光标旁边出现中点捕捉标记（小三角形）,单击鼠标左键。

指定下一点或［闭合（C）/放弃（U）］:输入 C,按"Enter"键,完成开启线的绘制。或者单击鼠标右键,出现如图 1.51 所示的快捷菜单,选取"闭合（C）",完成开启线的绘制。

绘制完成的图形如图 1.50（b）所示。

图 1.51　快捷菜单

3）交点（Intersection）捕捉

在绘图过程中,使用交点捕捉,能快速地找到各种直线与直线、直线与曲线、曲线与曲线的交点,使绘图速度加快,精确度提高。

例 1.6　利用交点捕捉命令,在基础平面图定位轴线的交点处绘制挖孔桩的平面位置（直径为 400 的圆柱）,如图 1.52（a）所示。

作图方法:

在"绘图"工具栏中单击"圆"命令按钮⊚。

–Circle 指定圆的圆心或［三点（3P）/两点（2P）/相切、相切、半径（T）］:将鼠标移动到定位轴线的交点附近,光标旁边出现交叉捕捉标记"×",单击鼠标左键,圆心的位置就选定了。

指定圆的半径或［直径（D）］<50>:输入圆的半径"200",按"Enter"键,一个圆柱就绘制完成。

采用相同的方法,捕捉定位轴线的交点,绘制所有半径为 200 的圆柱。

绘制完成的图形如图 1.52（b）所示。

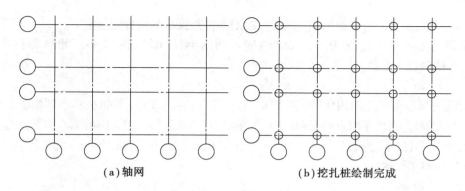

（a）轴网　　　　　　　　　（b）挖扎桩绘制完成

图 1.52　用交点捕捉绘制基础平面图的圆柱

4）圆心（Center）的捕捉

例 1.7　利用圆心捕捉绘制完成如图 1.53（a）所示的卫生间图形。

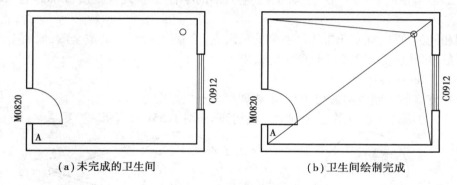

（a）未完成的卫生间　　　　　　（b）卫生间绘制完成

图 1.53　完成卫生间图形绘制

作图方法：

执行"直线"命令。

指定第一点：将鼠标移至 A 点附近，出现端点捕捉标记，单击鼠标左键。

指定下一点或［放弃（U）］：鼠标移至小圆圈附近，出现圆心捕捉标记，单击鼠标左键。

一条线即绘制完成，采用相同的方法完成其他图线。完成后的图形如图 1.53（b）所示。

5）象限点（Quadrant）捕捉

象限点是指圆、圆弧、椭圆上的 0°、90°、180°、270°的 4 个分界点。

例 1.8　用圆心捕捉和象限点捕捉绘制出花砖图形，如图 1.54 所示。

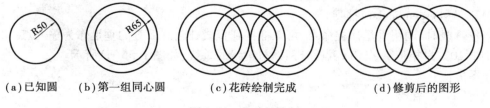

（a）已知圆　　（b）第一组同心圆　　（c）花砖绘制完成　　（d）修剪后的图形

图 1.54　花砖的绘制

作图方法：

执行"圆"命令。

指定圆的圆心或［三点（3P）/两点（2P）/切点、切点、半径（T）］：将鼠标移动到如图 1.54（a）所示的圆中心附近,出现圆心捕捉标记"○",单击鼠标左键,圆心的位置就选定了。

指定圆的半径或［直径(D)］<50>:输入圆的半径"65",按"Enter"键。即得第一组同心圆,如图1.54(b)所示。

执行"圆"命令。

指定圆的圆心或［三点(3P)/两点(2P)/切点、切点、半径(T)］:将鼠标移动到如图1.54(b)所示的大圆右侧附近,出现象限点捕捉标记"◇",单击鼠标左键,第二组大圆的圆心位置就选定了。

指定圆的半径或［直径(D)］<50>:输入圆的半径"65",按"Enter"键。即得第二组大圆,如图1.54(c)所示。

执行"圆"命令。

指定圆的圆心或［三点(3P)/两点(2P)/切点、切点、半径(T)］:将鼠标移动到如图1.54(b)所示的大圆右侧附近,出现象限点捕捉标记"◇",单击鼠标左键,第二组大圆的圆心位置就选定了。

指定圆的半径或［直径(D)］<50>:输入圆的半径"50"或直接按"Enter"键,即得第二组小圆。

采用相同的方法,捕捉第二组圆右侧的象限点,绘制第三组圆,完成全图,如图1.54(c)所示。修剪后,可达到如图1.54(d)所示的效果。

6)切点(Tangent)捕捉

当作一直线与一圆或圆弧相切时,需要调用切点捕捉命令。

例1.9 过圆外一点A作已知圆的两条切线,如图1.55(a)所示。

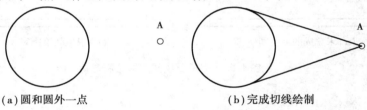

(a)圆和圆外一点　　　　　　　　　　(b)完成切线绘制

图1.55　过圆外一点作圆的切线

作图方法:

执行"直线"命令。

指定第一点:在点A单击鼠标左键。

指定下一点或［放弃(U)］:将鼠标在圆周上移动,直到出现切点捕捉标记"⌀",单击鼠标左键,一条切线绘制完成。

采用相同的方法完成另一条切线,完成后的图形如图1.55(b)所示。

7)垂足(Perpendicular)捕捉

当作垂线时,调用垂足捕捉命令,可以捕捉到直线、圆、圆弧等的垂足作为输入点。

例1.10 过矩形A点和C点,分别作对角线的垂线,如图1.56(a)所示。

作图方法:

执行"直线"命令。

指定第一点:鼠标移至点A附近,出现端点捕捉标记"□",单击鼠标左键。

指定下一点或［放弃(U)］:让鼠标在对角线上移动,直到出现垂直捕捉标记"⌐",单击鼠标左键,一条垂线绘制完成。

采用相同的方法完成另一条垂线,完成后的图形如图 1.56(b)所示。

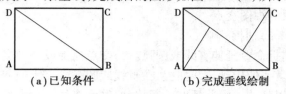

(a)已知条件　　　　　(b)完成垂线绘制

图 1.56　作对角线的垂线

8)最近点(Nearest)捕捉

当执行某一绘图命令,需要输入直线或曲线上任意一点时,调用最近点捕捉命令,系统将自动捕捉到该线上离靶心最近的一个点作为输入点。

9)FROM 捕捉

当新输入点与已知点保持一定距离时,采用 FROM 捕捉,能够快速完成输入点。

例 1.11　在如图 1.57(a)所示的基础上完成图 1.57(b)的图形绘制。

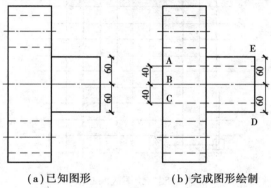

(a)已知图形　　　　　(b)完成图形绘制

图 1.57　FROM 捕捉应用

作图方法:

执行"直线"命令。

指定第一点:单击"FROM"捕捉按钮 。

指定第一点:－from 基点:调用"交点捕捉"命令,捕捉 B 点作为基准点。

指定第一点:－from 基点:<偏移>:输入"@ 0,40"(B 点到 A 点的相对坐标值),按"Enter"键。

指定下一点或[放弃(U)]:将鼠标在 DE 线上移动,直到出现垂线捕捉标记" ",单击鼠标左键,完成绘制。

采用相同的方法完成另一条直线,但输入点与 B 点的相对坐标值应为"@ 0,－40"。

10)平行线(Parllel)捕捉

平行线(Parllel)捕捉的功能是当需要绘制某一直线的平行线时,在 AutoCAD 直线命令提示下输入第一点后,单击"平行捕捉"按钮 ,并将光标移动到参照的平行线上,系统在该目标上作一个标记,然后移动光标,在通过第一点与参照目标平行的方向上出现临时追踪线,用户通过该追踪线捕捉第二点。

11)外观交点(Apparent Int)捕捉

捕捉空间两个对象的视图交点。

12)延长线(Extension)捕捉

可以利用延长线捕捉命令延伸直线或圆弧。与交点捕捉或外观交点捕捉一起使用延长线捕捉,可获得延伸交点。要使用延长线捕捉,在直线或圆弧端点上暂停后将显示"+",表示直线或圆弧已被选定,可以延伸。沿着延伸路径移动光标,将显示一个临时延伸路径。如果交点捕捉或外观交点捕捉开启,就可以找出直线或圆弧与其他对象的交点。

1.9.2 栅格及正交

(1)栅格(Grid)

栅格是显示在用户设置的绘图区域内的网格,类似于传统坐标纸上的坐标网格,如图1.58所示。

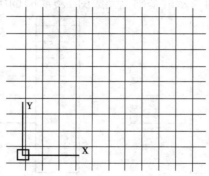

图 1.58　绘图区的栅格

1)显示/隐藏栅格

显示/隐藏栅格的方法有以下 3 种:

①单击状态行上的"栅格"按钮,当按钮凹下,屏幕显示栅格,否则屏幕不显示栅格。

②按功能键"F7",屏幕显示/隐藏栅格。

③按组合键"Ctrl + G",屏幕显示/隐藏栅格。

2)栅格的设置

选择"工具"菜单→"草图设置"命令,显示如图 1.59 所示的对话框。

单击"捕捉和栅格"标签,显示其选项卡,在"启用栅格"下方"二维模型空间"右侧的方框中插入光标,在"栅格 X 轴间距"右侧的方框中插入光标,输入"10",表示 X 轴方向栅格的距离为 10 mm。在"栅格 Y 轴间距"右侧的方框中插入光标,输入"10",表示 Y 轴方向栅格的距离为 10 mm。单击"确定"按钮,完成设置。

(2)间隔捕捉

间隔捕捉是通过设置捕捉功能,使得绘图的十字光标只能在屏幕上作等距离跳动,一次跳动的间距称为捕捉分辨率。

1)显示/隐藏间隔捕捉

显示/隐藏间隔捕捉的方法有以下两种:

①单击状态行上的"捕捉"按钮,当按钮凹下,启动栅格捕捉,否则关闭栅格捕捉。

图 1.59　"捕捉和栅格"的设置

②按功能键"F9",启动/关闭间隔捕捉。

2)间隔捕捉的设置。

在如图 1.59 所示"草图设置"对话框"捕捉和栅格"选项卡中,在"启用捕捉"的下方"捕捉 X 轴间距"右侧的方框中插入光标,输入"20",表示 X 轴方向捕捉分辨率的值为 20 mm。在"捕捉 Y 轴间距"右侧的方框中插入光标,输入"20",表示 Y 轴方向捕捉分辨率的值为 20 mm。单击"确定"按钮,完成设置。

技术提示:键盘输入坐标值不受光标捕捉间距的限制,光标捕捉间距只能限制光标的移动。

(3)正交(Ortho)

建筑施工图中的图线大部分都是水平线或竖直线,为了方便画图,AutoCAD 设置了正交功能。

打开/关闭正交功能的方法有以下 3 种:

①单击状态行上的"正交"按钮,当"⌐"按钮凹下,启动正交打开,否则表示正交关闭。

②按功能键"F8",打开/关闭正交功能。

③在命令行中输入"ORTHO"后,选择"ON"选项。

打开正交后,移动光标选择绘图方向,输入长度值就可以画出水平线或垂直线。

例 1.12　绘制如图 1.60 所示的建筑外轮廓。

作图方法:

执行"直线"命令。

用鼠标左键在绘图区任一位置单击,确定建筑物外轮廓的第一点 A。

指定下一点或[放弃(U)]:将鼠标向右移动,形成一条水平线,输入线段 AB 的长度"14 700",按"Enter"键。

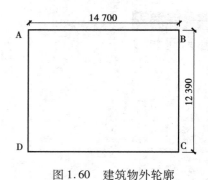

14 700

12 390

图 1.60 建筑物外轮廓

指定下一点或[放弃(U)]:将鼠标向下移动,形成一条竖直线,输入线段 BC 的长度"12 390",按"Enter"键。

指定下一点或[放弃(U)]:将鼠标向左移动,又形成一条水平线,输入线段 CD 的长度"14 700",按"Enter"键。

指定下一点或[放弃(U)]:将鼠标向上移动,又形成一条竖直线,输入线段 DA 的长度"12 390",按"Enter"键结束命令,绘制完成的图形如图 1.60 所示。或单击右键,在出现的快捷菜单中选择"闭合(C)",也可完成该矩形绘制的最后一步。

1.10 "选项"中的常用设置

AutoCAD 的窗口是可以按照用户的需要进行设置的,这些设置在"工具"菜单→"选项"命令中。

1.10.1 "显示"设置

打开"选项"对话框,如图 1.61 所示,单击"显示"标签。

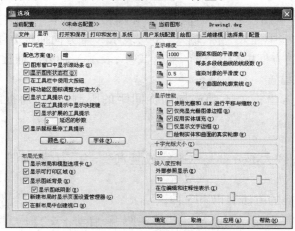

图 1.61 "显示"选项卡

从图 1.61 中可知,"显示"选项卡共分为 6 个区域。如要改变绘图区的颜色,单击"窗口元素"中的"颜色"按钮,打开"图形窗口颜色"对话框,如图 1.62 所示,打开"颜色"下边的下拉列表框,选择用户需要的颜色后,单击"应用并关闭"按钮即可。在图 1.62 中用户设置统一背景为"白色"。

在图 1.61 所示"显示"选择卡的"十字光标大小"的控制区,通过移动滚动条,可控制十字光标的大小,如将滚动条移动到最右侧,左边方框中显示"100",这时,光标显示为最大。

1.10.2 "打开和保存"设置

单击"选项"对话框中"打开和保存"标签,显示"打开和保存"选项卡,如图 1.63 所示。在"另存为"的控制区,可以将绘制的图样保存为不同版本的 AutoCAD 文件。

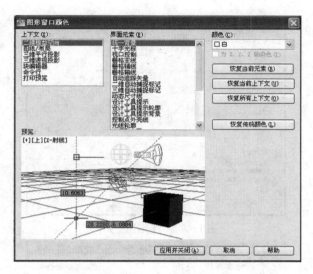

图 1.62　"颜色选项"对话框

　　在"文件安全措施"控制区中勾选"自动保存"左边的方框,将保存方法设置为系统自动保存,在"保存间隔分钟数"左边的方框内输入系统自动保存的时间间隔,如图 1.63 中的"10",表示系统自动保存的时间间隔为 10 min。单击"安全选项"按钮,可以输入打开文件的密码,通过设置密码防止他人窃取文件。

　　在"文件打开"控制区中"最近使用的文件数"左边的方框中输入文件的数目,如图 1.63 中所示"9",表示打开"文件"菜单,下面会显示最近使用过的 9 个文件。

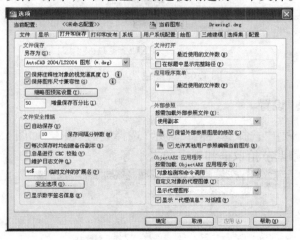

图 1.63　"打开和保存"选项卡

1.10.3　"绘图"设置

　　单击"选项"对话框中"绘图"标签,显示捕捉的设置,如图 1.64 所示。

　　在"自动捕捉设置"组件中可以对自动捕捉标记颜色进行设置,在如图 1.65 所示中用户设置二维自动捕捉标记颜色为"洋红"。在图 1.64 中,通过移动滚动条可以调节自动捕捉标记和靶框的大小,向右移动滚动条表示使标记变大,反之变小。

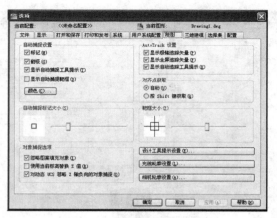

图 1.64　"绘图"选项卡

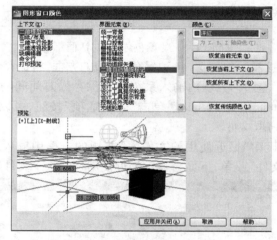

图 1.65　"颜色选项"对话框

1.10.4　"选择集"设置

单击"选项"对话框中"选择集"标签,显示"选择集"选项卡,如图 1.66 所示。在该选项卡中可以通过移动滚动条调节拾取框和夹点的大小等。

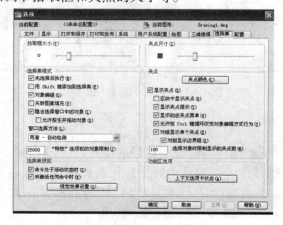

图 1.66　"选择集"选项卡

1.11　系统帮助的使用

为了帮助用户解决在绘图过程中出现的问题,AutoCAD 为用户提供了强大的帮助功能。
打开 AutoCAD"帮助"命令的方法有以下 3 种:

①按功能键"F1"。

②在命令行输入"HELP"。

③单击"标准"工具框中"帮助"按钮 ？ 。

打开"帮助"对话框后,用户可以根据自己的需要,单击或输入信息,进行搜索,从而获得帮助。

执行帮助命令后,出现如图 1.67 所示的"帮助"对话框,该对话框中有两个标签,分别为"主页"和"帮助"。在"帮助"标签中,显示 AutoCAD 操作目录,单击需要学习的命令名,可扩展选中目录的项目名,到达子目录,逐级操作,直至找到用户需要的项目名,在右侧的显示区则显示需要的帮助信息。单击图 1.67 右侧的"基础知识与教程"等内容时,可连接 AutoCAD 网站学习相关内容。

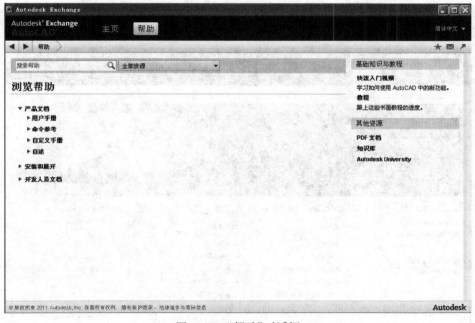

图 1.67　"帮助"对话框

用户也可以在"搜索帮助"的文本框中输入要查找内容的关键字,单击搜索按钮 🔍 ,在下方及右侧的列表框中即列出含有该关键字的主题和内容,如输入"直线"关键字后,搜索得到如图 1.68 所示的效果。

图 1.68　"直线"关键字的搜索效果

单击"主页"标签,如图 1.69 所示,可显示 AutoCAD 2012 中的新内容,单击相应目录,可从视频中学习到与绘图相关的新功能。

图 1.69　"主页"标签

技术提示:此项学习,需要提供网络支持。

操作实训

确定绘制图样的顺序,绘出如图 1.70 所示的图形。

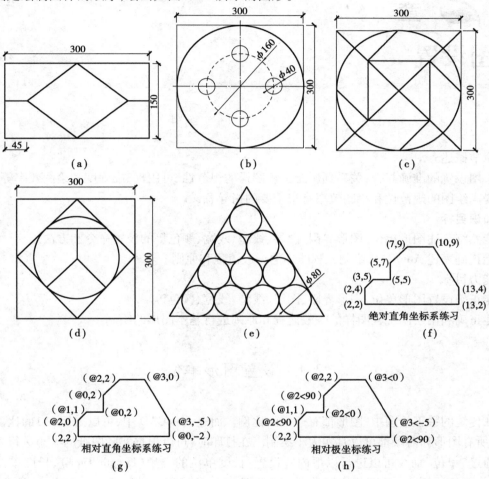

图 1.70 操作实训图

第**2**章
绘图设置

章节概述

绘图设置的准确与否,关系到所绘工程图样的规范性、可用性、准确度和绘图效率等,这对今后提高绘图的规范性和绘图效率有很重要的指导意义。

知识目标

能熟练表述图形单位、图形界限、图层、线型、线宽、颜色等的设置命令和方法。

能正确表述 AutoCAD 绘制工程图样的一般流程和原则。

能力目标

能正确设置图形单位、图形界限、图层、线型、线宽、颜色等。

能正确利用绘制工程图样的一般流程和原则进行基本图形的绘制。

2.1 设置图形单位

在传统的手工绘图中,图形都有一定的比例。而在 AutoCAD 中,可以采用1:1的比例因子绘图,所有图形和对象都可以真实大小绘制。在打印时,可以根据实际图纸的大小进行缩放。

通过“单位”命令可以进行以下内容设置:长度单位的类型(Length Type)、长度单位的精度(Length Precision)、角度单位的类型(Angle Type)、角度单位的精度(Angle Precision)、角度基准(Base Angle)、角度方位(Direction)。

常用对话框设置图形单位,激活该对话框的方法主要有以下两种:

◆在“格式”下拉菜单项中选择“单位”菜单命令。

◆在命令提示符下键入“Units”后按空格或“Enter”键。

以上两种方法均可打开“图形单位”对话框,如图 2.1 所示。

(1) 长度设置

在“图形单位”对话框中,“长度”区要求确定长度单位及其显示精度。长度单位提供了5个选择项:分数、工程、建筑、科学、小数。缺省的单位类型是小数(十进制),精度是小数点后 4位。其中,“工程”和“建筑”格式提供英尺和英寸显示并假定每个图形单位表示 1 英寸,其他格式可表示任何真实世界单位。

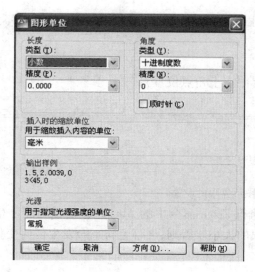

图2.1　"图形单位"对话框

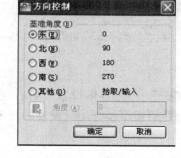

图2.2　"方向控制"对话框

建筑、小数、工程等单位制之间的区别主要在于对应的进制不同,而在绘图时都是一个图形单位对应一个进制单位。

(2)角度设置

在"图形单位"对话框中,"角度"区要求确定图形角度的单位格式以及角度单位的显示精度。

(3)方向设置

单击"图形单位"对话框中的"方向(D)…"按钮可以设置图形起始角度的方向。单击后,弹出一个"方向控制"对话框(见图2.2),缺省设置0°为正东方向或时钟的3点方向,而逆时针方向为角度增加方向。如果对话框中给出几个系统定义方向均不能满足要求,可选择对话框中最后一个单选框"其他"来定义0°的方向及角度测量方向。

2.2　设置图形界限

AutoCAD中图形界限的设置相当于传统手工绘图时纸张大小的选择。与传统手工绘图不同的是,在AutoCAD中能以1:1的比例来作图,在开始绘图后根据需要可对设置的区域进行移动或改变其大小,打印时图形大小不受设置界限的大小限制,从而为用户绘图提供了方便。

激活图形界限设置命令有以下两种方法:

◆选择"格式"下拉菜单中的"图形界限"选项。

◆直接在命令提示符下键入"Limits"。

命令:LIMITS ✓

指定左下角点或[开(ON)/关(OFF)]<当前值>:(指定图形界限左下角位置或选择开/关选项)✓

提示中的另外两个选项开(ON)/关(OFF)为图形界限的控制开关,决定了能否在图形界限之外指定一点。设置为ON时,则打开界限检查,用户不可以在图形界限之外指定一点。此时若绘制线段,则线段的起点和终点均不可以在图形界限外。设置为 OFF 时,系统不进行界限检查,可以在界限之外绘制或指定点。

指定界限左下角位置后,系统继续提示。

指定右上角点 < 当前值 >:(指定图形界限右上角点位置)↙

图形界限的设置如图 2.3 所示。

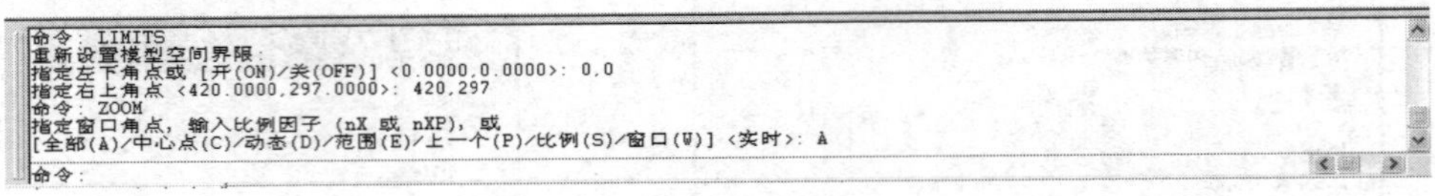

```
命令: LIMITS
重新设置模型空间界限
指定左下角点或 [开(ON)/关(OFF)] <0.0000,0.0000>: 0,0
指定右上角点 <420.0000,297.0000>: 420,297
命令: ZOOM
指定窗口角点,输入比例因子 (nX 或 nXP),或
[全部(A)/中心点(C)/动态(D)/范围(E)/上一个(P)/比例(S)/窗口(W)] <实时>: A
命令:
```

图 2.3　图形界限的设置

技术提示:图形界限设置完毕后,必须执行 Zoom 命令中的 All 选项,设置功能才生效,才能使当前图形窗口符合用户设置的图形界限的大小。否则,屏幕上将不会发生任何变化。

2.3　图层的使用

在 AutoCAD 中,图形是绘制在被称为图层的某一层面上的,一个图层就像一张透明的图片,可以在不同的图层上绘制不同的实体,然后将这些透明图片叠加起来,得到最终的图形,也可以抽掉其中一些透明图片,组成另外一幅图形。AutoCAD 理论上允许建立无限多个图层。使用图层的目的是为了对图形进行合理的组织和管理。

由于一张图纸中包含了图框、标题栏、图形、尺寸、实线、虚线、中心线、剖面线等众多信息,在绘图过程中,可以利用图层工具对图形中的相关对象进行分组,把图形中具有某一特征的所有对象放在同一个图层上,这样就可以对一个图层上所有对象的可见性、颜色、线型和打印样式等属性进行统一控制。

启动 AutoCAD 后,系统自动为新文件创建一个默认的图层(0 层),根据需要还可增加任意多的其他图层。但是,在绘图过程中只能选择一个图层作为当前层,在创建一个对象时,该对象将放在当前层上。

2.3.1　新建图层

创建及设置图层的方法有以下 3 种:

◆命令:LAYER(快捷键 LA)

◆菜单:格式(O)→图层(L)

◆按钮:对象特性工具栏中的

调用命令后,将弹出如图 2.4 所示的"图层特性管理器"对话框。在该对话框中,包含了"图层过滤器""图层列表"和"详细信息"3 个选项区。其中各选项功能如下:

①" ":新建特性过滤器,单击该按钮可以显示"图层过滤器特性"对话框,从中可根据图层的一个或多个特性创建图层过滤器。图层特性管理器支持使用快速过滤器,用户可以用过滤方式查看自己想看到的部分,取消当前不需要图层的列表显示。反向过滤器选项配合列表中的过滤条件,产生列表中过滤条件的否定条件。单击"新建特性过滤器"按钮 ,将弹出

如图 2.5 所示的"图层过滤器特性"对话框。

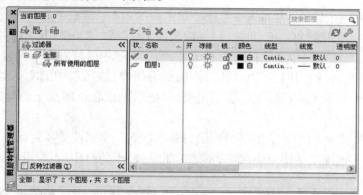

图 2.4　图层特性管理器

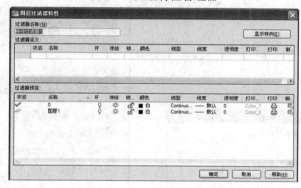

图 2.5　"图层过滤器特性"对话框

②"📑"：新建组过滤器，单击该按钮可创建图层过滤器，其中包含选择并添加到该过滤器的图层。

③"📑"：图层状态管理器，单击该按钮可显示图层状态管理器，从中可将图层的当前特性设置保存到一个命名图层状态中，以后可以再恢复这些设置。

④"📑"：新建图层，单击该按钮，则新建一个图层。新建的图层自动增加在被选中的图层下面，并且继承该图层的特性，如颜色、线性等。图层的名称可修改为反映本图层内容的名称。

⑤"📑"：在所有视口中都被冻结的新图层视口，单击此按钮可创建新图层，然后在所有现有布局视口中将其冻结。可在"模型"选项卡或布局选项卡上访问此按钮。

⑥"✖"：删除图层，单击该按钮，可以将选中的图层删除。但需要注意删除的层上必须无实体，否则将不能删除。另外，"0 层""当前图层"和已经使用的图层不能被删除。

⑦"✔"：置为当前，单击该按钮，可将所选图层设为当前图层。

2.3.2　设置图层状态

图层状态的设置工作均在状态显示窗口中完成，其中包括以下内容：

①状态：该列显示图层的当前工作状态。如果显示为"▱"图标，表示该图层并非当前正在使用的图层；如果显示为"✔"，则表示该图层为当前图层。

②名称：该列显示图层的名称。在选中的图层名称上单击鼠标左键可以激活文本窗口以

修改图层名称。

③开/关:该列用于显示图层的开关状态。单击如图2.4对话框中的♀按钮,弹出如图2.6所示的"图层-关闭当前图层"对话框,可选择"关闭当前图层"或"使当前图层保持打开状态"。

当图层打开时,该图层中的实体对象是可见的,该图层上的所有图形对象均可以显示在绘图区并可以进行编辑修改,并且可以打印。当图层关闭时,该图层中的实体对象是不可见的,图层上的所有图形对象无法在绘图区显示出来,但仍然可以在该图层上创建新对象和对象编辑等操作,但不能打印。

④冻结/解冻:该列用于显示图层的冻结与解冻状态。单击图2.4对话框中的☼表示冻结或者解冻该图层。被冻结的图层不可见,不能编辑修改,不能打印,不能设置为当前图层,更新时不进行重生成。

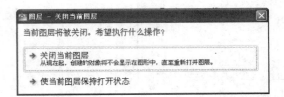

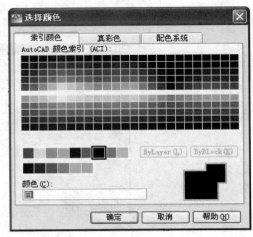

图2.6 "图层-关闭当前图层"对话框   图2.7 "选择颜色"对话框

技术提示:当前图层不能冻结。

⑤锁定/解锁:该列用于图层的锁定/解锁状态。单击图2.4对话框中的🔒表示锁定或者解锁该图层。被锁定图层中的对象可以在绘图区显示,但不能编辑修改。在锁定的图层上也不能创建新对象。

⑥颜色:该列用于设置图层对象的颜色。单击颜色名称将打开如图2.7所示的"选择颜色"对话框,在对话框中选取需要的颜色,然后单击"确定"按钮即可。

⑦线型:该列用于设置图层的线型。单击线型名称将打开如图2.8所示"选择线型"对话框。从线型列表中选择需要的线型,然后单击"确定"按钮确认即可。

技术提示:CAD绘图中常用的线型有实线(Continuous)、单点长画线(CENTER)、虚线(DASHEDX2)、双点长画线(PHANTOM)。

⑧线宽:该列用于设置图层对象所采用的线宽。单击线宽名称将显示如图2.9所示"线宽"对话框。在列表中选择需要的线宽,然后单击"确定"按钮即可将选中的线宽设置为选中图层所采用的线宽。

⑨透明度:更改整个图形的透明度。

⑩打印/不打印:该列用于设置选中图层是否可以被打印输出。如果图标显示为"🖨",则表示该图层可以被正常打印输出;如果图标显示为"🖨",则表示该图层不能被打印输出。通

常将用于绘制辅助线的图层设置为不打印的图层。

　　技术提示：可用"Shift"键或"Ctrl"键一次选择多个图层进行修改。

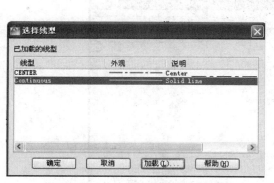

图 2.8　"选择线型"对话框

图 2.9　"线宽"对话框

2.3.3　设置当前图层

　　当前图层除了可以在"图层特性管理器"对话框中设置之外，还可以通过"图层"工具栏的下拉列表在绘图过程中随时切换当前图层或控制图层的打开/关闭、解冻/冻结、锁定/解锁等，如图 2.10 所示。

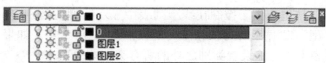

图 2.10　通过"图层"工具栏切换当前图层

2.4　线 型 控 制

　　在 AutoCAD 中有多种线型供用户使用，每个图层只能有一种默认线型，但图层中的对象可以用不同线型来创建。在默认的状态下图层使用的线型为实线（Continuous），但可以通过加载线型为不同的图层设置不同的线型。

2.4.1　加载线型

　　AutoCAD 的所有线型都存在 ACAD. LIN 和 ACADISO. LIN 两个库文件中。在设置线型之前，必须先将线型加载到当前图形文件中。

　　加载线型可通过以下 3 种方式实现：

　　◆命令：LINETYPE（快捷键 LT）

　　◆菜单：格式→线型

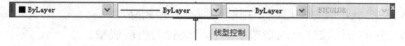

◆按钮:

执行以上操作后会打开如图2.11所示的"线型管理器"对话框。在 AutoCAD 中对线型的管理操作均是通过这个对话框完成。对话框中选项说明如下:

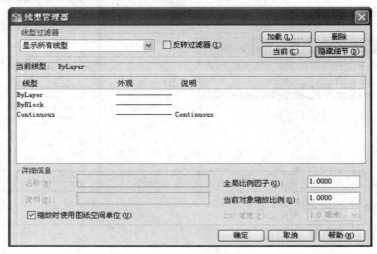

图2.11 "线型管理器"对话框

①当前线型:列表中显示了当前图形对象已经加载的线型。其中,"ByLayer"项表示对象线型与所在图层线型一致,"ByBlock"项表示图块对象线型与所在图块线型一致。

②"线型过滤器":该选项用于控制在线型列表中显示线型的类别,包括"显示所有线型""显示所有使用的线型"和"显示所有依赖于外部参照的线型"3类。如果选择"反转过滤器"选项,则会在线型列表中显示除设置类别之外的所有类别的线型。

③ 加载(L)... :单击该按钮可打开如图2.12所示的"加载或重载线型"对话框,在该对话框中选择需要加载的线型,单击"确定"按钮后,返回"线型管理器"并将所选线型加入线型列表。

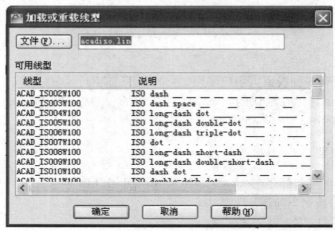

图2.12 "加载或重载线型"对话框

④ 删除 :单击该按钮可以将在线型列表中选中的线型从列表中删除。

技术提示:系统默认线型和已经使用的线型不能被删除。

⑤ 当前(C) :单击该按钮可以将选中的线型设置为当前线型。

⑥隐藏细节①:单击该按钮可以在对话框中显示或隐藏对话框下部的"详细信息"区域。

⑦"详细信息"区:该区域用于显示和修改选中线型的具体参数,包括线型名称、比例等。

2.4.2　设置线型

在"线型管理器"对话框中完成了线型的加载后,所有已加载线型可以在"对象特性"工具栏的下拉列表中进行选择,如图2.13所示。

图2.13　使用"对象特性"工具栏选择线型

如果在创建对象之前先选择线型,则以后创建的对象都将以选中的线型来创建;如果选中某个已经创建的对象再选择线型,则选中对象将改变原有线型而改换为新选择的线型。

2.5　线宽控制

使用 AutoCAD 创建图形对象时,可根据需要设置对象的不同线宽,以满足工程制图的需要。

AutoCAD 的线宽预先已经设置好,需要时可以通过打开"对象特性"工具栏的线宽列表来设置,如图2.14所示。

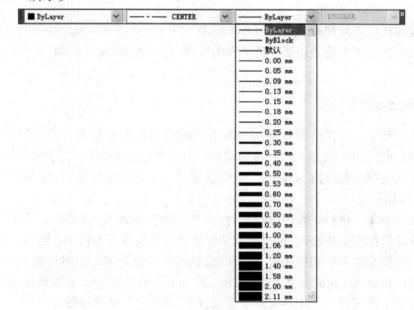

图2.14　使用"对象特性"工具栏选择线宽

如果在创建对象之前先选择线宽,则以后创建的对象都将以选中的线宽来创建;如果先选中某个已经创建的对象再选择线宽,则选中对象将改变原有线宽而改换为新选择的线宽。

2.6 颜色控制

为了区分不同的图层或区分不同功用的对象,对不同的图层或不同类型的对象采用不同的颜色是非常有效的方法。颜色选择可以通过命令"COLOR"打开图 2.7"选择颜色"对话框来选择,也可以打开"对象特性"工具栏的颜色控制列表来设置,如图 2.15 所示。

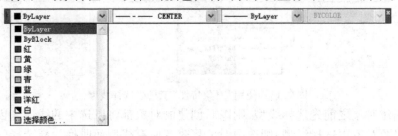

图 2.15 使用"对象特性"工具栏设置颜色

与线型控制和线宽控制一样,如果在创建对象之前先选择颜色,则以后创建的对象都将以选中的颜色来创建;如果先选中某个已经创建的对象再选择颜色,则选中对象将改变原有颜色而改换为新选择的颜色。

2.7 AutoCAD 的绘图流程

由于工程图样的差异和每个人使用 AutoCAD 的方式不尽相同,因此绘图时具体的操作顺序和手法也有差异。但无论绘制哪一类工程图样,要达到准确、高效绘制,其绘图的总体流程是差不多的。

2.7.1 绘图程序

①设置绘图环境。包括绘图界限、绘图单位、捕捉间隔、对象捕捉方式、尺寸标注样式、文字样式和图层(包括颜色、线型、线宽)等的设定。对于单张图纸,其中文字和尺寸样式的设定也可以在需要的时候临时设定。对于整套图纸,可以在全部设定完成后,保存为模板,以便以后绘制新图时调用。

②绘制图形对象。进行工程图样绘制时,一般先绘制辅助线,用来确定尺寸的基准位置。辅助线可以在单独的图层中绘制,可以根据情况将该图层设置为不打印。绘制图形的过程中,应根据对象的类别和性质等切换图层,便于以后对图形对象管理。绘图过程中应充分利用计算机的特点,让 AutoCAD 完成重复工作,充分发挥 AutoCAD 绘图命令和编辑命令的优势,对同样的操作尽可能一次完成。采用必要的捕捉、追踪等功能进行精确绘图。

③标注尺寸。用于标注图样中必要的尺寸和文字说明,具体的标注过程应该遵循国家制图标准要求和图形的用途。

④修饰图形对象。修饰图形对象包括完成图案填充、绘制标题栏、清理图形中多余部分、

调整图形布局等。修饰图形对象对于更好地发挥工程制图功用有着非常重要的意义,也是不可忽视的一个步骤。往往通过对图形对象的修饰可以发现问题并及时修改。

⑤保存图形、输出图形。将图形保存起来备用,需要时可以打印输出用于工程施工与实践。

2.7.2　绘图的一般原则

为了使 AutoCAD 准确、高效地完成工程图样的绘制,并且能在今后方便地使用 AutoCAD 图样来指导工程施工与建设,在使用 AutoCAD 绘制工程图样时,应遵循以下原则:

①先设定绘图界限、绘图单位、图层后再进入图形的绘制。
②尽量采用 1:1 的比例绘制,最后在布局中控制输出比例。
③注意命令提示信息,避免误操作。
④注意采用捕捉、对象捕捉等精确绘图工具和手段辅助绘图。
⑤图框不要和图形绘制在一起,应分层放置。
⑥常用的设置(如图层、文字样式、标注样式等)应该保存为模板,新建图形时直接利用模板生成初始绘图环境。

操作实训

2.1　使用图层命令 LAYER 为某工程图样创建图层,各图层的名称、线型、颜色、线宽等见表 2.1。

表 2.1　图层特性

图层名称	颜　色	线　型	线　宽
轮廓线	黑/白色	实线	0.6
辅助线	红色	虚线	0.2
图框线	洋红色	实线	0.8
尺寸标注	紫色	实线	0.2
轴线	蓝色	单点长画线	0.2
文字	绿色	实线	0.2

2.2　使用 2.1 题创建的图层绘制如图 2.16 所示对象,绘制直线时注意配合使用对象捕捉、极轴追踪、对象追踪等工具,并将四边形 ABCD 绘制在"轮廓线"图层,直线 AG,EF 绘制在"辅助线"图层,直线 GE 绘制在"轴线"图层,尺寸 200 和 96.96 绘制在"尺寸标注"图层,ABCDEFG 等字母绘制在"文字"图层。

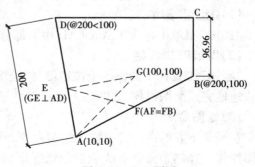

图 2.16　2.2 题图

63

第**3**章
基本图形的绘制与显示

章节概述

直线、点、矩形、多边形、圆、圆弧和椭圆是 AutoCAD 绘图最基本的元素,熟练使用它们的画法对于绘制建筑图纸非常必要。改变视图最常用的方法就是利用缩放和平移命令,用它们可以在绘图区放大或缩小图像显示,或者改变观察位置。

知识目标

能熟练表述直线、点、矩形、多边形、圆、圆弧和椭圆的绘制命令以及图案填充和渐变色填充、平移与缩放的操作方法。

能力目标

可以利用直线、点、矩形、多边形、圆、圆弧和椭圆的命令绘制简单的几何图形。在绘制基本图形时,可以有效地利用平移与缩放,并可以对图案进行填充。

3.1　基本绘图命令

3.1.1　基本绘图方式

在 AutoCAD 中,可通过不同的操作实现同一个绘图功能,即分别使用"绘图"菜单、"绘图"工具栏、绘图命令来完成绘图操作。

(1)"绘图"菜单

"绘图"菜单中包含了 AutoCAD 中大部分的绘图命令,无论是二维图形还是三维图形。

(2)"绘图"工具栏

"绘图"工具栏中的每一个按钮都与"绘图"菜单中的命令相对应,可通过该工具栏上的按钮快速地完成绘图操作,如图 3.1 所示。

(3)绘图命令

在屏幕下方的命令行中输入绘图命令,然后按"Enter"键或空格键,系统就会执行相应的绘图操作。在熟悉命令系统变量的情况下,使用该方式可提高绘图速度和准确性,如图 3.2 所示。

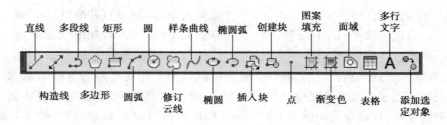

图 3.1　"绘图"工具栏

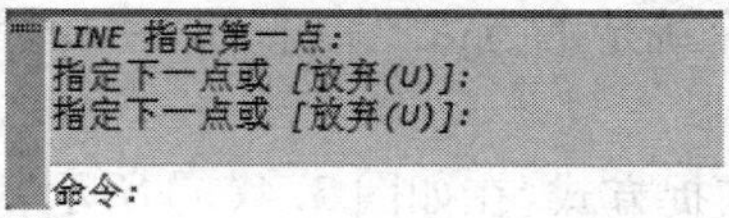

图 3.2　命令行

以上 3 种绘图方式中,绘图命令方式是最基本、最深入的绘图方式;屏幕菜单方式是菜单栏的简化版,方便连续执行同一菜单下不同命令;"绘图"菜单和"绘图"工具栏方式是最直观的绘图方式,一般初学者都是通过这两种方式进行绘图的。

技术提示:要想快速绘制图形,应采用在命令行中输入快捷命令的方式,常用的快捷命令见书后附录 A。

3.1.2　绘制直线段

在 AutoCAD 中使用 Line(直线,其命令简写形式为 L,不区分大小写)命令就可以绘制直线段,执行 LINE(直线)命令的常用方法有以下 3 种:

◆命令:LINE(快捷键:L)

◆菜单:"绘图"→"直线"

◆按钮:"绘图"工具栏

(1)采用坐标输入法绘制直线段

这种方法是通过输入两个坐标点来确定直线段两个端点的位置,从而确定一条直线段。

例 3.1　分别以坐标点(25,40)和(76,90)为直线的两个端点绘制一直线段。

选择"绘图"→"直线"菜单命令,然后根据命令提示绘制直线。

采用坐标输入法绘制直线段如图 3.3 所示,相关命令提示如下:

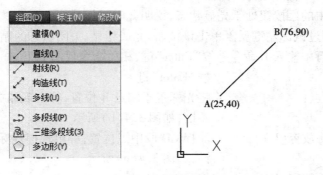

图 3.3　采用坐标输入法绘制直线段

命令:L　　　　　　　　　　　　　　　　//按"Enter"键

LINE 指定第一点:25,40 　　　　　//输入坐标(25,40)并按"Enter"键

指定下一点或［放弃(U)］:@76,90 　//输入坐标(76,90)并按"Enter"键

指定下一点或［放弃(U)］: 　　　　//按"Enter"键结束命令

注意:在输入直线末点坐标时,有时会被系统默认为是相对起点的坐标增量,如例 3.1 中出现该问题则末点坐标就不会是输入的(76,90),而是(101,130)。在这里需要更改 DYNPI-COORDS 系统变量,在命令行中输入 DYNPICOORDS 并按"Enter"键,再键入数字 1 即可。

(2)使用对象捕捉功能精确绘制直线段

这种方法就是通过捕捉两个确定的点来绘制直线段,如捕捉交点、端点、中点、圆心点、切点等。

例 3.2 使用端点和中点捕捉方式,在如图 3.4(a)所示基础上完成 B 点与 CD 线段中点连线的绘制。

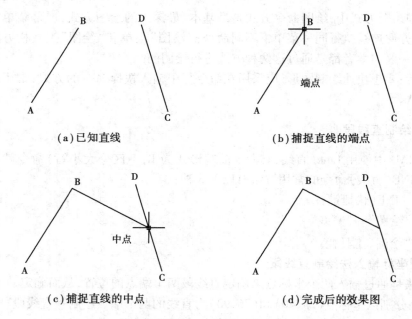

(a)已知直线　　　　　　　　(b)捕捉直线的端点

(c)捕捉直线的中点　　　　　　(d)完成后的效果图

图 3.4　中点和端点的捕捉

①启用"端点"和"中点"捕捉功能。

②确认状态栏中的▢按钮处于亮显状态,说明此时捕捉功能已开启。

技术提示:可通过鼠标左键反复单击该按钮,完成亮显、关闭状态的循环。

③在命令提示行中输入 L 命令并按"Enter"键,相关命令提示如下:

命令:L 　　　　　　　　//按"Enter"键

LINE 指定第一点: 　　　　//将光标置于端点 B 位置,等出现捕捉标记之后单击鼠标
　　　　　　　　　　　　　左键,如图 3.4(b)所示

指定下一点或［放弃(U)］: 　//捕捉 CD 段中点位置,等出现捕捉标记后单击鼠标左
　　　　　　　　　　　　　键,如图 3.4(c)所示

指定下一点或［放弃(U)］: 　//按"Enter"键结束命令

完成后的效果图如图 3.4(d)所示。

（3）利用"正交"模式辅助画线

单击状态栏中的■按钮（或按键盘 F8 键），启用"正交"模式。启用"正交"模式后，用户只能绘制垂直或者水平方向的直线。

例 3.3 绘制如图 3.5 所示中的两条正交直线。

①启用"正交"模式。

②单击"绘图"工具栏的／（直线）按钮，根据命令提示绘制一条任意长度的水平直线 AB。

③按"Enter"键或者空格键继续执行直线绘图命令，绘制一条任意长度的垂直直线 CD，如图 3.5 所示。

（4）结合"极轴追踪"功能绘制直线段

启用"极轴追踪"之后，光标将沿极轴角度按指定增量进行移动，这样就可绘制任意角度的倾斜直线，可使用极轴追踪沿着 90°、60°、45°、30°、22.5°、18°、15°、10°和 5°的极轴角增量进行追踪，也可指定其他角度。

例 3.4 绘制三角形 ABC，其中一个角的极轴角为 45°。

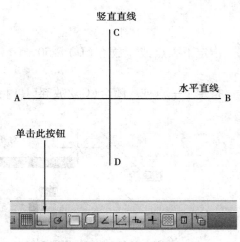

图 3.5　绘制正交直线

①选择"工具"→"绘图设置"菜单命令，系统弹出"草图设置"对话框，启用"极轴追踪"功能，并设置极轴角的增量角为 90°和附加角为 45°，如图 3.6 所示。

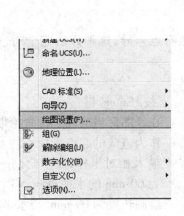

图 3.6　设置"极轴追踪"功能

技巧：在"增量角"下拉列表中，用户只能为当前的极轴追踪选择一个增量角；如果要设置多个增量角，则必须通过"附加角"功能来完成，如例 3.4 附加一个 45°的增量角。

②绘制完成过程如下（见图 3.7）：

命令:L　　　　　　　　　　　　　　　//按"Enter"键

LINE 指定第一点:　　　　　　　　　　//在绘图区域的任一位置拾取 A 点作为直线
　　　　　　　　　　　　　　　　　　　的起点

指定下一点或［放弃(U)］:100　　　　//移动光标接近极轴角,待显示对齐路径和工
　　　　　　　　　　　　　　　　　　　具栏提示后,输入 100 并按"Enter"键,这样
　　　　　　　　　　　　　　　　　　　就绘制了一条长度为 100 mm 且与水平方向
　　　　　　　　　　　　　　　　　　　成 45°角的直线 AB,如图 3.7 所示

指定下一点或［放弃(U)］:50　　　　　//采用相同的操作绘制长度为 50 mm 的直
　　　　　　　　　　　　　　　　　　　线 BC

指定下一点或［闭合(C)/放弃(U)］:c　//闭合直线

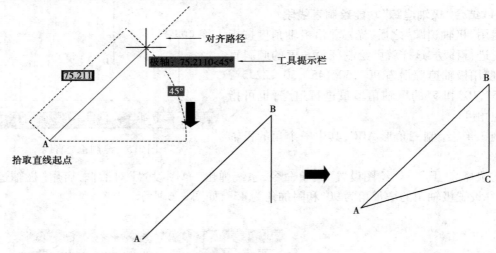

图 3.7　绘制一个三角形

(5)采用极坐标方法绘制倾斜直线

这种方法与"极轴追踪"类似,只是执行的方式稍微有点差异,这种方法完全通过命令提示来完成。

例 3.5　绘制一个边长为 60 mm 的等边三角形 ABC。

命令:L　　　　　　　　　　　　　　　//按"Enter"键

LINE 指定第一点:　　　　　　　　　　//在绘图区域的任一位置拾取一点 A
　　　　　　　　　　　　　　　　　　　作为直线的起点

指定下一点或［放弃(U)］:@60,0　　　//输入相对坐标,表示绘制一条长度
　　　　　　　　　　　　　　　　　　　为 60 mm 的水平直线 AB

指定下一点或［放弃(U)］:@60＜120　//绘制长度为 60 mm,与水平方向成
　　　　　　　　　　　　　　　　　　　120°角的直线 BC

指定下一点或［闭合(C)/放弃(U)］:@60＜240　//绘制长度为 60 mm,与水平方向成
　　　　　　　　　　　　　　　　　　　240°角的直线 CA

指定下一点或［闭合(C)/放弃(U)］:　//按"Enter"键结束命令

完成后的等边三角形如图 3.8 所示。

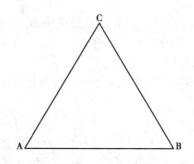

图3.8 绘制等边三角形

技术提示:除了按"Enter"键结束绘图命令之外,还可以按空格键来结束绘图命令。

3.1.3 绘制点

点是最基本的二维图形元素,在二维图形中,点的外形可以多种多样。在 AutoCAD 中,通过 Point(点)命令可在屏幕上绘制点,执行 Point(点)命令的常用方法有以下3种:

◆命令:Point(快捷键:PO)

◆菜单:"绘图"→"点"→"单点(或多点、定数等分、定距等分)"

◆按钮:"绘图"工具栏中

(1)使用"单点"法与"多点"法绘制点

1)"单点"绘制方法

选择"绘图"→"点"→"单点"菜单命令,命令提示如下:

命令:_point   //按"Enter"键

当前点模式: PDMODE =0 PDSIZE =0.0000

指定点: //单击鼠标左键在绘图区域拾取一点,
或从键盘输入点坐标,采用"单点"方
法,执行一次命令只能绘制一个点

技巧:在命令提示行中输入 Point(点)命令并按"Enter"键,这样也可以采用"单点"方法绘制点。

2)"多点"绘制方法

选择"绘图"→"点"→"多点"菜单命令,或者单击"绘图"工具栏中的(点)按钮,命令提示如下:

命令:_point 或 po   //按"Enter"键

当前点模式: PDMODE =0 PDSIZE =0.0000

指定点: //单击鼠标左键在绘图区域拾取一点,
或从键盘输入点坐标

技巧:在上述命令提示下,用户可以连续不断地绘制点,如果要终止该命令,按"Esc"键即可。

(2)利用"定数等分"与"定距等分"绘制点

1)"定数等分"绘制方法

这种方法是通过等分图形对象(如直线、圆弧等)来确定点。这个点也被称为"节点"。

AutoCAD 的"节点"对象捕捉模式要捕捉的节点就是这个点。

例3.6　将一条直线等分为8份并调整点样式。

①绘制一条任意长度的直线 AB。

②选择"绘图"→"点"→"定数等分"菜单命令,然后等分上一步绘制的直线,如图 3.9 所示,相关命令提示如下:

命令:_divide　　　　　　　　　　　　　　//按"Enter"键

选择要定数等分的对象:　　　　　　　　//选择直线对象 AB

输入线段数目或［块(B)］:8　　　　　　//输入等分数字并按"Enter"键

注意:在图 3.9 中,并没有发现期待的点出现,这主要是因为点的样式问题,系统默认的点样式就是一个很小的点,所以这里它与直线重合,不过调整一下点的样式就可以解决这个问题。

A——————————B

图3.9　等分直线

③在命令提示行输入 Ddptype(点样式)命令并按"Enter"键,或选择"格式"→"点样式"菜单命令,系统弹出"点样式"对话框。

④在"点样式"对话框中选择第 4 种点样式,点大小接受系统默认设置的 5%,然后单击"确定"按钮,完成点样式的设置,如图 3.10 所示。

此时,点样式变成修改之后的样式,在直线上出现了 7 个点(因为把直线分为 8 段,所以有7 个等分点,也就是说绘制了 7 个点),如图 3.11 所示。

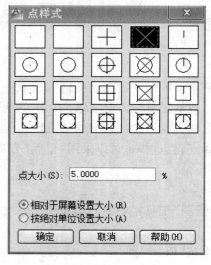

图3.10　设置点样式

图3.11　修改点样式之后的显示效果

2)"定距等分"绘制方法

定距等分和定数等分其实是相通的,只是等分的方式不同而已,"定距等分"将点对象按指定的间距放置在对象上。选择"绘图"→"点"→"定距等分"菜单命令,相关命令提示如下:

命令:_measure　　　　//按"Enter"键

选择要定距等分的对象:　　//选择要等分的图形对象

指定线段长度或［块(B)］://输入距离值,也就是按多长的距离来分段

注意:采用"定数等分"绘制方法和"定距等分"绘制方法,可以分别在命令提示行中输入

Divide 和 Measure 命令来完成,这与"单点/多点"绘制方法有所区别。

　　练习:请同学们自行练习线段的定数等分和定距等分。

3.1.4　绘制圆、圆弧以及椭圆

(1)绘制圆

AutoCAD 提供了 6 种绘制圆的方式,这 6 种方式都可以通过"绘图"下拉菜单来执行。用户可以根据不同的条件选择不同的绘制方式。执行 Circle(圆)命令的常用方法有以下 3 种:

　　◆命令:CIRCLE(快捷键:C)

　　◆菜单:"绘图"→"圆"→"圆心、半径(或两点、三点等)"

　　◆按钮:"绘图"工具栏◉

下面分别介绍 AutoCAD 提供的 6 种绘制圆的方式。

1)"圆心、半径"法

先指定圆心,然后确定半径,完成圆的绘制,如图 3.12 所示的绘制流程。

选择"绘图"→"圆"→"圆心、半径"菜单命令,命令提示如下:

CIRCLE 指定圆的圆心或〔三点(3P)/两点(2P)/切点、切点、半径(T)〕:

　　　　　　　　　　　　//从键盘输入圆心坐标或者用鼠标在绘图区域拾取点

指定圆的半径或〔直径(D)〕:　　//输入圆的半径或者捕捉点

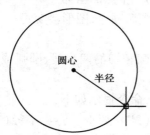
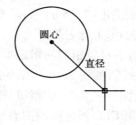

　　图 3.12　圆心、半径法绘制圆　　　　　图 3.13　圆心、直径法绘制圆

2)"圆心、直径"法

先指定圆心,然后确定直径,完成圆的绘制,如图 3.13 所示的绘制流程。

选择"绘图"→"圆"→"圆心、直径"菜单命令,命令提示如下:

命令:_CIRCLE 指定圆的圆心或〔三点(3P)/两点(2P)/切点、切点、半径(T)〕:

　　　　　　　　　　　　//从键盘输入圆心坐标或者用鼠标在绘图区域拾取点

指定圆的半径或〔直径(D)〕<1.0000>:_d 指定圆的直径<2.0000>:

　　　　　　　　　　　　//输入圆的直径或者捕捉点

思考:分析图 3.12 和图 3.13 的关系。

3)"两点"法

基于圆直径上的两个端点绘制圆,即输入两个端点坐标值就可以完成圆的绘制,如图3.14所示的绘制流程。

选择"绘图"→"圆"→"两点"菜单命令,命令提示如下:

命令:_CIRCLE 指定圆的圆心或〔三点(3P)/两点(2P)/切点、切点、半径(T)〕:_2p 指定圆直径的第一个端点:　　　　　　//确定第一个端点的坐标

指定圆直径的第二个端点：　　　//确定第二个端点的坐标

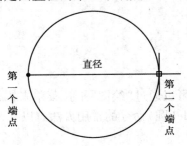

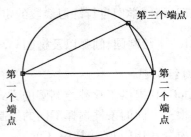

图 3.14　"两点"法绘制圆　　　　　　　　图 3.15　"三点"法绘制圆

4)"三点"法

基于圆周上的 3 个点来绘制圆,使用"三点"法绘制圆时,输入的 3 个点将作为圆周上的任意 3 点,由这 3 点构成一个圆,如图 3.15 所示的绘制流程。

选择"绘图"→"圆"→"三点"菜单命令,命令提示如下：

命令:_CIRCLE 指定圆的圆心或[三点(3P)/两点(2P)/切点、切点、半径(T)]:_3p

指定圆上的第一个点：　　　　　　//确定第一个点的坐标

指定圆上的第二个点：　　　　　　//确定第二个点的坐标

指定圆上的第三个点：　　　　　　//确定第三个点的坐标

思考: 在绘制图 3.15 时,如果改变了 3 个指定点的先后顺序,图形会变吗？

5)"相切、相切、半径"法

根据与两个对象相切的指定半径绘制圆,即选择与圆相切的两直线、圆弧或者圆,然后指定圆的半径画圆,如图 3.16 所示的绘制流程。

选择"绘图"→"圆"→"相切、相切、半径"菜单命令,命令提示如下：

命令:_CIRCLE 指定圆的圆心或[三点(3P)/两点(2P)/切点、切点、半径(T)]:_T 指定对象与圆的第一个切点：　　　　　　//捕捉第一个切点 A

指定对象与圆的第二个切点：　　　　　　//捕捉第二个切点 B

指定圆的半径 <1.0000>:指定第二点：　//确定圆的半径

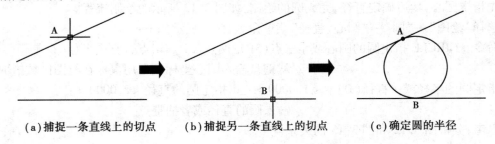

(a)捕捉一条直线上的切点　　　(b)捕捉另一条直线上的切点　　　(c)确定圆的半径

图 3.16　"相切、相切、半径"法绘制圆

注意: 采用此方法有时可能会画不出所求的圆,这是因为给出的条件不能确定一个圆。

6)"相切、相切、相切"法

使用"相切、相切、相切"法绘制圆时所绘制的圆应与事先选定的 3 个已有实体均相切,由 3 个切点构成一个圆,如图 3.17 所示的绘制流程。

选择"绘图"→"圆"→"相切、相切、相切"菜单命令,命令提示如下：

命令:_CIRCLE 指定圆的圆心或［三点(3P)/两点(2P)/切点、切点、半径(T)］:_3p 指定
圆上的第一个点:_tan 到　　　　　　//捕捉第一个切点 A
　　指定圆上的第二个点:_tan 到　　　//捕捉第二个切点 B
　　指定圆上的第三个点:_tan 到　　　//捕捉第三个切点 C

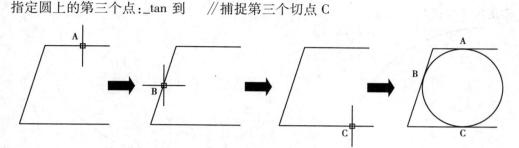

图 3.17　"相切、相切、相切"法绘制圆

(2)绘制圆弧

圆弧是圆的一部分,AutoCAD 提供了 11 种绘制圆弧的方式,这些方式都可通过"绘图"下拉菜单来执行,用户可根据不同的条件选择不同的绘制方式,执行圆弧命令的常用方法有以下 3 种:

◆命令:ARC
◆菜单:"绘图"→"圆弧"→"三点(或起点、圆心、端点、起点、圆心、角度等)"
◆按钮:"绘图"工具栏 ╱

下面重点介绍几种绘制圆弧的方法。

1)"三点"法

这种方法就是通过 3 点来确定一段圆弧。

选择"绘图"→"圆弧"→"三点"菜单命令,然后过 3 点绘制一段圆弧,如图 3.18 所示(图中的两条直线是用来作为辅助直线,以便读者明白"三点"的含义)。命令提示如下:

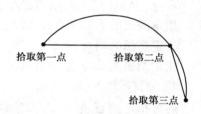

图 3.18　"三点"法绘制圆弧

命令:ARC　　　　　　　　　　　　　//按"Enter"键
　　指定圆弧的起点或［圆心(C)］:　　//鼠标拾取第一点
　　指定圆弧的第二个点或［圆心(C)/端点(E)］:　　//鼠标拾取第二点
　　指定圆弧的端点:　　　　　　　　//鼠标拾取第三点

技巧:采用"三点"法绘制圆弧时,系统要求用户输入圆弧的起点、第二点和端点(第三点),绘制方向可以按顺时针,也可以按逆时针,也可以采用拖动方式将圆弧动态拖到所需的位置。

2)"起点、圆心、端点"法

如果知道圆弧的起点、圆心、端点,就可以采用"起点、圆心、端点"法来绘制圆弧。

选择"绘图"→"圆弧"→"起点、圆心、端点"菜单命令,绘制一段圆弧,圆弧的起点坐标为(120,0),圆心坐标为(0,0),圆弧包含角为 90°,如图 3.19 所示。相关命令提示如下:

命令:ARC　　　　　　　　　　　　　//按"Enter"键
　　指定圆弧的起点或［圆心(C)］:C　　//输入选项 C 表示首先确定圆心

指定圆弧的圆心:0,0 　　　　　　　　　　　　//输入圆弧的圆心坐标 A

指定圆弧的起点:@120,0 　　　　　　　　　　//输入圆弧的起点坐标 B

指定圆弧的端点或［角度(A)/弦长(L)］:a 　　//输入选项 a 表示将要确定包含角

指定包含角:90 　　　　　　　　　　　　　　//输入包含角

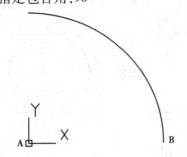
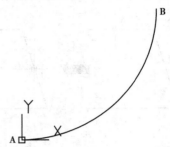

图 3.19 　"起点、圆心、端点"法绘制圆弧 　　　图 3.20 　"起点、端点、角度"法绘制圆弧

3)"起点、端点、角度"法

通过指定起点、端点、角度来绘制圆弧,输入正的角度值按逆时针方向画圆弧,而输入负的角度值按顺时针方向画圆弧(均从起点开始)。

选择"绘图"→"圆弧"→"起点、端点、角度"菜单命令,绘制一段圆弧,圆弧的起点坐标为(0,0),端点坐标为(120,120),圆弧包含角为90°,如图 3.20 所示。相关命令提示如下:

命令:_ARC 指定圆弧的起点或［圆心(C)］:0,0 　　　　　　//输入圆弧起点坐标 A

指定圆弧的第二个点或［圆心(C)/端点(E)］:_e

指定圆弧的端点:@120,120 　　　　　　　　　　//输入圆弧端点坐标 B

指定圆弧的圆心或［角度(A)/方向(D)/半径(R)］:_a 指定包含角:90 　//输入包含角

4)"圆心、起点、端点"法

通过指定圆心、起点、端点绘制圆弧。

选择"绘图"→"圆弧"→"圆心、起点、端点"菜单命令,绘制一段圆弧,圆弧的圆心坐标为(0,0),起点坐标为(120,0),端点坐标为(-60,60),如图 3.21 所示。相关命令提示如下:

命令:_ARC 指定圆弧的起点或［圆心(C)］:_C 指定圆弧的圆心:0,0 //输入圆心坐标 A

指定圆弧的起点:@120,0 　　　　　　　　　　//输入圆弧起点坐标 B

指定圆弧的端点或［角度(A)/弦长(L)］:@-60,60 　　　//输入圆弧终点坐标 C

其他的方法请读者自行去尝试和练习。只要熟练地读懂 AutoCAD 环境中的命令提示,便很容易掌握。

(3)绘制椭圆及椭圆弧

椭圆实质上是一种特殊的圆,在 AutoCAD 中,椭圆的默认画法是指定一根轴的两个端点和另一根轴的半轴长度,当然用户还可以通过其他方式来绘制椭圆。

AutoCAD 为用户提供了 3 种绘制椭圆的方法,这些方式都可以通过"绘图"下拉菜单来执行,用户可以根据不同的条件选择不同的绘制方式。执行 ELLIPSE(椭圆)命令的常用方法有以下 3 种:

◆命令:ELLIPSE(快捷键:EL)

◆菜单:"绘图"→"椭圆"→"中心点(或轴、端点、圆弧)"

◆按钮:"绘图"工具栏

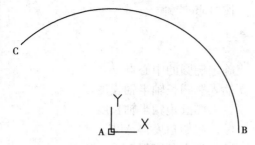

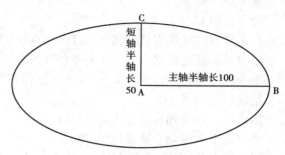

图 3.21　"圆心、起点、端点"法绘制圆弧　　　　图 3.22　"中心点"法绘制椭圆

1)"中心点"法

通过指定的中心点创建椭圆,先指定椭圆主轴的中点,然后再指定主轴的端点,最后指定短轴半径。

选择"绘图"→"椭圆"→"中心点"菜单命令,绘制一个椭圆,椭圆的主轴半轴长为100,短轴半轴长为50,如图3.22所示。相关命令提示如下:

命令：　ELLIPSE　　　　　　　　　　//按"Enter"键
指定椭圆的轴端点或［圆弧(A)/中心点(C)］:c
指定椭圆的中心点:　　　　　　　　　//在绘图区域中拾取一点作为中心点 A
指定轴的端点:@100,0　　　　　　　//输入主轴相对于中心点的坐标 B
指定另一条半轴长度或［旋转(R)］:@0,50　//输入短轴相对于中心点的坐标 C

2)"轴、端点"法

这是系统的默认方法。

选择"绘图"→"椭圆"→"轴、端点"菜单命令,绘制一个椭圆,椭圆的主轴长为100,短轴半轴长为30,如图3.23所示。相关命令提示如下:

命令：　ELLIPSE　　　　　　　　　　//按"Enter"键
指定椭圆的轴端点或［圆弧(A)/中心点(C)］:　//在绘图区域中拾取一点作为端点 A
指定轴的另一个端点:@100,0　　　　//主轴另一端点相对起始端点坐标 B
指定另一条半轴长度或［旋转(R)］:30　//输入短轴半轴长度

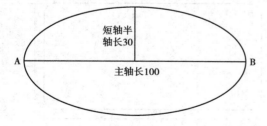

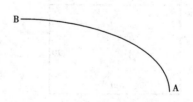

图 3.23　"轴、端点"法绘制椭圆　　　　　　图 3.24　"圆弧"法绘制椭圆弧

3)"圆弧"法

这种方法可以绘制一段椭圆弧段。首先绘制一个完整的椭圆,然后移动光标删除椭圆的一部分,剩余部分即为所需要的椭圆弧。

选择"绘图"→"椭圆"→"圆弧"菜单命令,绘制一段位于第一象限的圆弧,如图3.24所

示。相关命令提示如下:

命令:_ELLIPSE   //按"Enter"键

指定椭圆的轴端点或[圆弧(A)/中心点(C)]:_a

指定椭圆弧的轴端点或[中心点(C)]:c

指定椭圆弧的中心点: //确定椭圆的中心点

指定轴的端点:60   //输入椭圆长轴半轴长度

指定另一条半轴长度或[旋转(R)]:30 //输入椭圆短轴半轴长度

指定起点角度或[参数(P)]:0   //输入起始角度得 A 点

指定端点角度或[参数(P)/包含角度(I)]:90 //输入端点角度得 B 点

3.1.5　绘制矩形及正多边形

在 AutoCAD 中使用 RECTANG(矩形)命令就可以绘制矩形,执行 RECTANG(矩形)命令的常用方法有以下 3 种:

◆命令:RECTANG(快捷键:REC)

◆菜单:"绘图"→"矩形"

◆按钮:"绘图"工具栏▯

(1)绘制矩形

矩形绘制方法比较简单,只需指定两个对角点即可。

例 3.7　从坐标点(200,150)向下绘制一个长 100、宽 70 的矩形。

选择"绘图"→"矩形"菜单命令,然后根据提示绘制矩形,如图 3.25 所示。命令行相关提示如下:

命令:REC   //按"Enter"键

RECTANG

指定第一个角点或[倒角(C)/标高(E)/圆角(F)/厚度(T)/宽度(W)]:200,150

指定另一个角点或[面积(A)/尺寸(D)/旋转(R)]:d //指定尺寸方式

指定矩形的长度 <10.0000>:100

指定矩形的宽度 <10.0000>:70

指定另一个角点或[面积(A)/尺寸(D)/旋转(R)]://在第一个角点下方单击鼠标左键

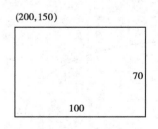

图 3.25　指定长宽绘制矩形

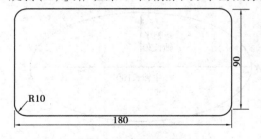

图 3.26　绘制圆角矩形

(2)绘制圆角矩形

圆角矩形就是矩形每相邻两边使用与边相切并且具有指定半径的圆弧连接。用户可以自由指定圆弧的弧度,下面举例进行说明。

例 3.8　从坐标点(150,100)向上绘制一个圆角矩形,使其长 180,宽 90,圆角半径为 10。

输入 REC(矩形)命令,如图 3.26 所示。命令相关提示如下:

命令:REC　　　　　　　　　　　　　　　　　//按"Enter"键

RECTANG

指定第一个角点或[倒角(C)/标高(E)/圆角(F)/厚度(T)/宽度(W)]:f

　　　　　　　　　　　　　　　　　　　　　//指定圆角方式

指定矩形的圆角半径 <0.0000>:10

指定第一个角点或[倒角(C)/标高(E)/圆角(F)/厚度(T)/宽度(W)]:150,100

指定另一个角点或[面积(A)/尺寸(D)/旋转(R)]:d

指定矩形的长度 <100.0000>:180

指定矩形的宽度 <100.0000>:90

指定另一个角点或[面积(A)/尺寸(D)/旋转(R)]://在第一个角点上方单击鼠标左键

(3)绘制倒角矩形

倒角矩形就是矩形每相邻两边使用成角的直线连接。

例 3.9　绘制一个长 160,宽 75 的矩形并对其倒角,倒角距离为 15 和 25。

输入 REC(矩形)命令,然后根据提示绘制倒角矩形,如图 3.27 所示。命令相关提示如下:

命令:REC　　　　　　　　　　　　　　　　　//按"Enter"键

RECTANG

指定第一个角点或[倒角(C)/标高(E)/圆角(F)/厚度(T)/宽度(W)]:c

　　　　　　　　　　　　　　　　　　　　　//指定倒角方式

指定矩形的第一个倒角距离 <0.0000>:15

指定矩形的第二个倒角距离 <15.0000>:25

指定第一个角点或[倒角(C)/标高(E)/圆角(F)/厚度(T)/宽度(W)]:

　　　　　　　　　　　　　　　　　　　　　//任意起点即可

指定另一个角点或[面积(A)/尺寸(D)/旋转(R)]:d

指定矩形的长度 <10.0000>:160

指定矩形的宽度 <15.0000>:75

指定另一个角点或[面积(A)/尺寸(D)/旋转(R)]://在第一个角点上方单击鼠标左键

(4)绘制正多边形

在 AutoCAD 中,使用 POLYGON(多边形)命令就可以绘制多边形,执行 POLYGON(多边形)命令的常用方法有以下 3 种:

◆命令:POLYGON(快捷键:POL)

◆菜单:"绘图"→"正多边形"

◆按钮:"绘图"工具栏

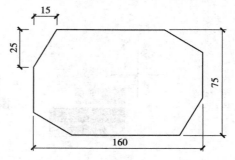

图 3.27　绘制倒角矩形

1)绘制内接于圆的正多边形

这种方法就是通过指定圆的半径,从而确定正多边形中心点到各顶点的距离。

例 3.10　绘制一个正六边形,使其中心到各顶点的距离为 100。

选择"绘图"→"正多边形"菜单命令,然后在绘图区域绘制正多边形,如图 3.28 所示。命令行相关提示如下:

命令:_POLYGON 输入侧面数 <4>:6　　　　　　//多边形边数设为6
指定正多边形的中心点或 [边(E)]:　　　　　　//任意指定一点作为中心点 A
输入选项 [内接于圆(I)/外切于圆(C)] <I>:I　　//选择内接于圆
指定圆的半径:100
提示:使用 Polygon（正多边形）命令创建正多边形的边数列选范围为 3～1 024。

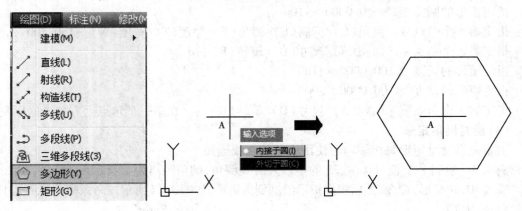

图 3.28　绘制内接于圆的内接正多边形

2)绘制外切于圆的正多边形

这种方法就是通过指定圆的半径,从而确定正多边形中心点到各边中点的垂直距离。

例 3.11　绘制一个正六边形,使其中心点到各边中点的垂直距离为100。

选择"绘图"→"正多边形"菜单命令,然后在绘图区域绘制正多边形,如图 3.29 所示。命令行相关提示如下:

命令:_polygon 输入侧面数 <6>:6　　　　　　//多边形边数设为6
指定正多边形的中心点或 [边(E)]:　　　　　　//任意指定一点作为中心点 A
输入选项 [内接于圆(I)/外切于圆(C)] <I>:C　//选择外切于圆
指定圆的半径:100

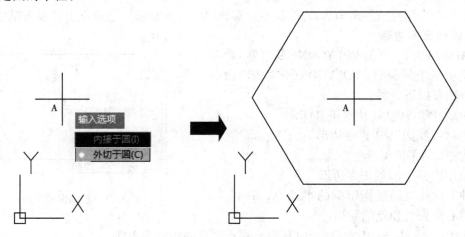

图 3.29　绘制外切于圆的正多边形

注意:对照图 3.28 和图 3.29 可知,同样指定圆半径为100,但使用第二种方法比使用第一种方法绘制的正多边形要大一些,这正是由于选择不同的绘制方式产生的。因此,在实际工作中,用户必须根据自己的需求正确地选择合适的绘制方式。

3.2　图案填充和渐变色

在 AutoCAD 2012 中,图案填充和渐变色的设置都在"图案填充和渐变色"对话框中完成。要重复绘制某些图案以填充图形中的一个或若干个区域,从而表达区域的特征,这种填充操作称为图案填充。可以使用预定义填充图案,也可以使用当前线型定义简单的线图案,还可以创建更复杂的填充图案。而渐变填充是在一种颜色的不同灰度之间或两种颜色之间使用过渡来填充一个或若干个区域。

执行图案填充和渐变色命令的常用方法有以下 3 种:

◆命令:HATCH,GRADIENT

◆菜单:"绘图"→"图案填充","绘图"→"渐变色"

◆按钮:"绘图"工具栏▨(图案填充)/▨(渐变色)

例 3.12　使用图案填充和渐变色命令对如图 3.30 所示的各块图形进行填充,完成效果如图 3.31 所示。

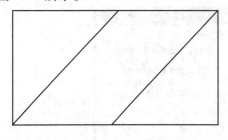

图 3.30　填充区域

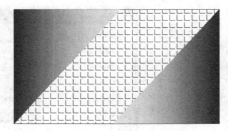

图 3.31　最终填充效果

操作步骤:

①单击"绘图"工具栏中的"渐变色",系统弹出"图案填充和渐变色"对话框,如图 3.32 所示。

②按图 3.32 对"渐变色"选项卡进行设置,"颜色 1"选择红色,"颜色 2"选择黄色,然后单击"添加拾取点"按钮▣,回到绘图区,在左上角与右下角的三角形中选择填充区域,然后按"Enter"键回到"图案填充和渐变色"对话框,单击"确定"按钮结束命令。其效果如图 3.33 所示。

③单击"绘图"工具栏中的"图案填充"按钮▨,系统弹出"图案填充和渐变色"对话框,如图 3.34 所示。

④按图 3.34,在"图案填充"选项卡中的"图案"下拉列表中选择"ANGLE"选项,比例选择"5",其他使用默认设置,然后单击"拾取点"按钮▨,回到绘图区,在中间平行四边形中选择填充区域,回到"图案填充和渐变色"对话框,单击"确定"按钮结束命令。最终效果如图 3.31 所示。

图 3.32　渐变色选项卡设置　　　　　　　　　　图 3.33　渐变色填充效果

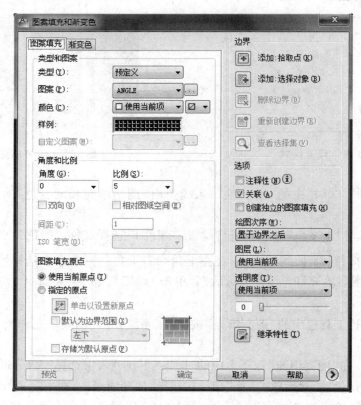

图 3.34　图案填充选项卡设置

3.3 图形的显示控制

3.3.1 缩放视图

在 AutoCAD 中,通过缩放视图功能可帮助用户更准确地观察图形和局部图形,而且不会改变图形的实际尺寸。

缩放视图的类型及每一选项的意义见 1.8.1 小节。下面主要介绍实时缩放和动态缩放,其他缩放命令的操作方法基本类似,就不一一讲解。

(1)调用实时缩放命令的方法

◆命令:ZOOM(快捷键:Z)

◆菜单:"视图"→"缩放"→"实时"

◆按钮:"标准"工具栏

例 3.13 将一幅图形进行缩放,使其在绘图区域内放大显示。

①单击"标准"工具栏上的(实时缩放)按钮。

②将光标指针放在绘图区域的纵向中心位置,按住鼠标左键向上方移动光标,当放大到适当大小时松开鼠标左键,并按"Enter"键完成缩放操作。原始图形如图 3.35 所示,缩放结果如图 3.36 所示。命令行相关提示如下:

命令:_ZOOM   //按"Enter"键

指定窗口的角点,输入比例因子 (nX 或 nXP),或者[全部(A)/中心(C)/动态(D)/范围(E)/上一个(P)/比例(S)/窗口(W)/对象(O)] <实时>:

按"Esc"或"Enter"键退出,或单击右键显示快捷菜单。

图 3.35 原始图形   图 3.36 最终显示结果

(2)调用动态缩放命令的方法

◆命令:ZOOM(快捷键:Z)→D

◆菜单:"视图"→"缩放"→"动态"

◆按钮:"缩放"工具栏

例 3.14 将一幅图形进行缩放,使其在绘图区域内符合作图者对显示的要求。

①依次选择"工具"→"工具栏"→"AutoCAD"→"缩放"菜单命令,弹出"缩放"工具栏。

②单击"缩放"工具栏中的(动态缩放)按钮,光标指针的形状变为"×",系统弹出一个平移视图框,将其拖动到所需位置,单击鼠标左键使光标"×"变成一个向右的箭头,这时上下

拖动箭头,视图框会跟着上下移动而不改变大小,而左右拖动时视图框以左边线为基准变化大小,从而可重新确定视区大小。拖动到适当位置时按"Enter"键完成动态缩放操作。命令行相关提示如下:

命令:_ZOOM   //按"Enter"键

指定窗口的角点,输入比例因子(nX 或 nXP),或者[全部(A)/中心(C)/动态(D)/范围(E)/上一个(P)/比例(S)/窗口(W)/对象(O)] <实时>:_d。

技巧:当前图形区域用于确定缩放因子。移动窗口高度的 1/2 距离表示缩放比例为100%,在窗口中按住鼠标左键并垂直移动到窗口顶部则放大 100%,反之,在窗口中按住鼠标左键并垂直向下移动到窗口底部则缩小 100%。

在 AutoCAD 中,最常用的缩放方式是利用鼠标滚轮进行放大和缩小。向前滚动鼠标滚轮时,绘图区域会以当前光标所在位置为中心进行放大;向后滚动鼠标滚轮时,绘图区域会以当前光标所在位置为中心进行缩小。双击鼠标滚轮则相当于进行了一次 Zoom→E(范围)操作,此时绘图区域会尽最大可能显示所有对象。

3.3.2 平移视图

平移视图用于重新确定图形在绘图区域中的位置,从而更容易看清图形中的一些具体部分。此时只是改变视图,并不改变图形元素的绝对坐标或比例。

平移视图命令包括动态平移、定点平移和 4 个方向平移命令。其中,动态平移可根据需要在绘图区随意移动图形;定点平移是使当前图形按指定的位移和方向进行平移;方向平移则按照用户选择的方向平移一定距离,其操作方法与定点平移类似。

(1)调用动态平移命令的方法

◆命令:PAN(快捷键:P)

◆菜单:"视图"→"平移"→"实时"

◆按钮:"标准"工具栏🖐

例 3.15 将如图 3.37 所示的图形进行实时平移,使其在绘图区域内实现平移。

单击"标准"工具栏中的"实时平移"按钮🖐,此时光标指针形状变成手形光标,将手形光标放在图形中按下鼠标左键并拖动到窗口高度的一定位置,松开鼠标左键,结果如图 3.38 所示,按"Enter"键完成实时平移操作。命令行相关提示如下:

命令:_pan   //按"Enter"键

命令行提示:按"Esc"或"Enter"键退出,或单击右键显示快捷菜单。

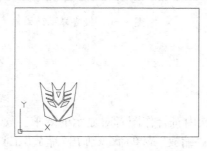   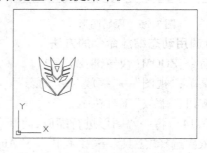

图 3.37 原始图形   图 3.38 最终平移结果

（2）调用定点平移命令的方法

选择"视图"→"平移"→"点"菜单命令。

例3.16　将如图 3.37 所示的图形进行定点平移,使其在绘图区域内实现平移。

①选择"视图"→"平移"→"点"菜单命令。

②在图形右下方位置单击以指定定点平移命令的基点,然后向 45°角方向拖动鼠标,在如图 3.39 所示的位置单击指定第二点位置,即完成定点平移命令,结果如图 3.40 所示,按"Enter"键完成定点平移操作。命令行相关提示如下:

命令:_PAN 指定基点或位移;指定第二点:

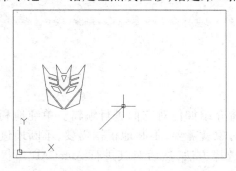

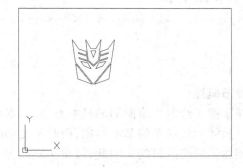

图 3.39　指定定点平移的两点位置　　　　　图 3.40　定点平移结果

技巧:在当前视图中,按住鼠标滚轮任意拖动鼠标便可实时移动图形。

操作实训

3.1　练习本章中所举的实例。

3.2　采用坐标输入的方法,绘制一条直线 AB,A 点坐标为(30,45),B 点坐标为(90,85)。

3.3　"正交"模式开关的命令是什么?

3.4　利用极坐标绘制直线的方法,绘制一个边长为 50 mm 的正六边形。

3.5　绘制一个圆心坐标为(200,200),半径为 80 mm 的圆。

3.6　绘制一个圆心坐标为(200,300),长轴半轴长为 80,短轴半轴长为 50 mm 的椭圆。

3.7　绘制一个内接于半径为 100 的圆的正五边形。

3.8　绘制一对同心圆,半径分别为 50,100,在大圆内绘制一个内接正五边形,如图 3.41 所示,并按如图 3.42 所示方式填充,填充样式为 SOLID。

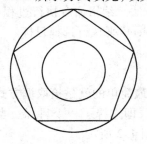

图 3.41　原图形　　　　　　　图 3.42　填充后图形

第4章
图形编辑

章节概述

在掌握了绘制二维图形的基本方法后,本章将介绍如何对它们进行编辑。单纯地利用绘图工具只能创建简单的基本对象,而对于复杂的对象就需要,不断地根据需要,不断地进行修改才能达到最终的目的。因此,需要了解对象的选择方法,然后对其进行 AutoCAD 所提供的图形编辑命令。

知识目标

能熟练表述选择对象、复制图形对象(复制、镜像、偏移、阵列)、移动与旋转对象、修改图形的形状和大小(比例缩放、拉伸、拉长)、倒角和圆角、夹点编辑功能和技巧、编辑对象特性等。

能力目标

可以熟练操作 AutoCAD 所提供的各个图形编辑命令,以根据绘图需要完成相应的绘制。

任何一张完整的图纸都会因某种原因而需要经过必要的编辑。AutoCAD 为用户提供了许多图形编辑的命令,如复制、删除、修剪等。"修改"栏如图4.1所示。

图4.1 "修改"栏

4.1 目标对象的选择

要编辑图形需先选择目标(对象)。因此,用户在开始编辑图形时,首先得学会如何选择目标。AutoCAD 2012 为用户提供了多种选择目标的方法。编辑命令执行过程中,除了系统提示"选择对象"外,用户还可以通过在命令栏中输入"select"来执行选择目标。

4.1.1 用拾取框选择单个实体

在 AutoCAD 2012 提供的多种目标选择的方式中,最简单的就是拾取框方式。用户可以用拾取框(即十字图形光标中间的小方框)单击一次目标,即选择了一个目标。当选择一个目标后,AutoCAD 将用亮的虚线显示出来。其操作步骤如图4.2所示。

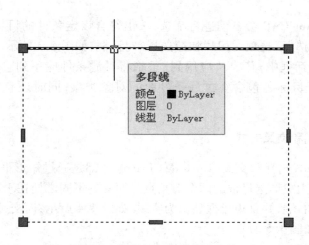

图 4.2　用拾取框选择单个实体

当用户选择了一个目标后，可继续选择其他目标，直到将所有要编辑的目标选完为止。

当用户误选了某目标后，可按"Esc"键来取消单个或多个选择目标，或按"shift"键并单击要取消的目标来取消多个选择目标中的某一选择目标。用户可以根据实际情况来选择取消误选目标的方式。

4.1.2　利用对话框设置选择方式

利用快速对话框设置选择是一种快速、灵活、简单的创建对象选择过滤器的方法，比较适合在复杂的图形中选择对象。用户可以根据对象的类型、颜色、图层等属性来设置过滤条件，

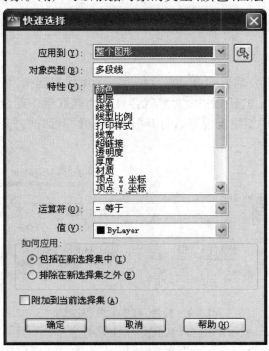

图 4.3　"快速选择"对话框

单击"确定"按钮后,AutoCAD 会自动进行筛选,选出符合设定条件的目标。鼠标在绘图区域单击右键,选择"快速选择"选项,打开"快速选择"对话框,如图 4.3 所示。

在"快速选择"对话框中,其中,"应用到"是指将过滤条件应用到整个图形或当前选择,"对象类型"是指选择目标是包含在过滤条件中的对象类型,同时还有"特性""运算符"和"值"等过滤功能。

4.1.3　窗口方式和交叉方式

窗口(Window)方式选择和交叉(Crossing)方式选择都是通过矩形框来选择对象的,都是在绘图区拾取两点作为矩形选择框的两个对角点。两者的不同之处在于窗口方式的第二个角点位于第一个角点的右端,并且矩形框显示为实线,如图 4.4 所示;而交叉方式位于左端,并且矩形框显示为虚线,如图 4.5 所示。

图 4.4　窗口(Window)方式

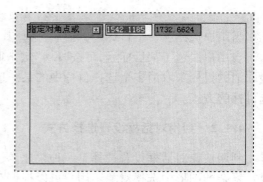

图 4.5　交叉(Crossing)方式

4.1.4　建立选择集(对象编组)

建立选择集就是把需要编辑的对象集合作为一个组保存起来,当用户需要编辑这些对象时,只要选择这个选择集中的任意一个对象就会自动地选取组中的全部对象。首先在状态栏找到"组"按钮,然后选择"编组管理器",打开"对象编组"对话框,如图 4.6 所示;对象编组具体的创建步骤如图 4.7 所示。

图 4.6　打开"对象编组"对话框

注意:鼠标滑到绘图区域后单击右键,在菜单中选择"选项",打开"选项"对话框,单击"选择集"选项卡,可以在其中改变光标拾取框的大小,以及确定选择集模式,如图 4.8 所示。

例 4.1　使用快速选择,得如图 4.9(c)所示对象。

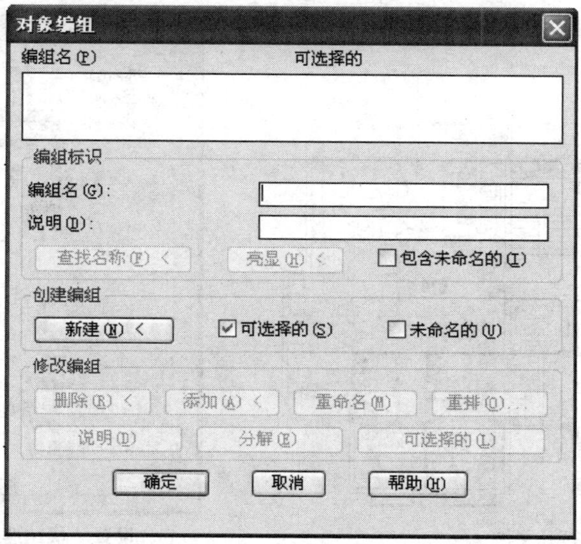

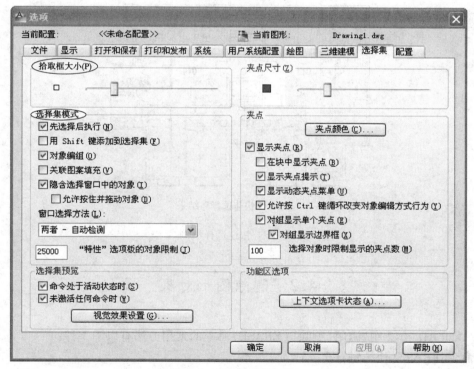

图 4.7 建立选择集

图 4.8 "选择集"选项卡

启动 AutoCAD 2012,打开某图形文件,如图 4.9(a)所示。

在命令行提示下,输入 QSELECT,按"Enter"键确认,打开"快速选择"对话框。

在"快速选择"对话框中,在"特性"列表框中选择"图层"选项,将"运算符"设置为" = 等于","值"设置为"F",如图 4.9(b)所示。

单击"确定"按钮,所有位于 F 层(家具层)的图元均被选择,选择结果如图 4.9(c)所示。

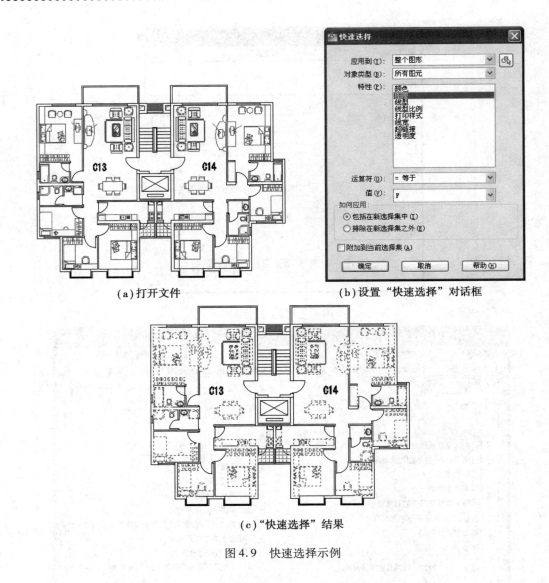

(a)打开文件　　　　　　(b)设置"快速选择"对话框

(c)"快速选择"结果

图 4.9　快速选择示例

4.2　删除图形对象

在 AutoCAD 2012 中,调用"删除"(ERASE)命令的常用方法有以下 3 种:

◆命令:ERASE(快捷键:E)

◆菜单:"修改"→"删除"

◆按钮:"修改"工具栏中✐

调用该命令后,AutoCAD 2012 命令行将依次出现如下提示:

选择对象:选择要删除的对象并按"Enter"键

注意:AutoCAD 提供了两种不同的顺序来删除对象:一种是先选择要删除的对象,然后使用删除命令;另一种是先进入删除命令,再选择对象,第二种顺序如图 4.10 所示。

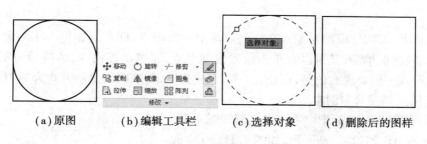

　　(a)原图　　　　(b)编辑工具栏　　　(c)选择对象　　(d)删除后的图样

图 4.10　删除对象

4.3　复制图形对象

　　执行"复制"(COPY)命令,可以从源对象以指定的角度和方向创建对象的副本。使用坐标、栅格捕捉、对象捕捉和其他工具可以精确复制对象。

　　调用"复制"(COPY)命令的常用方法有以下 3 种:

　　◆命令:COPY(快捷键:CO)

　　◆菜单:"修改"→"复制"

　　◆按钮:"修改"工具栏中 复制

　　调用该命令后,AutoCAD 2012 命令行将依次出现如下提示:

　　选取对象:选取要复制的对象

　　用户可同时选择多个对象。选择完成后,按"Enter"键可结束选择。

　　当前设置:复制模式 = 当前值

　　指定基点或[位移(D)/模式(O)]<位移>:指定基点,或输入 D 或 O

　　各选项的作用如下:

　　(1)基点

　　通过基点和放置点来定义一个矢量,指示复制的对象移动的距离和方向。

　　(2)位移(D)

　　通过输入一个三维数值或指定一个点来指定对象副本在当前 X,Y,Z 轴的方向和位置。此时,复制对象的方向和距离采用单个模式。

　　指定位移<X,Y,Z>:　　　　　　　　　　　　　　　//输入表示矢量的坐标,或按"Enter"键

　　按"Enter"键,将以当前三维数值来指定对象副本在当前 X,Y,Z 轴的方向和位置。

　　(3)模式(O)

　　控制复制的模式为单个或多个,确定是否自动重复该命令。系统变量 COPYMODE 可用来控制该设置。

　　输入复制模式选项[单个(S)/多个(M)]<当前>:输入 S 或 M,或按"Enter"键

　　1)单个

　　当设置复制模式为"单个"时,一次只能创建一个对象副本。命令行提示如下:

　　指定基点或[位移(D)/模式(O)/多个(M)]<当前>:指定基点,或输入选项,或按"Enter"键

　　以上命令行中的"多个(M)"选项,只有在将复制模式设置成"单个"时才显示。

2）多个

在此模式下，可为选取的对象一次性创建多个对象副本，即在复制完一个对象后，仍处于复制状态，此时再次单击，又可以在单击位置复制对象，要退出该命令，请按"Enter"键。这是程序默认的模式。但要注意的是，即使在"多个"模式下，若选取的复制方式为"位移"，系统将采用"单个"模式创建对象副本。

例4.2 使用相对坐标指定距离来复制如图4.11(c)所示对象。

启动 AutoCAD 2012，绘制图形，如图4.11(a)所示。

在命令行提示下，输入 COPY，按"Enter"键确认。

选择图形作为复制对象，如图4.11(b)所示，按"Enter"键结束选择。

任意指定一点作为基点，如图4.11(b)所示。

打开"正交"模式，向下移动鼠标，输入距离30000，按"Enter"键确认并结束命令，绘制结果如图4.11(c)所示。

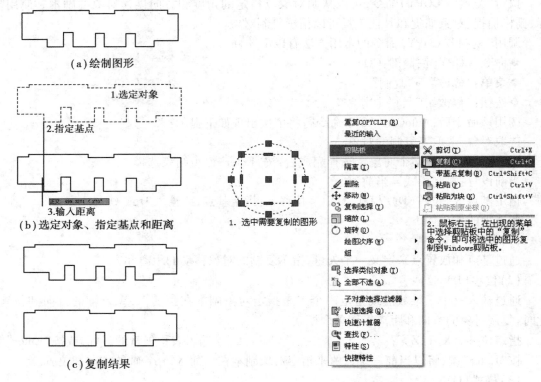

图 4.11　复制命令使用示例　　　　　图 4.12　复制到 Windows 剪贴板

注意："复制"（COPY）功能只能在当前图形文件中使用，如要在多个图形文件之间复制对象，则要用 Windows 剪贴板来复制对象。

剪贴板是 Windows 自带的工具，用户可以方便地复制对象。操作步骤如图4.12所示。也可使用快捷键方式：选择对象后，按"Ctrl + C"组合键复制图形，再按"Ctrl + V"组合键复制粘贴图形。另外，在 CAD 2012 状态栏中也自带剪贴板，如图4.13所示。

图 4.13　状态栏自带的剪贴板

4.4　镜像图形对象

在建筑图形绘制过程中,经常会遇到一些结构对称的图形,如上下对称、左右对称等,这时可利用镜像功能来简化绘制过程。用户只需绘制对象的一半,通过镜像便可生成整个对象。

执行"镜像"(MIRROR)命令,可绕指定轴翻转对象创建对称的镜像图像。镜像也就是复制生成对称图形。

在 AutoCAD 2012 中,调用"镜像"(MIRROR)命令的常用方法有以下 3 种:

◆命令:MIRROR(快捷键:MI)

◆菜单:"修改"→"镜像"

◆按钮:"修改"工具栏中⚒ 镜像

调用该命令后,AutoCAD 2012 命令行将依次出现如下提示:

选择对象:使用对象选择方法,然后按"Enter"键完成选择

指定镜像线的第一点:指定点 1

指定镜像线的第二点:指定点 2

(指定的两个点将成为直线的两个端点,选定对象相对于这条直线被镜像。对于三维空间中的镜像,这条直线定义了与用户坐标系(UCS)的 XY 平面垂直并包含镜像线的镜像平面)

要删除源对象吗?[是(Y)/否(N)]<否(N)>:输入 Y 或 N,按"Enter"键

①若在上一命令行中输入 Y,选择"是",系统将删除原来的对象,只保留创建的镜像副本。

②若在上一命令行中输入 N,选择"否",系统将保留原来的对象,并在当前图形文件中创建镜像副本。

注意:默认情况下,镜像文字、属性和属性定义时,它们在镜像图像中不会反转或倒置。文字的对齐和对正方式在镜像对象前后相同,如果确实要反转文字,请将 MIRRTEXT 系统变量设置为 1,如图 4.14 所示。

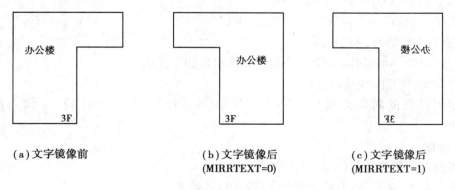

(a)文字镜像前　　　　　(b)文字镜像后　　　　　(c)文字镜像后
　　　　　　　　　　　　　(MIRRTEXT=0)　　　　　(MIRRTEXT=1)

图 4.14　关于文字镜像

例 4.3　使用镜像命令,绘制如图 4.15(c)所示图形。

启动 AutoCAD 2012,绘制餐桌餐椅图形,如图 4.15(a)所示。

在命令行提示下，输入 MIRROR，按"Enter"键确认。

选择左侧的椅子作为镜像对象，按"Enter"键结束选择。

指定桌子下边线中点作为镜像线第一点，如图 4.15(b)所示。

指定桌子上边线中点作为镜像线第二点，如图 4.15(b)所示。

选择是否删除源对象，在命令行输入 N，选择"否"，结束命令，绘制结果如图 4.15(c)所示。

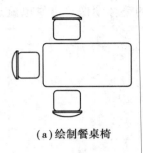 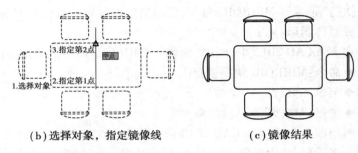

(a)绘制餐桌椅　　　　　(b)选择对象，指定镜像线　　　　　(c)镜像结果

图 4.15　镜像命令使用示例

4.5　阵列图形对象

当绘制具有一定规则的图形对象时，执行"阵列"(ARRAY)命令，可在矩形或环形(圆形)阵列中复制对象。对于矩形阵列，可控制行和列的数目以及它们之间的距离。对于环形阵列，可控制对象复制的数目并决定是否旋转副本。对于创建多个定间距的对象，阵列比复制要快。

4.5.1　矩形阵列

创建选定对象的副本的行和列阵列。

在 AutoCAD 2012 中，调用矩形阵列命令的常用方法有以下 3 种：

◆命令：ARRAYRECT(快捷键：AR)

◆菜单："修改"→"阵列"→"矩形阵列"

◆按钮："修改"工具栏中 阵列

执行该命令，AutoCAD 2012 命令行将依次出现如下提示：

选择对象：使用对象选择方法

指定项目数的对角点或[基点(B)/角度(A)/计数(C)]<计数>：输入选项或按"Enter"键

(1)计数

分别指定行和列的值(系统默认初始选项)。

输入行数或[表达式(E)]<当前>：输入行数或 E

表达式：使用数学公式或方程式获取值。

输入行数或[表达式(E)]<当前>：输入行数或 E

指定对角点以间隔项目或[间距(S)]<间距>：指定对角点或按"Enter"键

指定行之间的距离或［表达式（E）］＜当前＞：输入行间距并按"Enter"键或"E"

指定列之间的距离或［表达式（E）］＜当前＞：输入列间距并按"Enter"键或"E"

按"Enter"键接受或［关联（AS）/基点（B）/行数（R）/列数（C）/层级（L）/退出（X）］＜退出＞：

按"Enter"键或选择选项

①关联：指定是否在阵列中创建项目作为关联阵列对象，或作为独立对象。

②基点：指定阵列的基点。

③行数：重新编辑阵列中的行数和行间距，以及它们之间的增量标高。

④列数：重新编辑阵列中的列数和列间距。

⑤层级：指定层数和层间距。

（2）基点

指定阵列的基点。先指定阵列的基点，之后操作同前。

（3）角度

指定行轴的旋转角度，行和列轴保持相互正交。对于关联阵列，可稍后编辑各个行和列的角度。之后操作同前。

例4.4　使用矩形阵列，绘制如图4.16（d）所示图形。

启动 AutoCAD 2012，绘制会议室桌椅平面局部，如图4.16（a）所示。

在命令行提示下，输入 ARRAYRECT。

选择椅子作为阵列对象，按"Enter"键结束选择。

直接按"Enter"键，输入行数2，按"Enter"键确认，绘制结果如图4.16（b）所示。

输入列数4，按"Enter"键确认，如图4.16（c）所示。

直接按"Enter"键，输入行之间的距离500，按"Enter"键确认。

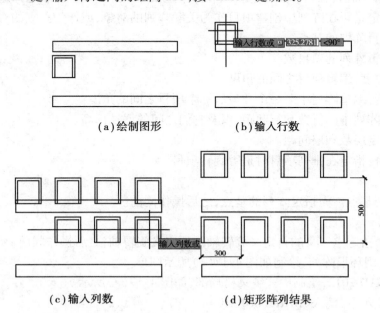

（a）绘制图形　　　　（b）输入行数

（c）输入列数　　　　（d）矩形阵列结果

图4.16　矩形阵列使用示例

输入列之间的距离 300,按"Enter"键确认。

按"Enter"键接受阵列,绘制结果如图 4.16(d)所示。也可根据命令行提示选择其他选项进行编辑修改。

4.5.2　环形阵列

通过围绕指定的圆心或旋转轴复制选定对象来创建阵列。

在 AutoCAD 2012 中,调用"环形阵列"命令的常用方法有以下 3 种:

◆命令:ARRAYRECT(快捷键:AR)

◆菜单:"修改"→"阵列"→"环形阵列"

◆按钮:"修改"工具栏中 阵列,单击"环形阵列"按钮 环形阵列

执行该命令,AutoCAD 2012 命令行将依次出现如下提示:

选择对象:使用对象选择方法选择要阵列的对象

指定阵列的中心点或[基点(B)/旋转轴(A)]:指定中心点或输入选项

(1)中心点

指定分布阵列项目所围绕的点。旋转轴是当前 UCS 的 Z 轴。

输入项目数或[项目间角度(A)/表达式(E)]<当前>:指定阵列中的项目数或输入选项

项目间角度:指定项目之间的角度。

表达式:使用数学公式或方程式获取值。

指定填充角度(+ = 逆时针、- = 顺时针)或[表达式(EX)]<当前>:指定阵列中第一个和最后一个项目之间的角度或输入 EX

按"Enter"键接受或[关联(AS)/基点(B)/项目(I)/项目间角度(A)/填充角度(F)/行(ROW)/层级(L)/旋转项目(ROT)/退出(X)]<退出>:按"Enter"键或选择选项

①关联:指定是否在阵列中创建项目作为关联阵列的对象,或作为独立的对象。

②基点:编辑阵列的基点。

③项目:编辑阵列的项目数。

④项目间角度:编辑项目之间的角度。

⑤填充角度:编辑阵列中第一个和最后一个项目之间的角度。

⑥行:编辑阵列中的行数和行间距,以及它们之间的增量标高。

⑦层级:指定层数和层间距。

⑧旋转项目:指定在排列项目时是否旋转项目。

(2)基点

指定阵列的基点。先指定阵列的基点,之后操作同前。

(3)旋转轴

指定由两个指定点定义的自定义旋转轴。先定义旋转轴,之后操作同前。

例 4.5　使用环形阵列,绘制如图 4.17(c)所示图形。

启动 AutoCAD 2012,绘制中式餐桌椅局部,如图 4.17(a)所示。

在命令行提示下,输入 ARRAYPOLAR。

选择椅子作为阵列对象,按"Enter"键结束选择。

单击圆桌的圆心作为阵列中心点,如图 4.17(b)所示。

输入项目数6,并按"Enter"键确认。

指定填充角度为360°,并按"Enter"键确认(如果当前为360°,可直接按"Enter"键)。

按"Enter"键接受阵列,绘制结果如图4.17(c)所示。也可根据命令行提示选择其他选项进行编辑修改。

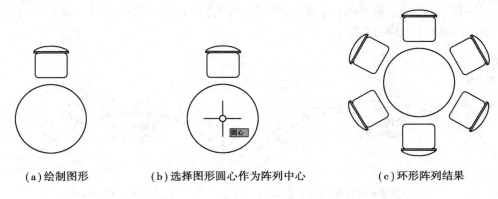

(a)绘制图形　　　　(b)选择图形圆心作为阵列中心　　　　(c)环形阵列结果

图4.17　环形阵列使用示例

4.5.3　路径阵列

通过沿指定的路径复制选定对象来创建阵列。路径可以是直线、多段线、三维多段线、样条曲线、螺旋、圆弧、圆或椭圆。

在 AutoCAD 2012 中,调用路径阵列命令的常用方法有以下 3 种:

◆命令:ARRAYRECT(快捷键:AR)

◆菜单:"修改"→"阵列"→"路径阵列"

◆按钮:"修改"工具栏中 阵列,单击"路径阵列"按钮 路径阵列

执行该命令,AutoCAD 2012 命令行将依次出现如下提示:

选择对象:使用对象选择方法选择要列阵的对象

选择路径曲线:使用一种对象选择方法

输入沿路径的项数或[方向(O)/表达式(E)]<方向>:指定项目数或输入选项

(1)项数

指定阵列的项目数。

指定沿路径的项目间的距离或[定数等分(D)/全部(T)/表达式(E)]<沿路径平均定数等分>:

指定距离或输入选项

①项目间的距离:各项目之间的距离。

②定数等分:沿整个路径长度平均定数等分项目。

③全部:指定第一个和最后一个项目之间的总距离。

④表达式:使用数学公式或方程式获取值。

按"Enter"键接受或[关联(AS)/基点(B)/项目(I)/行数(R)/层级(L)/对齐项目(A)/Z方向(Z)/退出(X)]<退出>:按"Enter"键或选择选项

①关联:指定是否在阵列中创建项目作为关联阵列的对象,或作为独立的对象。

②基点:编辑阵列的基点。

③项目:编辑阵列的项目数。

④行数:编辑阵列中的行数和行间距,以及它们之间的增量标高。

⑤层级:指定层数和层间距。

⑥对齐项目:指定是否对齐每个项目以与路径的方向相切。对齐相对于第一个项目的方向("方向"选项),如图4.18所示。

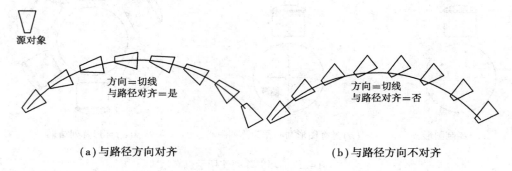

图4.18 对齐阵列对象

⑦Z方向。控制是否保持项目的原始Z方向或沿三维路径自然倾斜项目。

(2)方向

控制选定对象是否将相对于路径的起始方向重定向(旋转),然后再移动到路径的起点。

指定基点或[关键点(K)]<路径曲线的终点>:指定基点或输入选项

①基点:指定阵列的基点。

②关键点:对于关联阵列,在源对象上指定有效的约束点(或关键点)以用作基点。如果编辑生成的阵列的源对象,阵列的基点保持与源对象的关键点重合。

指定与路径一致的方向或[两点(2P)/法线(N)]<当前>:按"Enter"键或选择选项

两点:指定两个点来定义与路径的起始方向一致的方向,如图4.19所示。

之后操作同前。

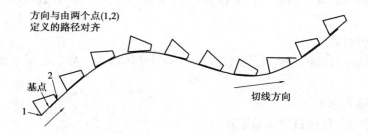

图4.19 基点与路径方向一致

(3)表达式

使用数学公式或方程式获取值。

4.6　偏移图形对象

执行"偏移"(OFFSET)命令,创建与原始对象平行的新对象。偏移圆或圆弧可以创建更大或更小的圆或圆弧,取决于向哪一侧偏移。

可以偏移的对象有直线、圆、圆弧、椭圆和椭圆弧、二维多段线、构造线(参照线)和射线、样条曲线,而点、图块、属性和文本则不能被偏移。

在 AutoCAD 2012 中,调用"偏移"(OFFSET)命令的常用方法有以下 3 种:

◆命令:OFFSET(快捷键:O)

◆菜单:"修改"→"偏移"

◆按钮:"修改"工具栏中

调用该命令后,AutoCAD 2012 命令行将依次出现如下提示:

当前设置:删除源 = 当前值 图层 = 当前值,OFFSETGAPTYPE = 当前值

指定偏移距离或[通过(T)/删除(E)/图层(L)] < 当前值 >:指定距离,或输入其他选项,或按"Enter"键

各选项的作用如下:

(1)指定偏移距离

在距离选取对象的指定距离处创建选取对象的副本。

选择要偏移的对象,或[退出(E)/放弃(U)] < 退出 >:选择对象或输入其他选项或按"Enter"键结束命令

指定要偏移的那一侧上的点,或[退出(E)/多个(M),放弃(U)] < 退出 >:在对象一侧指定一点确定偏移的方向或输入选项

①退出:结束 OFFSET 命令。

②放弃:取消上一个偏移操作。

③多个:进入"多个"偏移模式,以当前的偏移距离重复多次进行偏移操作。

指定要偏移的那一侧上的点,或[退出(E)/放弃(U)] < 下一个对象 >:在对象一侧指定一点确定偏移的方向,或输入其他选项

(2)通过(T)

以指定点创建通过该点的偏移副本

选择要偏移的对象,或[退出(E)/放弃(U)] < 退出 >:选择对象,或输入其他选项

指定通过点,或[退出(E)/多个(M)/放弃(U)] < 退出 >:在对象一侧指定一点,或输入其他选项

①退出:结束 OFFSET 命令。

②放弃:取消上一个偏移操作。

③多个:进入"多个"偏移模式,以新指定的通过点对指定的对象进行多次偏移操作。

指定通过点,或[退出(E)/放弃(U)] < 下一个对象 >:在对象一侧指定一点确定偏移的方向,或输入其他选项

（3）删除（E）

在创建偏移副本之后，删除或保留源对象。

要在偏移后删除源对象吗？［是（Y）/否（N）］＜是＞：输入 Y 或 N 后按"Enter"键，或直接按"Enter"键在偏移后删除源对象

（4）**图层（L）**

控制偏移副本是创建在当前图层上还是源对象所在的图层上。

输入偏移对象的图层选项［当前（C）/源（S）］＜源＞：输入 C 或 S 后按"Enter"键，或直接按"Enter"键以当前选择创建偏移副本

例 4.6　使用指定距离偏移如图 4.20（c）所示对象。

启动 AutoCAD 2012，绘制图形，如图 4.20（a）所示。

在命令行提示下，输入 OFFSET，按"Enter"键确认。

输入偏移距离 50，按"Enter"键确认。

选择圆作为要偏移的对象，如图 4.20（b）所示。

在圆内部指定一点，如图 4.20（b）所示，绘制结果如图 4.20（c）所示。

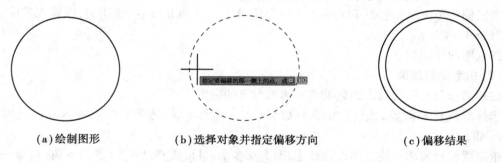

（a）绘制图形　　　（b）选择对象并指定偏移方向　　　（c）偏移结果

图 4.20　偏移命令使用示例一

例 4.7　使用偏移对象通过指定的点，绘制如图 4.21（c）所示图形。

启动 AutoCAD 2012，绘制沙发局部，如图 4.21（a）所示。

在命令行提示下，输入 OFFSET，按"Enter"键确认。

输入 T（通过），按"Enter"键确认。

选择外侧的圆弧作为偏移对象，如图 4.21（b）所示。

指定通过点 A，如图 4.21（b）所示，绘制结果如图 4.21（c）所示。

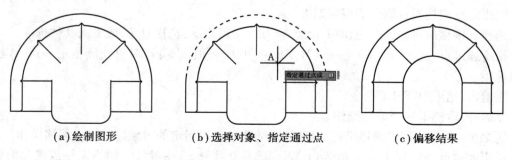

（a）绘制图形　　　（b）选择对象、指定通过点　　　（c）偏移结果

图 4.21　偏移命令使用示例二

4.7 移动对象

对象创建完成以后,如果需要调整它在图形中的位置,可以从源对象以指定的角度和方向来移动对象。在这个过程中,使用坐标、栅格捕捉、对象捕捉和其他工具可以精确地移动对象。

在 AutoCAD 2012 中,调用"移动"(MOVE)命令的常用方法有以下 3 种:

◆命令:MOVE(快捷键:M)

◆菜单:"修改"→"移动"

◆按钮:"修改"工具栏中 ✛ 移动

调用该命令后,AutoCAD 2012 命令行将出现如下提示:

选择对象:选取要移动的对象

按照前面讲解的选择方式选取对象,按"Enter"键结束选择。

指定基点或[位移(D)]/<位移>:指定基点,或输入 D

各选项的作用如下:

①基点:指定移动对象的开始点。移动距离和方向的计算都会以其为基准。

指定第二个点或<使用第一个点作为位移>:指定第二个点或按"Enter"键

②位移(D):指定移动距离和方向的 x,y,z 值。

指定位移<上个值>:输入表示矢量的坐标

此时,实际上是使用坐标原点作为位移基点,输入的三维数值是相对于坐标原点的位移值。

例4.8 使用两点指定距离移动对象,绘制如图 4.22(c)所示图形。

启动 AutoCAD 2012,绘制图形,如图 4.22(a)所示。

在命令行提示下,输入 MOVE,按"Enter"键确认。

选择图形作为移动对象,按"Enter"键结束选择。

指定 A 点作为移动基点,如图 4.22(b)所示。

指定 B 点为下一点,绘制过程如图 4.22 所示。

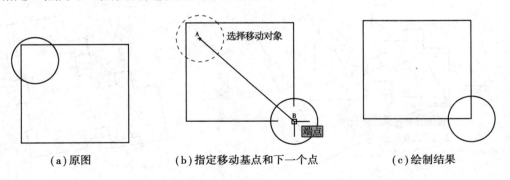

(a)原图　　　　(b)指定移动基点和下一个点　　　　(c)绘制结果

图 4.22　使用两点指定距离移动对象

注意:除用两点方法移动对象外,还可在指定基点时通过输入相对坐标的方法,使对象移动相应的位置和距离。

4.8　旋转对象

在修改图形的过程中,用户可以使用"旋转"命令,调整对象的摆放角度。

在 AutoCAD 2012 中,调用"旋转"(ROTATE)命令的常用方法有以下 3 种:

◆命令:ROTATE(快捷键:RO)

◆菜单:"修改"→"旋转"

◆按钮:"修改"工具栏中 旋转

调用该命令后,AutoCAD 2012 命令行将依次出现如下提示:

选择对象:选择需旋转的图形对象

用户可选择多个对象,直到按"Enter"键结束选择。

指定基点:指定一个点作为旋转基点

指定旋转角度或[复制(C)/参照(R)]/<当前角度值>:输入旋转角度或指定点,或输入 C 或 R

各选项的作用如下:

①旋转角度:指定对象绕指定的基点旋转的角度。旋转轴通过指定的基点,并且平行于当前用户坐标系的 Z 轴。在指定旋转角度时,可直接输入角度值,也可直接在绘图区域通过指定的一个点,确定旋转角度。

②复制(C):在旋转对象的同时创建对象的旋转副本。

③参照(R):将对象从指定的角度旋转到新的绝对角度,可以围绕基点将选定的对象旋转到新的绝对角度。

指定参照角 <当前>:通过输入值或指定两点来指定角度

指定新角度或[点(P)]<当前>:通过输入值或指定两点来指定新的绝对角度

①新角度:通过输入角度值或指定两点来指定新的绝对角度。

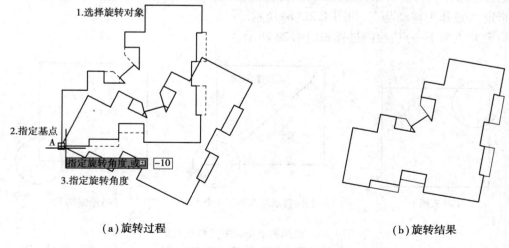

（a）旋转过程　　　　　　　　　　（b）旋转结果

图 4.23　指定角度旋转对象

②点:通过指定两点来指定新的绝对角度。

例4.9 通过指定角度旋转如图4.23(b)所示对象。

启动 AutoCAD 2012,绘制建筑轮廓图形。

在命令行提示下,输入 ROTATE,按"Enter"键确认。

选择建筑轮廓作为旋转对象,按"Enter"键结束选择。

指定 A 点为旋转基点。

输入旋转角度 -10°,按"Enter"键确认,绘制过程如图4.23所示。

注意:输入正角度值后是逆时针或顺时针旋转对象,这取决于"图形单位"对话框中的"方向控制"设置,系统默认正角度值为逆时针旋转。除指定角度旋转外,还可通过"参考"参照物的角度作为参考依据。

4.9 对齐对象

在 AutoCAD 2012 中,可通过移动、旋转或倾斜对象来使该对象与另一个对象对齐,也有专门的"对齐"命令。

AutoCAD 2012 中,调用"对齐"(ALIGN)命令的常用方法如下:

◆命令:ALIGN(快捷键:AL)

调用该命令后,AutoCAD 2012 命令行将依次出现如下提示:

选择对象:选择要对齐的对象

用户可以同时选择多个要对齐的对象。选择完成后,按"Enter"键可结束选择

指定第一个源点:指定点1

指定第一个目标点:指定点2

指定第二个源点:指定点3

指定第二个目标点:指定点4

指定第三个源点或<继续>:指定点5或按"Enter"键结束指定点

是否基于对齐点缩放对象?[是(Y)/否(N)]<否>:输入 Y 或按"Enter"键

当用户只指定一对源点和目标点时,被选定的对象将从源点1移动到目标点2。

例4.10 使用对齐对象,绘制如图4.24(c)所示图形。

启动 AutoCAD 2012,绘制图4.24(a)的图形。

在命令行提示下,输入 ALIGN,按"Enter"键确认。

选择右边的三角形作为要对齐的对象,如图4.24(a)所示。

指定第一个源点1,如图4.24(b)所示。

指定第一个目标点2,如图4.24(b)所示。

指定第二个源点3,如图4.24(b)所示。

指定第二个目标点4,按"Enter"键确认。

选择是否基于对齐点缩放对象,程序默认为否(N),按"Enter"键结束命令,绘制过程如图4.24所示。

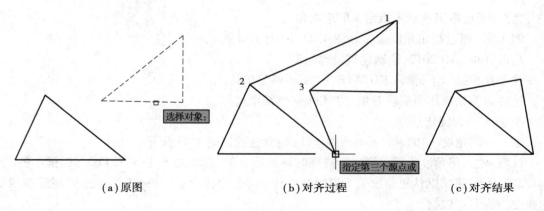

（a）原图   （b）对齐过程   （c）对齐结果

图 4.24 对齐对象

4.10 缩放对象

执行"缩放"（SCALE）命令,可以改变实体的尺寸大小,可以把整个对象或者对象的一部分沿 X,Y,Z 方向以相同的比例进行缩放。

在 AutoCAD 2012 中,调用"缩放"（SCALE）命令的常用方法有以下 3 种:

◆命令:SCALE（快捷键:SC）

◆菜单:"修改"→"缩放"

◆按钮:"修改"工具栏中 缩放

调用该命令后,AutoCAD 2012 命令行将依次出现如下提示:

选择对象:选择要缩放的对象

指定基点:指定一个点

指定的基点表示选定对象的大小发生改变（从而远离静止基点）时位置保持不变的点。

指定比例因子或［复制（C）/参照（R）］<当前值>:输入比例,或输入选项

各选项的作用如下:

①比例因子:以指定的比例值放大或缩小选取的对象。当输入的比例值大于 1 时,则放大对象,若为 0 和 1 之间的小数,则缩小对象。或指定的距离小于原来对象大小时,缩小对象;指定的距离大于原来对象大小时,则放大对象。

②复制（C）:在缩放对象时,创建缩放对象的副本。

③参照（R）:按参照长度和指定的新长度缩放所选对象。

指定参照长度<当前>:指定缩放选定对象的起始长度,或按"Enter"键。

指定新的长度或［点（P）］<当前>:指定将选定对象缩放到的最终长度或输入 P,使用两点来定义长度,或按"Enter"键。

若指定的新长度大于参照长度,则放大选取的对象。

点:使用两点来定义新的长度。

例 4.11 按比例因子缩放如图 4.25（c）所示对象。

启动 AutoCAD 2012,绘制图形。

在命令行提示下,输入 SCALE,按"Enter"键确认。

使用"窗口"方式选择所有的图形作为缩放对象,按"Enter"键确认选择。

指定图形左上角的角点作为基点,如图 4.25(b)所示。

输入比例因子 0.7,按"Enter"键确认,结束命令,绘制结果如图 4.25(c)所示。

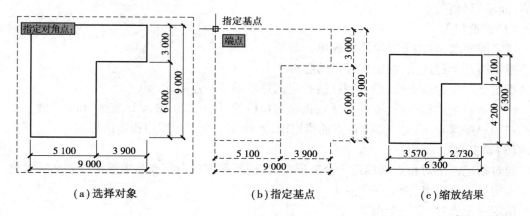

图 4.25 按比例因子缩放对象

注意:缩放命令可以同时改变选定对象的所有标注尺寸,除使用比例因子缩放对象外,在缩放命令中还可使用根据参照距离进行缩放。

4.11 修剪对象

在绘图过程中,执行"修剪"(TRIM)命令,可以通过缩短或拉长,使对象与其他对象的边相接。该操作可以实现先创建对象(如直线),然后调整该对象,使其恰好位于其他对象之间。

在 AutoCAD 2012 中,调用"修剪"(TRIM)命令的常用方法有以下 3 种:

◆命令:TRIM(快捷键:TR)

◆菜单:"修改"→"修剪"

◆按钮:"修改"工具栏中╱ 修剪

调用该命令后,AutoCAD 2012 命令行将依次出现如下提示:

当前设置:投影 = 当前值,边 = 当前值

选择剪切边...

选择对象或 < 全部选择 >:选择一个或多个对象并按"Enter"键,或直接按"Enter"键选取当前图形文件中所有显示的对象

选择要修剪的对象,或者按"Enter"键选择所有显示的对象作为潜在剪切边。TRIM 将剪切边和要修剪的对象投影到当前用户坐标系(UCS)的 XY 平面上。

注意:要选择包含块的剪切边,只能使用单个选择、"窗交""栏选"和"全部选择"选择。

选择要修剪的对象或按住 Shift 键选择要延伸的对象或[栏选(F)/窗交(C)/投影(P)/边(E)/删除(R)/放弃(U)]:选择要修剪的对象、按住"Shift"键选择要延伸的对象,或输入选项

各选项的作用如下：

(1)要修剪的对象

指定要修剪的对象。在用户按"Enter"键结束选择前，系统会不断提示指定要修剪的对象，因此可以指定多个对象进行修剪。在选择对象的同时按"Shift"键可将对象延伸到最近的边界，而不修剪它。

(2)栏选(F)

指定围栏点，将多个对象修剪成单一对象。

指定第一个栏选点：指定选择栏的起点

指定下一个栏选点或[放弃(U)]：指定选择栏的下一点或输入 U

指定下一个栏选点或[放弃(U)]：指定选择栏的下一个点、输入 U 或按"Enter"键

在用户按"Enter"键结束围栏点的指定前，系统将不断提示用户指定围栏点。

(3)窗交(C)

通过指定两个对角点来确定一个矩形窗口，选择该窗口内部或与矩形窗口相交的对象。

指定第一个角点：指定一个点 1

指定对角点：指定一个点 2

(4)投影(P)

指定在修剪对象时使用的投影模式。

输入投影选项[无(N)/UCS(U)/视图(V)]＜当前＞：输入选项或按"Enter"键

1)无

指定无投影。只修剪与三维空间中的边界相交的对象。

2)UCS

指定到当前用户坐标系(UCS)XY 平面的投影，修剪未与三维空间中的边界对象相交的对象。

3)视图

指定沿当前视图方向的投影。

(5)边(E)

修剪对象的假象边界或与之在三维空间相交的对象。

输入隐含边延伸模式[延伸(E)/不延伸(N)]＜当前＞：输入选项或按"Enter"键

1)延伸

修剪对象在另一对象的假象边界。

2)不延伸

只修剪对象与另一对象的三维空间交点。

(6)删除(R)

在执行修剪命令的过程中将选定的对象从图像中删除。

(7)撤销(U)

撤销最近使用修剪对对象进行的操作。

例4.12　使用修剪对象，完成如图4.26(c)所示图形。

启动 AutoCAD 2012，绘制图形。

在命令行提示下，输入 TRIM，按"Enter"键确认。

窗交选择两条水平直线作为剪切边,如图 4.26(a)所示。

选择左边一条垂直线作为要修剪的对象,注意选择位置位于两条水平线之间,如图 4.26(b)所示。

按"Enter"键结束命令,绘制结果如图 4.26(c)所示。

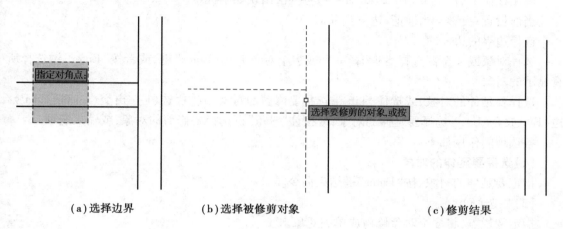

（a）选择边界　　　　　　（b）选择被修剪对象　　　　　　（c）修剪结果

图 4.26　修剪对象

例 4.13　利用"栏选"选择要修剪的对象,如图 4.27 所示。

启动 AutoCAD 2012,绘制图形,如图 4.27(a)所示。

在命令提示行下,输入 TRIM,按"Enter"键确认。

选择矩形作为剪切边,如图 4.27(b)所示。

在命令行输入 F,按"Enter"键确认。

"栏选"选择要修剪的对象。

按"Enter"键结束命令,绘制结果如图 4.27(c)所示。

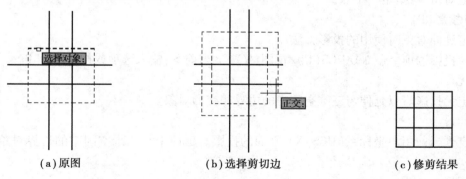

（a）原图　　　　　　　（b）选择剪切边　　　　　　（c）修剪结果

图 4.27　"栏选"修剪对象

4.12　延伸对象

延伸对象可以通过缩短或拉长使指定的对象到指定的边,使其与其他对象的边相接。

在 AutoCAD 2012 中,执行"延伸"（EXTEND）命令的常用方法有以下 3 种:

◆命令：EXTEND（快捷键：EX）

◆菜单："修改"→"延伸"

◆按钮："修改"工具栏中 ---/ 延伸

调用该命令后，AutoCAD 2012 命令行将依次出现如下提示：

当前设置：投影 = 当前值，边 = 当前值

选择边界的边...

选择对象或 < 全部选择 >：选择一个或多个对象并按"Enter"键，或者按"Enter"键选择所有显示的对象

选择要延伸的对象，或按住 Shift 键选择要修剪的对象，或[栏选（F）/窗交（C）/投影（P）/边（E）/放弃（U）]：选择要延伸的对象，或按住"Shift"键选择要修剪的对象，或输入选项

各选项的作用如下：

(1)选择要延伸的对象

指定要延伸的对象，按"Enter"键结束命令。

(2)栏选（F）

指定围栏点，将多个对象修剪成单一对象。

指定第一个栏选点：指定选择栏的起点

指定下一个栏选点或[放弃（U）]：指定选择栏的下一个点或输入 U

指定下一个栏选点或[放弃（U）]：指定选择栏的下一个点、输入 U 或按"Enter"键

在用户按"Enter"键结束围栏点的指定前，系统将不断提示用户指定围栏点。

(3)窗交（C）

通过指定两个对角点来确定一个矩形窗口，选择该窗口内部或与矩形窗口相交的对象。

指定第一个角点：指定一个点 1

指定对角点：指定一个点 2

(4)投影（P）

指定延伸对象时使用的投影方法。

输入投影选项[无（N）/UCS（U）/视图（V）] < 当前 >：输入选项或按"Enter"键

1）无

指定无投影。只延伸与三维空间中的边界相交的对象。

2）UCS

指定到当前用户坐标系（UCS）XY 平面的投影。延伸未与三维空间中的边界对象相交的对象。

3）视图

指定沿当前视图方向的投影。

(5)边

将对象延伸到另一个对象的隐含边或仅延伸到三维空间中与其实际相交的对象。

输入隐含边延伸模式[延伸（E）/不延伸（N）] < 当前 >：输入选项或按"Enter"键

1）延伸

沿其自然路径延伸边界对象以与三维空间中另一对象或其隐含边相交。

2）不延伸

指定对象只延伸到在三维空间中与其实际相交的边界对象。

（6）放弃（U）

放弃最近由延伸所做的更改。

延伸的具体操作与修剪类似，用户可自己进行实践操作。

注意：要对图形进行延伸操作，可以不退出"修剪"（TRIM）命令，按"Shift"键并选择要延伸的对象。

4.13　倒角对象

在工程绘图中，可以修改对象使其以平角相接，也可以在对象上创建或闭合间距。

使用"倒角"（CHANFER）命令可以使用成角的直线连接两个对象。它通常用于表示角点上的倒角边。

在 AutoCAD 2012 中，执行"倒角"（CHAMFER）命令的常用方法有以下 3 种：

◆命令：CHAMFER（快捷键：CHA）

◆菜单："修改"→"倒角"

◆按钮："修改"工具栏中🔲 倒角

调用该命令后，AutoCAD 2012 命令行将依次出现如下提示：

（"修剪"模式）当前倒角距离 l ＝ 当前，距离 2 ＝ 当前

选择第一条直线或［放弃（U）/多段线（P）/距离（D）/角度（A）/修剪（T）/方式（E）/多个（M）］：选择对象或输入选项

各选项的作用如下：

（1）**选择第一条直线**

选择要进行倒角处理对象的第一条边，或要倒角的三维实体边中的第一条边。

选择第二条直线，或按住 Shift 键并选择要应用角点的对象：使用选择对象的方法，或按住"Shift"键并选择对象，以创建一个锐角

在选择两条多段线的线段来进行倒角处理时，这两条多段线必须相邻或只能被最多一条线段分开。若这两条多段线之间有一条直线或弧线，系统将自动删除此线段并以倒角线来取代。

（2）**放弃（U）**

恢复在命令中执行的上一个操作。

（3）**多段线（P）**

为整个二维多段线进行倒角处理。

选择二维多段线：选取二维多段线

系统将二维多段线的各个顶点全部进行了倒角处理，建立的倒角形成多段线的另一新线段。但若倒角的距离在多段线中两个线段之间无法生成，对此两线段将不进行倒角处理。

（4）**距离（D）**

创建倒角后，设置倒角到两个选定边的端点的距离。用户选择此选项，代表用户选择了"距离-距离"的倒角方式。

指定第一个倒角距离 < 当前值 >:指定倒角距离,或按"Enter"键

指定第二个倒角距离 < 当前值 >:指定倒角距离,或按"Enter"键

在指定第一个对象的倒角距离后,第二个对象的倒角距离的当前值将与指定的第一个对象的倒角距离相同。若为两个倒角距离指定的值均为 0,选择的两个对象将自动延伸至相交。

(5)角度(A)

指定第一条线的长度和第一条线与倒角后形成的线段之间的角度值。用户选择此选项,代表用户选择了"距离-角度"的倒角方式。

指定第一条直线的倒角长度 < 当前值 >:指定或输入长度值,或按"Enter"键

指定第一条直线的倒角角度 < 当前值 >:指定或输入角度值,或按"Enter"键

(6)修剪(T)

用户自行选择是否对选定边进行修剪,直到倒角线的端点。

输入修剪模式选项[修剪(T)/不修剪(N)] < 当前 >:输入 T 或 N,或按"Enter"键

(7)方式(E)

选择倒角方式。倒角处理的方式有两种:"距离-距离"和"距离-角度"。

输入修剪方法[距离(D)/角度(A)] < 当前 >:输 A 或 D,或按"Enter"键

(8)多个(M)

可为多个两条线段的选择集进行倒角处理。系统将不断自动重复提示用户选择"第一个对象"和"第二个对象",要结束选择,按"Enter"键。但是若用户选择"放弃"选项时,使用"倒角"命令为多个选择集进行的倒角处理将全部被取消。

例 4.14 通过指定距离进行倒角,绘制如图 4.28(c)所示图形。

启动 AutoCAD 2012,绘制图纸。

在命令行提示下,输入 CHAMFER,按"Enter"键确认。

在命令行输入 D(距离),按"Enter"键确认。

输入第一个倒角距离 50,如图 4.28(b)所示,按"Enter"键确认。

输入第二个倒角距离 30,如图 4.28(b)所示,按"Enter"键确认。

选择要倒角的第一条直线。

选择要倒角的第二条直线,绘制结果如图 4.28(c)所示。如果按"Enter"键还可以继续选择两条直线进行倒角。

(a)原图   (b)选择对象   (c)倒角结果

图 4.28 指定距离进行倒角

若在本例中将第一个和第二个倒角距离均设置为 0,其绘制结果如图 4.29 所示。

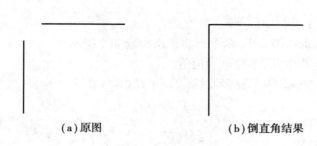

（a）原图　　　　　　　　（b）倒直角结果

图 4.29　倒直角

注意：有时也可根据需要选择用指定长度和角度的方式进行倒角，绘图过程请用户自行操作。

例 4.15　对整条多段线进行倒角，绘制如图 4.30（b）所示图形。

对整条多段线进行倒角时，只对那些长度足够适合倒角距离的线段进行倒角，具体操作步骤如下：

启动 AutoCAD 2012，绘制图形。

在命令行提示下，输入 CHAMFER，按"Enter"键确认。

在命令行输入 D（距离），按"Enter"键确认。

输入第一个倒角距离 30，按"Enter"键确认。

输入第二个倒角距离 30，按"Enter"键确认。

输入 P（多段线），按"Enter"键确认。

选择正方形，绘制结果如图 4.30（b）所示。

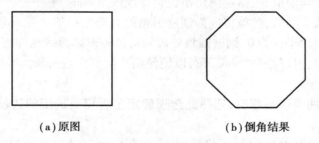

（a）原图　　　　　　　　（b）倒角结果

图 4.30　多段线倒角

4.14　圆角对象

圆角与倒角相似，也是两个对象之间的一种连接方式，但是圆角使用与对象相切并且具有指定半径的圆弧连接两个对象。内角点称为内圆角，外角点称为外圆角。

可以进行圆角操作的对象包括圆弧、圆、椭圆和椭圆弧、直线、多段线、射线、样条曲线、构造线及三维实体。

在 AutOCAD 2012 中，调用"圆角"（FILLET）命令的常用方法有以下 3 种：

◆命令：FILLET（快捷键：F）

◆菜单："修改"→"圆角"

◆按钮:"修改"工具栏中 ⌒ 圆角

调用该命令后,AutoCAD 2012 命令行将依次出现如下提示:

当前设置:模式 = 当前值,半径 = 当前值

选择第一个对象或[放弃(U)/多段线(P)/半径(R)/修剪(T)/多个(M)]:使用对象选择方法或输入选项

各选项的作用如下:

(1)选择第一个对象

选取要创建圆角的第一个对象。这个对象可以是二维对象,也可以是三维实体的一个边。

选择第二个对象,或按住"Shift"键并选择要应用角点的对象:使用选择对象的方法,或按住"Shift"键并选择对象,以创建一个圆角

(2)放弃(U)

恢复在命令中执行的上一个操作。

(3)多段线(P)

在二维多段线中的每两条线段相交的顶点处创建圆角。

选择二维多段线:选取二维多段线

若选取的二维多段线中一条弧线段隔开两条相交的直线段,选择创建圆角后将删除该弧线段而替代为一个圆角弧。

(4)半径(R)

设置圆角弧的半径。

指定圆角半径 < 当前值 > :指定圆角半径长度或按"Enter"键

在此修改圆角弧半径后,此值将成为创建圆角的当前半径值。此设置只对新创建的对象有影响。如果设置圆角半径为 0,则被圆角处理的对象将被修剪或延伸直到它们相交,并不创建圆弧。选择对象时,可以按住"Shift"键,以便使用 0 值替代当前圆角半径来创建直角。

(5)修剪(T)

在选定边后,若两条边不相交,选择此选项确定是否修剪选定的边使其延伸到圆角弧的端点。

输入修剪模式选项[修剪(T)/不修剪(N)] < 当前 > :输入选项或按"Enter"键

当将系统变量 Trimmode 设置为 1 时"圆角"FILLET 命令会将相交直线修剪到圆角弧的端点。若选定的直线不相交,系统将延伸或修剪直线以使它们相交。

1)修剪

修剪选定的边延伸到圆角弧端点。

2)不修剪

不修剪选定的边。

(6)多个(M)

为多个对象创建圆角。选择了此项,系统将在命令行重复显示主提示,按"Enter"键结束命令。在结束后执行"放弃"操作时,凡是用"多个"选项创建的圆角都将被一次性删除。

例 4.16　直接为两条平行线创建圆角,绘制如图 4.31(b)所示图形。

启动 AutoCAD 2012,绘制图形。

在命令行提示下,输入 FILLET,按"Enter"键确认。

选择第一条直线。

选择第二条直线,此时临时调整当前圆角半径,以创建与两个对象相切且位于两个对象的共有平面上的圆弧,绘制结果如图4.31(b)所示,如果按"Enter"键,可以继续进行圆角操作。

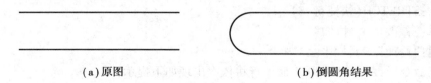

(a)原图　　　　　　　　　　(b)倒圆角结果

图4.31　平行线间创建圆角

例4.17　通过指定半径创建圆角,绘制如图4.32所示图形。

启动 AutoCAD 2012,绘制图形。

在命令行提示下,输入 FILLET,按"Enter"键确认。

输入 R(半径),按"Enter"键确认。

输入圆角半径100,按"Enter"键确认。

选择要创建圆角的第一条直线。

选择要创建圆角的第二条直线,绘制过程如图4.32所示。

若在本例中,将圆角半径设置为0,其绘制结果如图4.33所示。

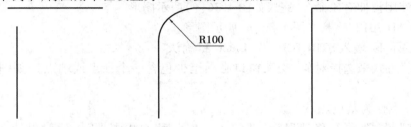

图4.32　指定半径创建圆角　　　　　图4.33　半径为0创建直角

用户可以控制圆角的位置,根据指定的位置,选定的对象之间可以存在多个可能的圆角(见图4.34和图4.35),选择位置的不同直接导致圆角结果的不同。

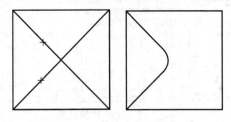
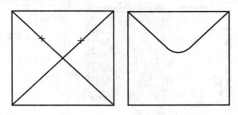

图4.34　选择位置及结果　　　　　图4.35　另一种选择位置及结果

4.15　拉伸对象

使用"拉伸"(STRETCH)命令,可以重新定位穿过或在窗交选择窗口内的对象的端点,具体功能如下:

将拉伸交叉窗口部分包围的对象。

将移动(而不是拉伸)完全包含在交叉窗口中的对象或单独选定的对象。

在 AutoCAD 2012 中,调用"拉伸"(STRETCH)命令的常用方法有以下 3 种:

◆命令:STRETCH(快捷键:S)

◆菜单:"修改"→"拉伸"

◆按钮:"修改"工具栏中 拉伸

调用该命令后,AutoCAD 2012 命令行将依次出现如下提示:

以窗选方式或交叉多边形方式选择要拉伸的对象……

选择对象:以窗交或圈交选择方法指定点 1 和点 2 以选取对象

选择指定基点或[位移(D)]:指定基点或者选择 D 以输入位移

(1)指定基点

指定第二个点或<使用第一个点作为位移>:指定第二个点或默认使用第一个点作为位移

(2)位移(D)

在选取了拉伸的对象之后,在命令行提示中输入 D 进行向量拉伸。

指定位移<上个值>:输入矢量值

在向量模式下,将以用户输入的值作为矢量拉伸实体。

例 4.18 使用拉伸对象命令,完成如图 4.36(c)所示图形

启动 AutoCAD 2012,绘制如图 4.36(a)所示图形。

在命令行提示下,输入 STRETCH,按"Enter"键确认。

使用"窗交"方式来选择对象(交叉窗口必须至少包含一个顶点或端点),如图 4.36(a)所示。

任意指定一点作为基点。

打开"正交"模式,向右移动鼠标,并输入相对位移 600,按"Enter"键结束命令,如图 4.36(b)所示。

绘制结果如图 4.36(c)所示。

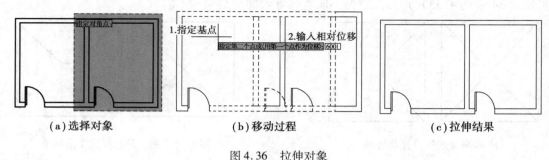

(a)选择对象　　　　　　　　(b)移动过程　　　　　　　　(c)拉伸结果

图 4.36 拉伸对象

4.16 拉长对象

使用"拉长"(LENGTHEN)命令,可以修改圆弧的包含角和直线、圆弧、开放的多段线、椭圆弧、开放的样条曲线等对象的长度。

在 AutoCAD 2012 中,调用"拉长"(LENGTHEN)命令的常用方法有以下两种:

◆命令:LENGTHEN(快捷键:LEN)

◆菜单:"修改"→"拉长"

调用该命令后,AutoCAD 2012 命令行将依次出现如下提示:

选择对象或[增量(DE)/百分数(P)/全部(T)/动态(DY)]:选择一个对象或输入选项

各选项的作用如下:

(1)选择对象

在命令行提示下选取对象,将在命令行显示选取对象的长度。若选取的对象为圆弧,则显示选取对象的长度和包含角。

当前长度:<当前>,包含角:<当前>

选择对象或[增量(DE)/百分数(P)/全部(T)/动态(DY)]:选择一个对象,输入选项或按"Enter"键结束命令。

(2)增量(DE)

以指定的增量修改对象的长度,该增量从距离选择点最近的端点处开始测量。差值还以指定的增量修改弧的角度,该增量从距离选择点最近的端点处开始测量。

输入长度差值或[角度(A)]<当前>:指定距离、输入 A 或按"Enter"键

1)长度差值

以指定的增量修改对象的长度。

选择要修改的对象或[放弃(U)]:选择一个对象或输入 U

提示将一直重复,直到按"Enter"键结束命令。

2)角度

以指定的角度修改选定圆弧的包含角。

输入角度差值<当前角度>:指定角度或按 Enter 键

选择要修改的对象或[放弃(U)]:选择一个对象或输入 U

提示将一直重复,直到按"Enter"键结束命令。

(3)百分数(P)

通过指定对象总长度的百分数设置对象长度。

输入长度百分数<当前>:输入非零正值或按"Enter"键

选择要修改的对象或[放弃(U)]:选择一个对象或输入 U

提示将一直重复,直到按"Enter"键结束命令。

(4)全部(T)

通过指定从固定端点测量的总长度的绝对值来设置选定对象的长度。"全部"选项也按照指定的总角度设置选定圆弧的包含角。

指定总长度或[角度(A)]<当前>:指定距离,输入非零正值,输入 A,或按"Enter"键

1)总长度

将对象从离选择点最近的端点拉长到指定值。

选择要修改的对象或[放弃(U)]:选择一个对象或输入 U

提示将一直重复,直到按"Enter"键结束命令。

2)角度(A)

设置选定圆弧的包含角。

指定总角度<当前>:指定角度或按"Enter"键

选择要修改的对象或[放弃(U)]:选择一个对象或输入 U

提示将一直重复,直到按"Enter"键结束命令。

(5)动态(DY)

打开动态拖动模式,通过拖动选定对象的端点之一来改变其长度。其他端点保持不变。

选择要修改的对象或[放弃(U)]:选择一个对象或输入 U

提示将一直重复,直到按"Enter"键结束命令。

例 4.19   通过增量来拉长对象,完成如图 4.37(c)所示图形。

启动 AutoCAD 2012,绘制图形如图 4.37(a)所示。

在命令行提示下,输入 LENGTHEN,按"Enter"键确认。

输入 DE,按"Enter"键确认。

输入 A,按"Enter"键确认。

输入角度增量 90,按"Enter"键确认。

选择拉长的对象(注意选择的位置,选择的位置靠近哪边,对象就向哪边拉长),如图
4.37(b)所示,按"Enter"键结束命令,拉长结果如图 4.37(c)所示。

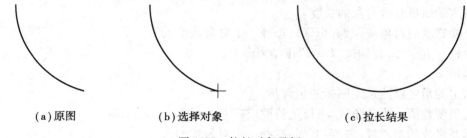

(a)原图   (b)选择对象   (c)拉长结果

图 4.37   拉长对象示例

4.17   打断对象

在绘图过程中,可以将一个对象打断为两个对象,对象之间可以具有间隙,也可以没有
间隙。

在 AutoCAD 2012 中,调用"打断"(BREAK)命令的常用方法有以下 3 种:

◆命令:BREAK(快捷键:BR)

◆菜单:"修改"→"打断"

◆按钮:"修改"工具栏中

调用该命令后,AutoCAD 2012 命令行将依次出现如下提示:

选择对象:使用某种对象选择方法,或指定对象上的第一个打断点 1

可以在对象上的两个指定点之间创建间隔,从而将对象打断为两个对象。如果这些点不
在对象上,则会自动投影到该对象上。"打断"(BREAK)命令通常用于为块或文字创建空间。

将显示的下一个提示取决于选择对象的方式。如果使用定点设备选择对象，AutoCAD 将选择对象并将选择点视为第一个打断点。在下一个提示下，可以继续指定第二个打断点或替换第一个打断点。

指定第二个打断点或［第一点(F)］:指定第二个打断点 2，或输入 F

各选项的作用如下：

(1)第二个打断点

该选项指定用于打断对象的第二个点。

(2)第一点(F)

该选项用指定的新点替换原来的第一个打断点。

指定第一个打断点：

指定第二个打断点：

两个指定点之间的对象将部分被删除。如果第二个点不在对象上，将选择对象上与该点最接近的点。因此，要打断直线、圆弧或多段线的一端，可以在要删除的一端附近指定第二个打断点。

要将对象一分为二并且不删除某个部分，则输入的第一个点和第二个点应相同。通过输入@指定第二个点即可实现此过程。

直线、圆弧、圆、多段线、椭圆、样条曲线、圆环以及其他几种对象类型都可以拆分为两个对象或将其中的一端删除。AutoCAD 将按逆时针方向删除圆上第一个打断点到第二个打断点之间的部分，从而将圆转换成圆弧。

该操作较简单，请学习者自行实践。

4.18　利用夹点编辑功能编辑对象

在 AutoCAD 2012 中，对象的夹点是一些在图形处于选中状态时出现的表示其关键点的小方框。用户可以通过移动夹点直接而快速地编辑对象，包括拉伸、移动、旋转、缩放或镜像操作。

4.18.1　夹点介绍

夹点指的是当选取对象时，在对象关键点上显示的小方框。如图 4.38(a)所示，当选取矩形对象时，其四角就会出现 4 个蓝色矩形框，这就是夹点。将鼠标移动到左上角夹点上，该夹

(a)未选中夹点　　　　　(b)悬停夹点　　　　　(c)热夹点

图 4.38　夹点类型

点变成橙色,此时的夹点称为"悬停夹点",同时会显示矩形的基本尺寸,如图 4.38(b)所示。单击左上角夹点,该夹点变成红色,处于选择状态下的红色夹点称为"基夹点"或"热夹点",如图 4.38(c)所示。

默认状态下,夹点模式处于启动状态,如果当前没有启动夹点模式,可打开"选项"对话框,在打开的对话框中,选择"选择集"选项卡,选择其中的"显示夹点"复选框,在该选项卡中还可以设置夹点的大小、颜色等,如图 4.39 所示。

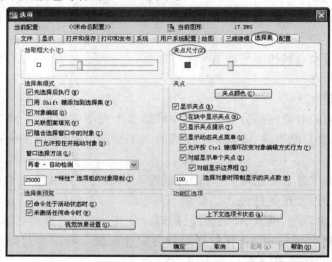

图 4.39 "选择集"选项卡

对于图块,用户还可以指定选定块参照,在其插入点显示单个夹点还是显示块内与编组对象关联的多个夹点。如果要显示多个夹点,选择如图 4.39 中的"在块中显示夹点"复选框。其效果如图 4.40(a)和图 4.40(b)所示。

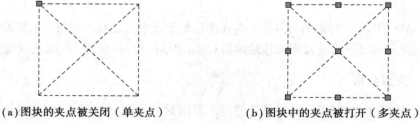

(a)图块的夹点被关闭(单夹点)　　　　(b)图块中的夹点被打开(多夹点)

图 4.40 图块中的夹点

4.18.2 使用夹点模式

用户可以拖动夹点执行拉伸、移动、旋转、缩放或镜像操作。

例 4.20 执行夹点复制操作,完成如图 4.41(c)所示图形。

启动 AutoCAD 2012,绘制图形如图 4.41(a)所示。

选择要复制的对象。

在对象上单击选择基夹点,亮显选定夹点(即热夹点),并激活默认夹点模式"拉伸"。

直接右击,在弹出的快捷菜单中选择"复制"命令。

将热夹点垂直向下复制到正方形的边上,绘制结果如图4.41(c)所示。

要同时操作某个对象的多个夹点或操作多个对象时,可在选择对象后,按"Shift"键并逐个单击夹点使其亮显。之后,释放"Shift"键并通过单击选择一个夹点作为基夹点。

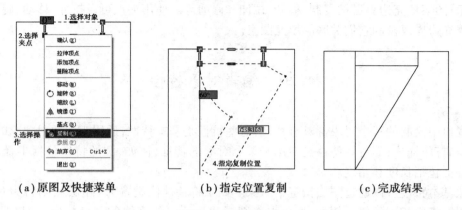

图 4.41 编辑夹点

注意:通过将夹点移动到新位置上可以实现拉伸对象的操作。但是移动文字、块参照、直线中心、圆心和点对象上的夹点,将只会移动对象而不去拉伸它。这是移动块参照和调整标注的好方法。

4.19 编辑图案填充

创建图案填充后,用户可以根据需要修改填充图案或修改图案区域的边界。具体方法有以下4种:

◆命令:HATCHEDIT

◆菜单:选择"修改"→"对象"→"图案填充"

◆按钮:"修改Ⅱ"工具栏中

◆在需要修改的填充图案处双击

执行 HATCHEDIT 命令后,AutoCAD 命令行提示如下:

选择关联填充对象:

在该提示下选择已有的填充图案后,Auto-CAD 将弹出如图 4.42 所示的"图案填充编辑"对话框。利用该对话框,用户可对已填充的图案进行诸如改变填充图案、填充比例和旋转角度等修改。

图 4.42 "图案填充编辑"对话框

从图 4.42 中可以看出,"图案填充编辑"对话框与"图案填充和渐变色"对话框中的"图案填充"选项卡的显示内容相同,只是定义填充边界和对孤岛操作的按钮不可再用,即图案编辑操作只能修改图案、比例、旋转角度和关联性等,而不能修改它的边界。但是删除边界和重新创建边界后则被激活。

注意:图案填充边界可被复制、移动、拉伸和修剪等。使用夹点可以拉伸、移动、旋转、缩放和镜像填充边界以及和它们关联的填充图案。

4.20　编辑对象特性

在视口中绘制的每个对象都具有特性,有些特性是基本特性,适用于多数对象,如图层、颜色、线型和打印样式;而有些特性是专用于某个对象的特征,例如,圆的特性包括半径和面积,直线的特征包括长度和角度。

多数基本特性可以通过图层指定给对象。如果将特性值设置为"随层",则将为对象与其所在的图层指定相同的值。例如,如果将在图层 0 上绘制的直线的颜色指定为"随层",并将图层 0 的颜色指定为"红",则该直线的颜色将为红色。如果将特性设置为一个特定值,则该值将替代图层中设置的值。例如,如果将在图层 0 上绘制的直线的颜色指定为"蓝",并将图层 0 的颜色指定为"红",则该直线的颜色将为蓝色。

"特性"选项板用于列出选定对象或对象集的特性的当前设置。可以修改任何可以通过指定新值进行修改的特性;选择多个对象时,"特性"选项板只显示选择集中所有对象的公共特性;如果未选择对象,"特性"选项板只显示当前图层的基本特性、图层附着的打印样式表的名称、查看特性,以及有关 UCS 的信息。

用户可以通过以下 4 种方式打开"特性"选项板:

◆命令:PROPERTIES

◆菜单:"修改"→"特性"

◆按钮:"标准"工具栏中

◆选择对象:在该对象上右击,在弹出的快捷菜单中选择"特性"命令

调用该命令后,就会弹出"特性"选项板,以圆为例,其"特性"选项板如图 4.43 所示。

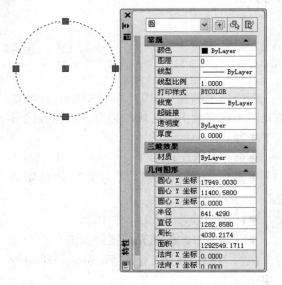

图 4.43　圆的"特性"选项板

在"特性"选项板中,使用标题栏旁边的滚动条可以在特性列表框中滚动。可以单击每个类别右侧的箭头展开或折叠相应的下拉列表框。选择要修改的值,然后使用以下方法之一对值进行修改:

①输入新值。

②单击右侧的下拉箭头并从其下拉列表框中选择一个值。

③单击"拾取点"按钮,使用定点设备修改坐标值。

④单击"快速计算器"按钮可计算新值。

⑤单击左或右箭头可增大或减小该值。

⑥单击"…"按钮并在对话框中修改特性值。

修改将立即生效。若要放弃更改,则在"特性"选项板的空白区域右击,在弹出的快捷菜单中选择"放弃"命令。

操 作 实 训

4.1　请根据如图4.44所示结构与尺寸数据,使用图形的编辑命令与绘图命令绘制该房间平面图(提示:需要用到偏移、修剪、倒角、打断、移动、旋转、拷贝、对象特性编辑等图形编辑命令)。

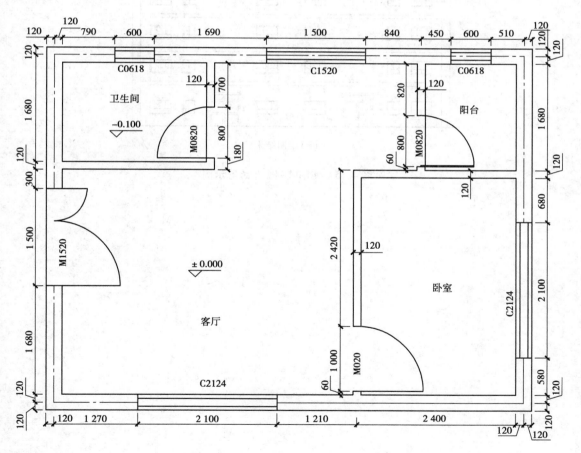

图4.44　房间平面图

4.2 通过阵列命令将图 4.45(a)编辑成为图 4.45(b),尺寸不计。

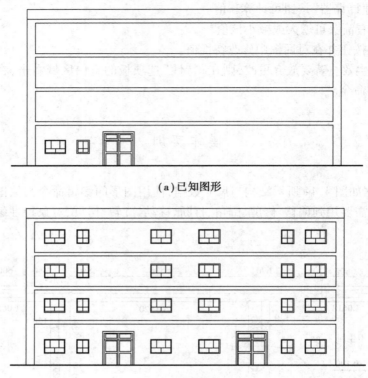

(a)已知图形

(b)绘制结果

图 4.45 使用阵列命令练习示例

第5章
文本、标注与表格

章节概述

建筑工程图的绘制过程,离不开书写文字、标注尺寸和绘制表格的工作,因此,如何在绘制过程中,又快、又好、又准确地进行文本书写、尺寸标注及表格绘制,是用户学好、用好 AutoCAD 的一个衡量标准。

知识目标

熟练表述文本书写命令、尺寸标注命令、表格绘制命令的使用方法。

能力目标

能根据所绘图样情况,熟练利用 AutoCAD 的相关命令,为图样添加文字说明、尺寸标注和表格。

5.1 文本添加

在建筑工程绘图中都会涉及添加文本,而文本中常用的是文字标注,除了为所绘图形做必要的说明外,文字标注还出现在工程图样的标题行、明细表等很多地方。文字标注在工程制图中具有非常重要的作用。

5.1.1 创建文字样式

在向图形文件添加文字之前,应先创建文字样式。包括文字采用的字体、字高及显示效果等。在同一个图形文件中可以创建多个文字样式,然后在创建不同类型的文字对象时,选用不同的样式。

AutoCAD 图形中的文字都有与它关联的文字样式,文字样式是指控制文字外观的一系列特征,用于度量文字的字体、字高、角度、方向和其他特性。在绘图过程中,当关联的文字样式被修改时,图形中所有应用了此样式的文字均自动修改。可以在一个图形文件中设置一个或多个文字样式。

在创建文本之前,首先应选择一种字体,确定字体的高度、宽度等,进而确定文字样式。

（1）命令调用

在 AutoCAD 中,调用"文字样式"（Style）命令的常用方法有以下 3 种:

◆命令:Style（快捷:ST）

◆菜单:格式(<u>O</u>)→文字样式(<u>S</u>)

◆按钮:文字工具栏中的

（2）命令及提示

选择上述任意一种方式调用"Style"命令,系统将打开"文字样式"对话框。对话框包括样式、字体、大小、效果和预览 5 个选项区,如图 5.1 所示。在"文字样式"对话框中,可以创建、修改文字样式。

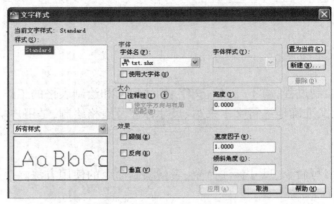

图5.1 "文字样式"对话框

（3）对话框功能说明

1）样式

该选项区用于显示当前图形中已有的文字样式名称。

2）字体

该选项区用于创建字体名和字体样式。

①"字体名":该选项用于选择字体类型。AutoCAD 预置的字体可以通过打开下拉菜单进行选择。在建筑工程制图中最常用的字体样式为仿宋体。AutoCAD 在"字体名"下拉列表中列出了所有注册的 TureType 字体,如宋体、仿宋体、黑体、楷体等,以及 AutoCAD 目录"Fonts"文件夹中 AutoCAD 特有的字体(.shx)。

注意:在"字体名"下拉菜单中对应的同种字体名有两种表示方式,其区别在于字体名称前是否加"@"符号,如仿宋体在选择时会有"仿宋 GB2312"和"@仿宋 GB2312"两种情况,前者选择的字体是正常方式水平书写,而后者选择的字体是竖直方向书写,如图 5.2 所示。

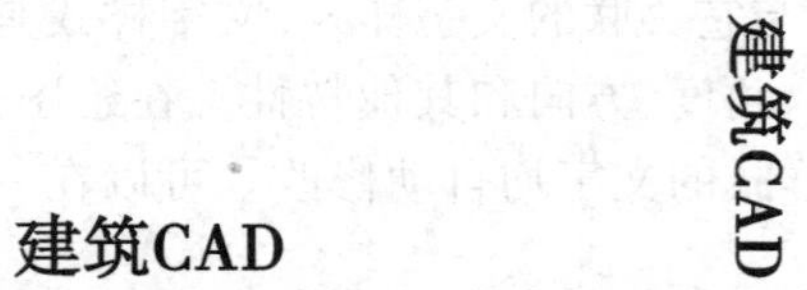

建筑CAD

（a）"仿宋-GB2312"字体 （b）"@仿宋-GB2312"字体

图5.2 字体样式的区别

②"字体样式"：该选项用于选择文字的格式——常规。如果要使用外部矢量字库，可以勾选字体名下拉菜单下方的"使用大字体"选择框，选中后，"字体样式"栏变成"大字体"选项栏，单击下拉列表可以选择外部矢量字库中的字体。

部分字体如图5.3所示。

建筑制图 宋体　　　　**建筑制图** 楷体

建筑制图 黑体　　　　**建筑制图** 仿宋体

图5.3　各种字体

注意：建文本前应先定义文字样式，并在字体名下拉列表中选择一种文字字体（一般为仿宋体），否则汉字将无法正常显示。

3）大小

该选项区用于选择字体的大小。

①"注释性"：指定文字为注释性。单击信息图标可以了解有关注释性对象的详细信息。

②"高度"：该选项用于设置输入文字的高度。如果将其设置为0，则在输入文本时，系统会提示指定文字高度；如果设定了高度值，则在图形文件中输入的文字高度将按该设定值出现。

由于在 AutoCAD 中通常按照 1:1 比例绘图，但出图时会根据选用图幅确定出图比例，因此，在这种情况下，字高可计算为

图中字高 = 实际图纸中要求的字高 × 出图比例

例如，实际图纸中要求的字高为 5 mm，出图比例为 1:100，则定义字高应为 5 × 100 = 500。

技术提示：字高最好采用默认值0，这样便于在创建文本时灵活设置不同字体的高度。

4）效果

该区域用于显示设置文字的特征，包括颠倒、反向、垂直、宽度比例、倾斜角度 5 项。

①颠倒：该选项的作用是倒置显示字符。

②反向：该选项的作用是反向显示字符。

注意："颠倒"和"反向"只能控制单行文本，对多行文本不起作用。

③垂直：控制.shx 字体垂直书写效果。

④宽度因子：该选项用于设定文字的宽高比。

该选项用于设置字符的宽度与高度之比。宽度因子大于 1 时，则文字变宽；宽度因子小于 1 时，则文字变窄。在一般的建筑工程制图中，文字的宽度因子多为 0.7 或 0.75。

⑤"倾斜角度"：该选项用于指定文字的倾斜角度，其范围为 −85 ~ 85。角度值为正，文字向右倾斜，反之向左倾斜。

5）预览

该区域的主要作用是动态显示文字样例。

6）其他

①置为当前(C)。该按钮用于把"样式"下所选择的文字样式设定为当前。

②新建(N)...。该按钮用于创建新的文字样式。单击该按钮后将弹出如图 5.4 所示"新建文字样式"

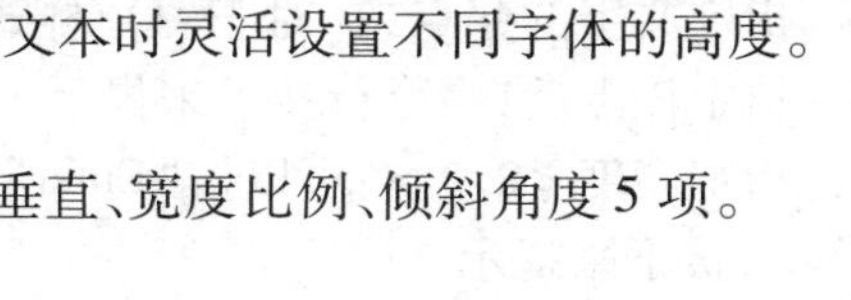

图5.4　"新建文字样式"对话框

对话框,在该对话框中可以输入新文字样式的名字。

③ 删除(D) 。该按钮用于删除所选择或不需要的文字样式。

技术提示:系统默认的文字样式"Standard"名称不能重新命令或删除,正在使用的字体不能删除。

5.1.2 文本的创建

完成文字样式的创建以后,就可以进行文本的创建。在 AutoCAD 中,可根据文本的特点选择单行文本命令(TEXT 或 DTEXT)或多行文本命令(MTEXT)创建文本。

(1)单行文本

对于一些简单的、不需要多种字体或多行的短输入文字项,可以用单行文本命令来创建文本。单行文本命令具有动态创建文本的功能。

1)命令调用方式

可以通过以下 3 种方式启动单行文本命令:

◆命令:Text 或 Dtext(快捷键:DT)

◆菜单:绘图(D)→文字(X)→单行文字(S)

◆按钮:文字工具栏中的 AI

2)命令及提示

选择上述任意一种方法调用命令后,命令行提示如下:

当前文字样式:Standard   文字高度:2.5   注释性   否

指定文字的起点或[对正(J)/样式(S)]:文字的起点为单行文字的左下角点,用鼠标在绘图区指定该点后,命令行接下来提示:

指定高度 < 2.5 > :可以按"Enter"键选择默认角度,也可以输入新的文字高度值后按"Enter"键,接下来提示:

指定文字的放置角度 < 0 > :可以按"Enter"键选择默认角度,也可以输入新的角度后按"Enter"键

接下来就可以输入文字了,用户输入的文字在绘图区将显示出来。

输入一行文字后按"Enter"键,则自动换行;如移动鼠标单击,则在鼠标单击点又可输入新的文字,也可再按"Enter"键结束命令。

注意:在确定字高时,一般应选取标准字号(2.5,3.5,5,7,10,14,20 mm),且汉字高度不宜小于 3.5 mm,字符高度不宜小于 2.5 mm。

3)命令功能说明

指定文字的起点:该选项指定单行文字起点位置。缺省情况下,文字的起点为左下角点。

①对正(J)

该选项用于设置单行文字的对齐方式。在命令行输入"J"后按"Enter"键,则系统会提示输入对齐方式:[对齐(A)/布满(F)/居中(C)/中间(M)/右对齐(R)/左上(TL)/中上(TC)/右上(TR)/左中(ML)/正中(MC)/右中(MR)/左下(BL)/中下(BC)/右下(BR)]:

其中常用的选项含义如下:

a. 对齐(A)。选择此项后,会要求给出基线的两点,则文本将在点击的两点之间均匀分布,同时 AutoCAD 自动调整字符的高度,使字符的宽高比保持不变。

b. 布满(F)。选择此项后,会要求给出基线的两点,则文本将在点击的两点之间均匀分布,同时 AutoCAD 保持高度不变,自动调整字符的宽度。

c. 中间(M)。该选项的作用是指定文字在基线的水平中点和指定高度的垂直中点上对齐。选择此项后,会要求指定一点,此点将是所输入文字的中心。此选项常用于设置墙体的轴线编号。

默认对齐方式、中心对齐(C)、右对齐(R)都是相对于文字基点而言,类似于文字编辑软件中的左对齐、居中和右对齐方式,如图 5.5 所示详细反映了单行文字的其余插入点位置。

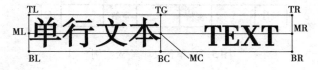

图5.5 文字插入点位置示意图

图 5.5 中各符号含义如下:

TL——左上(顶部左侧)　　　　　　MR——右中(中部右侧)

TC——中上(顶部中间)　　　　　　BL——左下(底部左侧)

TR——右上(顶部右侧)　　　　　　BC——中下(底部中间)

ML——左中(中部左侧)　　　　　　BR——右下(底部右侧)

MC——正中(中部中间)

②样式(S)

该选项用于设定当前文字样式,在命令行输入"S"后按"Enter"键,则系统提示如下:

输入样式名或[?]<Standard>

输入样式名后,然后按"Enter"键。

如果不知道需要应用的样式名,则可以在命令行输入"?",然后按"Enter"键,则系统提示如下:

输入要列出的文字样式<*>:按"Enter"键,AutoCAD 2012 将弹出如图 5.6 所示的"文本窗口"对话框。

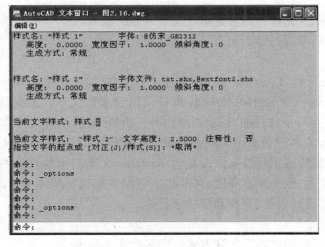

图5.6 "文本窗口"

在"文本窗口"中列出了所有已定义的文字样式及其特性,如图 5.6 所示。如果文字样式太多,在"文本窗口"中一屏显示不下,则显示其中的一部分,按"Enter"后可以显示下一屏,直到全部显示为止。

从"文本窗口"中查询文字样式后,就可以在命令行输入所需的文字样式后,按"Enter"键,然后按前面介绍的步骤创建单行文本。

例 5.1 完成如图 5.7 所示标题栏的文字录入。

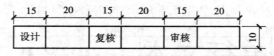

图 5.7 单行文字输入实例

绘制步骤如下:

①在命令提示行输入文字样式 STYLE 并按"Enter"键。

②在打开的"文字样式"对话框中(见图 5.1)新建一个文字样式——样式 1,并将其字体设置为"仿宋-GB2312",将宽度因子设置为 0.7,完成后,单击"应用"按钮退出。

③在绘图区使用直线命令 LINE 按图 5.7 中尺寸绘制标题栏图框。

④调用单行文字命令 TEXT,在"指定文字的起点或[对正(J)/样式(S)]:"提示下输入参数 J,并继续在"[对齐(A)/布满(F)/居中(C)/中间(M)/右对齐(R)/左上(TL)/中上(TC)/右上(TR)/左中(ML)/正中(MC)/右中(MR)/左下(BL)/中下(BC)/右下(BR)]:"提示下输入参数 M,使用中间对齐方式录入文字。

⑤在"指定文字的中间点:"提示下用鼠标指定左起第一个矩形框中心点为文字的中间点(确定矩形框的中心点时可以先作出矩形框的对角线作为辅助线,然后使用对象捕捉工具捕捉对角线的中点,即为矩形框的中心点)。

⑥在"指定高度 <0.0000>:"提示下输入文字高度:5。

⑦在"指定文字的旋转角度 <0>:"提示下直接按下"Enter"键。

⑧在绘图区文本窗口输入文字内容"设计"后,连续按两次"Enter"键,完成第一部分文字内容的输入。

⑨重复步骤④—⑧,完成另外两处单行文字内容的输入。

至此,图 5.7 所示标题栏绘制及文字录入完成。

(2)多行文本

前面介绍的"Text"和"Dtext"命令均可创建单行文本,如果在输入每一行文字后按"Enter"键换行,则可以创建另一行单行文本,这样也可以得到多行文本。但是这样得到的"多行文本"中的每一行均视为一个独立的对象,不能作为一个整体进行编辑。

如果希望将输入的多行文本作为一个对象,就要使用"MText"多行文本命令。该命令可以激活多行文本编辑器,该编辑器有许多其他 Windows 文本编辑器具有的特征。通过它可以选择一种定义好的样式,改变文本高度,对某些字符设置加粗和斜体等格式,还可以选择一种对齐方式、定义行宽、旋转段落、查找和替换字符等。

1)命令调用方式

要创建多行文本,可通过以下 3 种方式启动多行文本命令:

◆命令:MText(快捷键:T 或 MT)

◆菜单:绘图(<u>D</u>)→文字(<u>X</u>)→多行文字(<u>M</u>)

◆按钮:绘图工具栏中的 **A**

2)命令及提示

选择上述任意一种方式调用命令后,命令行提示如下:

当前文字样式:Standard　　文字高度:2.5　　注释性　否

指定第一角点:在绘图区域内单击一点作为多行文字的第一个角点。

命令行继续提示:

指定对角点或 [高度(H)/对正(J)/行距(L)/旋转(R)/样式(S)/宽度(W)/栏(C)]:

在绘图区域中单击另一点作为多行文字的对角点,也可以输入各种参数进行格式设置。

指定多行文字的范围后,在绘图区将弹出如图 5.8 所示"文字格式"编辑器。

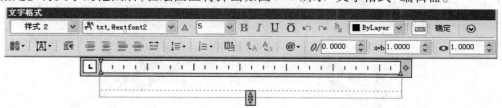

图 5.8　"文字格式"编辑器

3)命令功能说明

多行文字的各种设置,包括字体、倾斜角度、宽度因子以及段落格式等主要是在"文字格式"编辑器(见图 5.8)中完成,但也可以在"指定对角点或 [高度(H)/对正(J)/行距(L)/旋转(R)/样式(S)/宽度(W)/栏(C)]:"提示下通过输入相应参数完成设置。

多行文字允许单独对段落中的局部文字属性进行编辑修改。在编辑文字属性的时候,当前文字或段落必须在选中状态下才能完成编辑修改。

各选项的意义如下:

①指定第一角点。指定多行文本框的第一角点。

②指定对角点。指定多行文本框的对角点。

③高度(H)。该选项的作用是确定多行文本字符的字体高度。

④对正(J)。该选项的作用是根据文本框边界,确定文字的对齐方式(缺省是左上)和文字走向。

⑤行距(L)。该选项的作用是设置多行文本的行间距,有"至少(A)"和"精确(E)"两个选项。

a. [至少(A)]。根据行中最大字符的高度自动调整文字行。在选择"至少"选项时,如行中包含有较大的字符,则行距会加大。

b. [精确(E)]。强制多行文本对象中所有行之间距相等。行间距由对象的文字高度或文字样式决定。

选择 A 或 E 后,即可在命令行中输入行距。单倍行距是字符高度的 1.66 倍。可以以数字后跟 X 的形式输入的间距增量表示单倍行距的倍数。

不同的行距效果如图 5.9 所示。

⑥旋转(R)。该选项的作用是设置文字边界的旋转角度,如图 5.10 所示。

⑦样式（S）。该选项的作用是指定多行文本的文字样式。

⑧宽度（W）。该选项的作用是指定多行文本边界的宽度。

选择某一项后，就可以在命令行中输入行距。单倍行距是文字字符高度的 1.66 倍。可以以数字后跟 X 的形式输入的间距增量表示单倍行距的倍数。

选择某一项后，就可以在命令行中输入行距。单倍行距是文字字符高度的 1.66 倍。可以以数字后跟 X 的形式输入的间距增量表示单倍行距的倍数。

（a）行距 = 1x　　　　　　　　　（b）行距 = 1.5x

图 5.9　"行距"设置

确定以上选项后，AutoCAD 将弹出"多行文字编辑器"对话框。

在该对话框中，用户可进行相应的设置，输入所需创建的文本，然后单击"确定"按钮，多行文本即可创建完成。

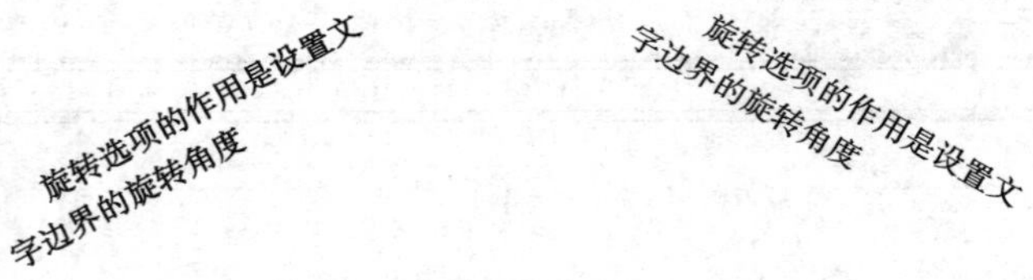

（a）旋转角度＝30°　　　　　（b）旋转角度＝−30°

图 5.10　"旋转角度"设置

在输入文字时单击鼠标右键，将出现如图 5.11 所示的快捷菜单，在该快捷菜单中可实现粘贴、插入符号、查找和替换、编辑器设置等功能。

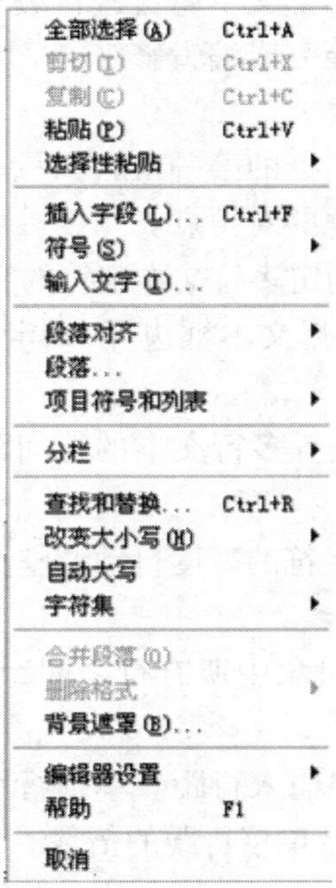

全部选择 (A)	Ctrl+A
剪切 (T)	Ctrl+X
复制 (C)	Ctrl+C
粘贴 (P)	Ctrl+V
选择性粘贴	▶
插入字段 (L)...	Ctrl+F
符号 (S)	▶
输入文字 (I)...	
段落对齐	▶
段落...	
项目符号和列表	▶
分栏	▶
查找和替换...	Ctrl+R
改变大小写 (H)	▶
自动大写	
字符集	▶
合并段落 (O)	
删除格式	▶
背景遮罩 (B)...	
编辑器设置	▶
帮助	F1
取消	

图 5.11　输入文字时的快捷菜单

5.1.3　文本编辑

文本编辑包括两方面内容:一是对文本特性进行修改,二是对文字内容进行编辑。文本特性修改包括文本所在的图层、文字颜色、文字高度、宽度比例等,这些特性的修改可通过调用对象特性命令 PROPERTIES 打开特性工具板完成。对于文本内容的修改可通过以下两种方式进行:

(1)使用命令方式编辑文本

1)命令调用方式

◆命令:DDEDIT(快捷键:ED)

◆菜单:修改→对象→文字→编辑

◆按钮:

2)命令及提示

调用上述命令后,将出现"选择注释对象或〔放弃(U)〕:",选择需要编辑修改的单行文字或多行文字对象。

如果选中的是单行文字对象,将会激活文本窗口,在窗口中即可直接完成文字内容的删除、添加、修改等工作,完成后连续按两次"Enter"键退出编辑命令;如果选中的是多行文字对象,则会打开文字格式编辑器,在编辑器的文本窗口中可以对多行文字的内容、格式等进行编辑修改,完成后单击"确定"按钮退出。

(2)使用鼠标激活文本窗口

无论是单行还是多行文本对象,均可通过在文本对象上双击鼠标左键来激活文本窗口,接下来的编辑修改工作与文本编辑命令 DDEDIT 完全一样。

5.1.4　文字的查找与替换

当需要对文字标注中的某一个字或某一个词进行批量修改时,可使用 AutoCAD 提供的查找和替换功能,它可以方便、快捷地修改文字对象。

(1)命令调用方式

◆命令:FIND

◆菜单:编辑→查找

◆按钮:

(2)命令及提示

调用上述命令后,将出现如图 5.12 所示的"查找和替换"对话框。

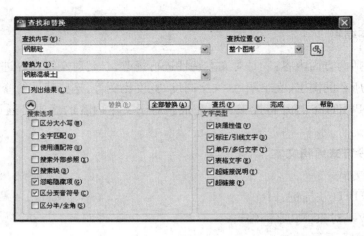

图 5.12　"查找和替换"对话框

(3)对话框功能说明

"查找和替换"对话框中各部分功能及设置介绍如下:

①"查找内容"。该选项用于键入需查找的文字内容。如果需要查找的内容之前已经查找过,可以通过下拉列表进行选择。

②"替换为"。该选项用于键入需要替换的内容。如果需要替换的内容之前已经设置过,可以通过下拉列表进行选择。

③"搜索范围"。该选项用于指定查找和替换的范围,可以是整个图形、当前/空间布局、选定的对象 3 个方面。

④"搜索选项"。该区域用于定义查找字符时所包含的对象范围,默认状态下,所有的选项均是选中的,使用时可以根据查找的对象情况加以设置。

⑤"替换"。单击该按钮,AutoCAD 将以"替换为"设置中指定的内容替换当前查找到的内容。

⑥"全部替换"。单击该按钮,AutoCAD 将以"替换为"设置中指定的内容替换整个图形或选中对象范围内所查找到的内容。

⑦"查找"。单击该按钮后开始查找所选内容,查找结果在绘图窗口的文字内容中高亮显示。

5.1.5　特殊字符的录入

文字标注时可以输入汉字、英文字符、数字和常用符号,但一些特殊符号(如 ±,℃ 等)无法通过键盘直接输入。在多行文字输入时,可通过"文字格式"编辑器中的"符号"按钮输入特殊字符,如图 5.13 所示。在单行文字输入中,则需要采用特定的代码来输入,见表 5.1。

(1)百分号导引法

在 AutoCAD 中,有一些特殊符号可以通过双百分号加上字符串来完成输入,其对应的格式及输入后结果见表 5.1。

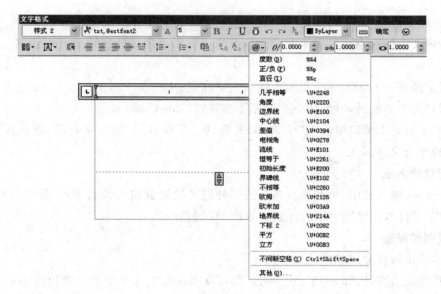

图 5.13　多行文字中特殊字符的输入

表 5.1　AutoCAD 单行文字中常用符号的输入代码

控制码	对应特殊字符及功能	实　例	
		输入字符	显示内容
％％O	打开或关闭文字上画线	％％OABC	$\overline{ABC}$
％％U	打开或关闭文字下画线	％％U 文字	<u>文字</u>
％％D	标注单位符号"度"(°)	90％％D	90°
％％P	标注正负号(±)	％％P0. 005	± 0.005
％％C	标注直径符号 ф	％％C100	ф100
％％％	标注百分号(％)	80％％％	80％

在使用百分号引导特殊符号输入时需要注意以下问题：

①特殊符号控制码中的字母,其大小写均可。

②％％0 和％％U 只在单行文字中才能发挥作用,并且它们两个是切换开关,在文本中第一次输入控制符时,表明打开文字的上(下)画线,再次输入时,则将已经打开的上(下)画线关闭。

③特殊符号录入过程中需要注意字体与字符的兼容性,如果一些特殊符号或汉字输入后无法辨认或是以"?"显示,表明当前字体与特殊符号或汉字不兼容,可通过更改字体来解决显示问题。

例 5.2　使用单行文字命令输入字高为 4 的"45 ±0. 5 ℃"字符。

输入：

在命令提示行输入 STYLE 并按"Enter"键,打开图 5.1 所示"文字样式"对话框,在对话框中将当前字体设置为"仿宋__GB2312"。

在命令提示行输入 TEXT 并按"Enter"键,启动单行文字命令。

在"指定文字的起点或[对正(J)/样式(S)]:"提示下用鼠标在绘图区点任取一点作为文本的起点。

在"指定高度 <0.0000>:"提示下输入文字高度:4。

在"指定文字的旋转角度 <0>:"提示下直接按"Enter"键。

在绘图区的文本窗口中输入"%%U45%%P0.5%%DC",输入字符后,连续按两次"Enter"键,完成单行文字录入。

(2)键盘输入法

在 Windows 输入法中,可利用其自带的多种符号软键盘输入希腊字母、数学符号、标点符号、罗马数字等符号。使用完毕后注意要返回 PC 键盘。

(3)复制粘贴法

1)文本编辑软件复制粘贴法

有一些特殊的符号,如 ¢,〒,δ,≈,∞ 等可从 Word,Wps 等文本编辑软件中复制到 Windows 剪贴板中,然后回到 AutoCAD 图形中通过粘贴得到所需的特殊符号。

2)多行文本右键快捷键复制粘贴法

除图 5.13 和表 5.1 中的特殊符号外,其他符号的插入可在图 5.13 中单击"其他"选项(也可在文字编辑窗口中单击鼠标右键,出现类似于图 5.13 中的快捷菜单),将出现如图 5.14 所示的对话框。

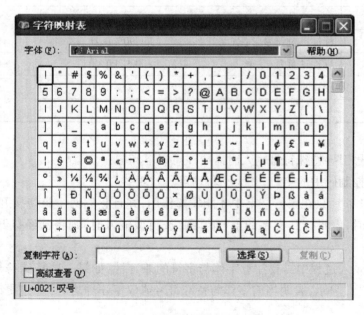

图 5.14 "字符映射表"对话框

从图 5.14 中选择需要插入的符号,单击"选择"按钮,再单击"复制"按钮,即可在文本窗口中单击鼠标右键,选择"粘贴"选项,完成特殊符号的插入。

5.2 表格添加

在建筑工程制图中除了必要的文字说明外,经常需要添加一些表格用于说明工程数量等,AutoCAD 2012 中提供了表格创建与管理工具。

5.2.1 表格样式

与添加文本对象一样,在向图形文件中添加表格之前,应先对表格的样式进行设置,包括表格中文字采用的字体、高度、颜色、对齐方式以及表格边框的设置等。

(1)命令调用方式

◆命令:TABLESTYLE(快捷键:TS)

◆菜单:格式→表格样式

◆按钮:

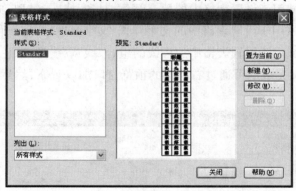

(2)命令及提示

调用上述命令并按"Enter"键后,将弹出如图 5.15 所示"表格样式"对话框。

图 5.15 "表格样式"对话框

(3)对话框参数说明

①"样式"。该区域用于列表显示和选择当前图形中存在的表格样式。

②"列出"。用于控制在"样式"窗口中列表显示的表格样式的范围,包括"所有样式"和"正在使用的样式"。

③"预览"。预览窗口用于显示选中的表格样式。

④"置为当前"。单击该按钮可以将选中的表格样式作为当前使用的表格样式。

图 5.16 "创建新的表格样式"对话框

⑤"新建"。单击该按钮可以打开如图 5.16 所示"创建新的表格样式"对话框,在对话框中输入新样式名并指定基础样式后,单击"继续"按钮可以进入"新建表格样式"对话框,如图 5.17 所示。

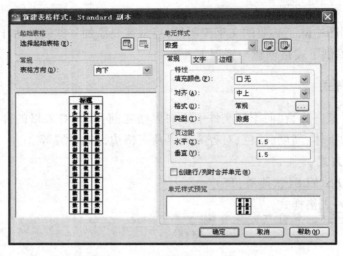

图 5.17　"新建表格样式"对话框

"新建表格样式"对话框中分别有"起始表格""常规""单元样式""单元样式预览"4 个区域。"单元样式"区域中分别有"常规""文字""边框"3 个选项,用于对表格中常用的 3 项内容分别进行设置,但其设置的内容是相同的。各选项说明如下:

a."常规"。该区域用于设置表格中的填充颜色、对齐、格式、类型、页边距等内容。

b."文字"。该区域用于设置表格中的文字样式、文字高度、文字颜色、文字角度等内容。

c."边框"。该区域用于设置表格中边框线的组合、线宽、线型、颜色等内容。

新建表格样式定义完成后可通过右下部的预览窗口加以观察,然后单击"确定"按钮返回"表格样式"对话框。

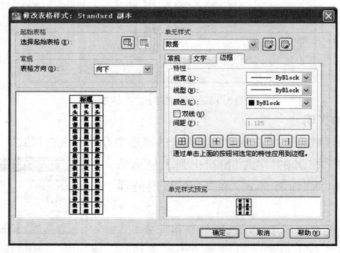

图 5.18　"修改表格样式"对话框

⑥"修改"。单击该按钮可以进入"修改表格样式"对话框,对选中的表格样式进行修改。"修改表格样式"对话框中选项内容与"新建表格样式"对话框完全相同,如图 5.18 所示。

⑦"删除"。单击该按钮可以将选中的表格样式删除。

技术提示:系统默认样式"Standard"和已经使用的表格样式不能被删除。

5.2.2　插入表格

(1)命令调用方式

◆命令:TABLE(快捷键:TB)

◆菜单:绘图→表格

◆按钮:

(2)命令及提示

调用上述命令并按"Enter"键后,将弹出如图 5.19 所示的"插入表格"对话框。

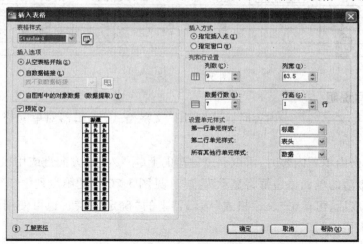

图 5.19　"插入表格"对话框

(3)对话框参数说明

①"表格样式"。该选项可通过下拉菜单选择已经创建的表格样式,也可单击右侧 按钮打开"表格样式"对话框创建新样式或修改已有样式。选中的样式可在左下方的预览窗口中观察。

②"插入方式"。该区域用于选择表格插入的方式,包括"指定插入点"和"指定窗口"两种方式。

③"列和行设置"。该区域用于设置表格的行列数及列宽与行高。所有的设置值均可以在文本窗口中直接输入。

设置完成后,单击图 5.19 中的"确定"按钮后,将返回绘图区域,使用鼠标单击确定表格左上角位置(插入方式为“指定插入点”)后,绘图区域将出现如图 5.20 所示的空白表格。

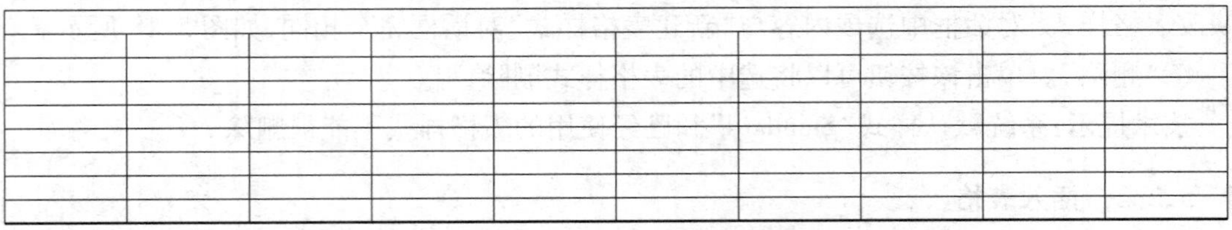

图 5.20　满足图 5.19 的空白表格填写界面

在图 5.20 中填写钢筋配料单的内容,得如图 5.21 所示的表格。

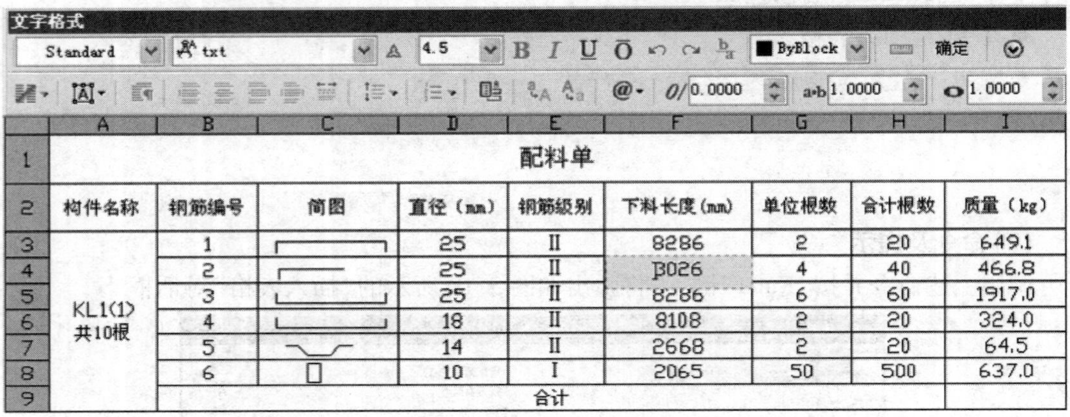

	A	B	C	D	E	F	G	H	I
1	配料单								
2	构件名称	钢筋编号	简图	直径(mm)	钢筋级别	下料长度(mm)	单位根数	合计根数	质量(kg)
3	KL1(1) 共10根	1		25	Ⅱ	8286	2	20	649.1
4		2		25	Ⅱ	3026	4	40	466.8
5		3		25	Ⅱ	8286	6	60	1917.0
6		4		18	Ⅱ	8108	2	20	324.0
7		5		14	Ⅱ	2668	2	20	64.5
8		6		10	Ⅰ	2065	50	500	637.0
9		合计							

图 5.21　表格填写

(4)表格填写说明

在表格中填写文字或数字内容时,可以利用“文字格式”编辑器对单元格中的文字特性进行编辑修改。

在不同单元格内填写内容时,可以通过键盘的上、下、左、右方向键或用鼠标移动光标到相应的单元格,被激活的单元格边框将显示为虚线(见图 5.20 中的第六列第二行)。

表格填写完成后,可单击“文字格式”编辑器上的“确定”按钮,也可使用鼠标单击表格外任意位置,完成表格填写工作。

5.2.3　表格编辑

通过 TABLE 命令创建的表格,从功能上基本满足使用功能要求,但是从形式上,包括各个行高变化、列宽变化、单元格合并等,还不能满足绘图要求,就需要对表格进行编辑。

(1)表格内容的编辑修改

表格内容的编辑修改包括对表格内容和文本属性的修改,如修改颜色、高度、字体等。实现编辑修改的途径有以下两种:

①在命令行输入“TABLEDIT”命令,按“Enter”键后在“拾取表格单元:”提示下,用鼠标单击需要修改的单元格,即可激活单元格,然后对表格内容进行编辑修改。

②在需要编辑修改的单元格上双击鼠标左键,激活单元格,完成对单元格的编辑修改。

（2）表格形式及功能编辑

表格形式及功能编辑包括对单元格大小的调整、合并、插入、删除以及在单元格中插入块、公式等。

1）单元格形式调整

如果需要对表格某些行列的行高、列宽进行调整，可用鼠标单击选中该行或该列，在出现夹点后，直接拖动夹点完成对行高和列宽的调整。

如果需要进行合并、删除、插入行、插入列的操作，可在选中需要进行操作的单元格后单击鼠标右键，在弹出的功能菜单中选择相应的操作选项，如图 5.22 所示。

图 5.22　右键菜单编辑表格功能选项

2）在表格中插入块、字段和公式

①插入块

在表格中插入块、字段和公式的操作同样是通过图 5.22 所示右键功能菜单完成。

如果需要在单元格中插入块，选中单元格后，在图 5.22 中，选择"插入点"→"块"选项，打开如图 5.23 所示的"在表格单元中插入块"对话框。在对话框中直接输入块名称或单击"浏览"按钮，选择需要插入块的路径，完成比例、旋转角度、对齐方式设置，即可在单元格中插入图块。

②插入公式

如果在表格中需要进行一些简单的公式计算，可通过向单元格中插入公式的方式完成。选中需

图 5.23　"在表格单元中插入块"对话框

要插入公式的单元格后，在图 5.22 中选择"插入点"→"公式"→"求和、均值、计数、单元、方

程式"选项,选择需要进行的计算方式即可在单元格中完成相应的计算。其中:

a."求和"。用于在指定单元格范围内完成求和运算。选择后,在命令行中会有如下提示:

选择表格单元范围的第一个角点:

选择表格单元范围的第二个角点:

根据提示用窗口选择或交叉窗口方式选择需要做求和运算的单元格后,即可在插入公式的单元格中显示计算过程和计算结果,如图5.24、图5.25所示。

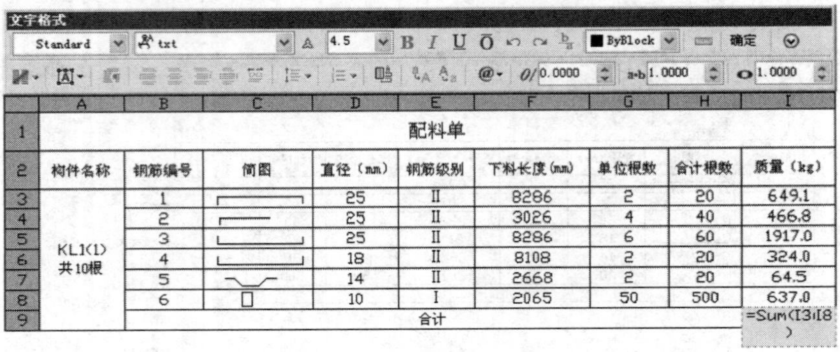

图 5.24　求和计算过程示例

配料单								
构件名称	钢筋编号	简　图	直径(mm)	钢筋级别	下料长度(mm)	单位根数	合计根数	质量(kg)
KL1(1) 共10根	1		25	Ⅱ	8286	2	20	649.1
	2		25	Ⅱ	3026	4	40	466.8
	3		25	Ⅱ	8286	6	60	1917.0
	4		18	Ⅱ	8108	2	20	324.0
	5		14	Ⅱ	2668	2	20	64.5
	6		10	Ⅰ	2065	50	500	637.0
合计								4058.4

图 5.25　求和计算结果示例

b."均值"。用于在指定单元格范围内完成求平均值运算。其操作方法与"求和"运算相同。

c."计数"。用于计算选择单元格数量。插入公式后,按上述操作选择单元格,则会在插入"计数"公式的单元格中自动显示选中单元格的数量。

d."单元"。用于在选中单元格中插入与指定单元格相同的内容,如果指定单元格中的内容为非数值内容,则会以"#"显示。

e."方程式"。用于在单元格中编辑计算公式。公式中涉及的单元格内容可以用表示单元格的列字母加行号来代替,例如,第二行第一列表示为"A2",第三行第二列表示为"B3"。

③插入字段

表格中的公式计算还可以通过在单元格中插入字段的方式来完成。选中单元格后,在图5.22中选择"插入点"→"字段",将打开如图5.26所示"字段"对话框。其各选项意义如下:

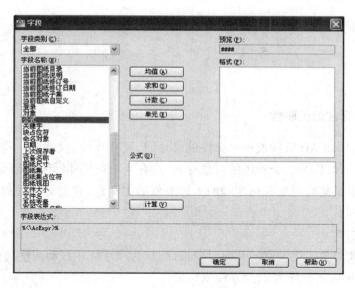

图 5.26　"字段"对话框

a."字段类别"。该选项可通过下拉菜单选择插入字段的类别。

b."字段名称"。该选项以列表形式显示选中"字段类别"的细分项目,如要插入公式的话,先选择字段类别"对象"或"全部",然后再在"字段名称"列表中选择"公式"。选中不同字段后,对话框左侧的内容会有所不同。

c."公式"。该窗口用于输入计算公式。

技术提示:输入的计算公式必须以"="作为引导,否则公式内容将会作为文本处理。

d."计算"。该按钮用于输入完计算公式后显示计算结果,单击后会在右上方"预览"窗口显示计算结果。

课堂练习:在 AutoCAD 图形文件中插入如图 5.27 所示一块盖板材料数量表并完成"共长""总重"的计算。

部件名称	编号	钢 筋						C30 混凝土	C30 企口缝
		直 径	长 度	根 数	共 长	共 重	总 重		
		(mm)	(mm)	(根)	(m)	(kg)	(kg)	m³	m³
中部块件	1	φ14	2070	11		27.54		0.34	0.02
	2	φ8	2020	4		3.187			
	3	φ6	1820	9		3.640			
	4	φ6	800	3		0.532			
端部块件	1	φ14	2070	11		27.54		0.35	0.01
	2	φ8	2020	3		2.39			
	3	φ6	1600	9		3.20			
	4	φ6	870	3		0.579			

图 5.27　课堂练习实例

5.3 尺寸标注与编辑

5.3.1 尺寸标注的关联性

一般情况下,AutoCAD 将构成一个标注的尺寸线、尺寸界线、尺寸起止符号和尺寸数字以块的形式组合在一起,作为一个整体的对象存在,这有利于对尺寸标注进行编辑修改。

AutoCAD 提供了集合对象和标注间的 3 种类型的关联性,它们分别通过系统变量 Dimassoc 的不同取值控制。

(1)关联标注

尺寸为一整体对象。当关联的几何对象被修改时,尺寸标注自动调整其位置、方向和测量值。系统变量 Dimassoc 设置为 2,为系统默认值。

如图 5.28 所示,尺寸标注随矩形边长的改变而改变。

(2)无关联标注

尺寸仍为一整体对象,但须与几何对象一起选定和修改。若只对几何对象进行修改,尺寸标注不会发生变化。系统变量 Dimassoc 设置为 1。

(3)分解的标注

此时尺寸的各组成部分为各自独立的单个对象。系统变量 Dimassoc 设置为 0。

如图 5.29 所示,尺寸标注不随矩形边长的改变而改变。

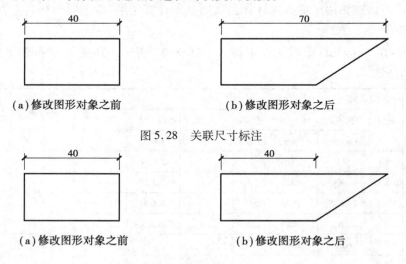

(a)修改图形对象之前 (b)修改图形对象之后

图 5.28 关联尺寸标注

(a)修改图形对象之前 (b)修改图形对象之后

图 5.29 无关联尺寸标注

5.3.2 尺寸标注步骤

一般来说,图形标注应遵循以下步骤:

（1）创建标注图层

为尺寸标注创建一独立的图层，使之与图形的其他信息分隔开。

为尺寸标注设置独立的标注层，对于复杂图形的编辑修改非常有利。如果标注的尺寸与图形放在不同的图层中，需修改图层时，可以先冻结尺寸标注层，只显示图层对象，这样就比较容易修改。修改完毕后，打开尺寸标注层即可。

（2）创建标注样式

在进行具体的尺寸标注之前，应先对尺寸各组成部分即尺寸线、尺寸界线、尺寸起止符号和尺寸数字等详细信息进行设置，同时对尺寸的其他特性如比例因子、格式、文本、单位、精度以及公差等进行设置。

（3）选择标注命令

根据尺寸的不同类型，选择相应的标注命令进行标注。

5.3.3　创建标注样式

在进行尺寸标注之前，应对尺寸各组成部分即尺寸线、尺寸界线、尺寸起止符号和尺寸数字等详细信息以及尺寸的其他特性如比例因子、格式、文本、单位、精度和公差等进行设置。尺寸的这些信息均包含在标注样式中。

在创建标注时，AutoCAD 使用当前的标注样式。AutoCAD 为标注指定缺省的是 STANDARD 样式，直到另一种样式设置为当前样式为止。STANDARD 样式是根据但不是完全按照美国国家标准协会（ANSI）标注标准设计的。如果开始绘制新的图形并选择公制单位，ISO-25（国际标准化组织）是缺省的标注样式。DIN（德国）和 JIS（日本工业标准）样式分别由 AutoCAD DIN 和 JIS 图形样板提供。

（1）新建标注样式

AutoCAD 提供的创建和设置尺寸标注样式的命令是"Dimstyle"。

1）命令调用方法

◆命令：Dimstyle（快捷键：D）

◆菜单：标注→样式

◆按钮：标注工具栏中的

2）命令及提示

调用上述命令后，将弹出如图 5.30 所示的"标注样式管理器"对话框。除了创建新样式外，还可以利用此对话框对其他标注样式进行管理和修改。

3）命令功能说明

"标注样式管理器"对话框中各选项含义如下：

①"当前标注样式"。显示当前样式标注名称。

②"样式"。"样式"列表中显示了当前图形中已设置的标注样式，当前样式被亮显。要将某样式设置为当前样式，可以选择该样式后，单击"置为当前"按钮。

③"列出"。从"列出"下拉列表中选择显示哪类标注样式的选项。

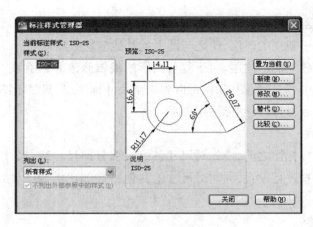

图 5.30 "标注样式管理器"对话框

a. 所有样式。显示所有标注样式。

b. 正在使用的样式。仅显示被当前图形中的标注引用的标注样式。

④"预览"。在"预览"区显示在"样式"列表中选中的样式。通过预览,可以了解"样式"列表中各样式的基本风格。

a."置为当前"。该按钮的作用是将"样式"列表中选定的标注样式设置为当前样式。

b."新建"。该按钮的作用是打开"创建新标注样式"对话框。

c."修改"。该按钮的作用是打开"修改标注样式"对话框,如图 5.31 所示。

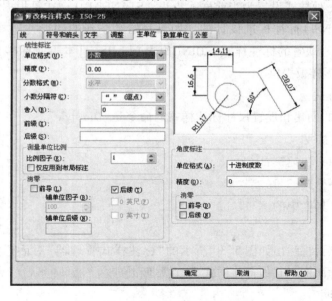

图 5.31 "修改标注样式"对话框

⑤"替代"。该按钮的作用是打开"替代当前样式"对话框。该对话框与"修改标注样式"对话框相似,在此对话框中可以设置标注样式的临时替代值。

⑥"比较"。该按钮的作用是打开"比较标注样式"对话框。该对话框比较两种标注样式的特性或列出一种样式的所有特性,如图 5.32 所示。

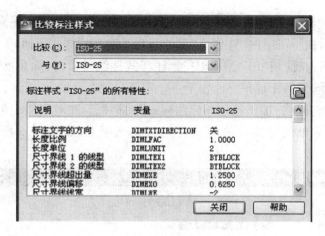

图 5.32　"比较标注样式"对话框

（2）新建标注样式操作步骤

若要创建新标注样式，可按以下步骤进行：

①在"标注样式管理器"对话框中，单击"新建"按钮，将弹出如图 5.33 所示的"创建新标注样式"对话框。

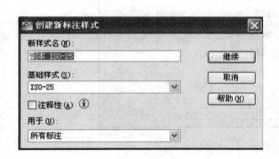

图 5.33　"创建新标注样式"对话框

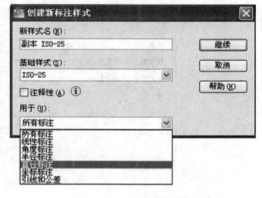

图 5.34　选择应用范围

②在"创建新标注样式"对话框中的"新样式名"文本输入框中输入新样式名。

③在"基础样式"下拉列表中，可以选择与需要创建的新样式最相近的已有样式作为新样式的基础样式。这样，新样式会继承基础样式的所有设置，在此基础上对新样式进行设置，可以节省大量的时间和精力。

④在"用于"下拉列表中，可以选择创建的新样式的应用范围，如图 5.34 所示。

如果在"用于"下拉列表中选择"所有标注"，则可创建一种新的标注样式；如果是选择其中一种标注类型，则只能创建基础样式的子样式，用于应用到基础样式中所选的标注类型中。利用此选项，用户可创建一种仅适用于特定标注样式类型的样式。

例如，假定 STANDARD 样式的文字对齐方式与尺寸线对齐，但是希望在标注角度时，文字是水平对齐的。则可以选择"基础样式"为"STANDARD"，并在"用于"下拉列表中选择"角度标注"。因为定义的是 STANDARD 样式的子样式，所以"新样式名"不可用。然后单击"继续"

按钮,在打开的"创建新标注样式"对话框中,将文字的对齐方式改为水平对齐后,"角度标注"作为一个子样式显示在"标注样式管理器"里的"STANDARD"样式下面。

子样式创建完后,在使用"STANDARD"标注样式标注对象时,除角度标注文字为水平对齐外,其他标注文字均与尺寸对齐。

⑤单击"继续"按钮,将打开"新建新标注样式"对话框。在对话框中包括"线""符号和箭头""文字""调整""主单位""换算单位""公差"7 个选项卡,如图 5.35 所示。各选项卡的作用如下:

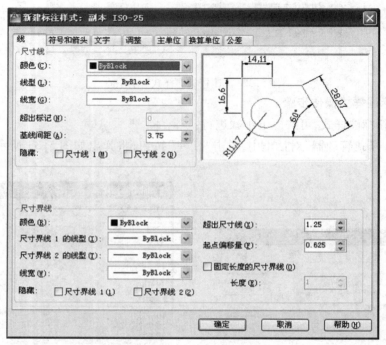

图 5.35 "新建新标注样式"对话框

A."线"选项卡

a."尺寸线"。该选项区共有"颜色""线型""线宽""超出标记""基线间距"和"隐藏"6 个选项。分别介绍如下:

颜色:该选项区用于设置尺寸线的颜色。可从下拉列表中选择需要的颜色,如图 5.36 所示。如果从列表中选择"选择颜色"选项,则将打开"选择颜色"对话框,从中可选择需要的颜色。

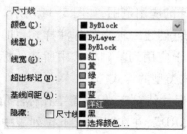

图 5.36 设置尺寸线的颜色

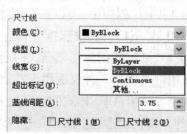

图 5.37 设置尺寸线的线型

线型:该选项设置尺寸线的线型。可以从下拉列表中选择需要的线型,如图 5.37 所示。

线宽:该选项设置尺寸线的线宽。可以从下拉列表中选择宽度,如图 5.38 所示。

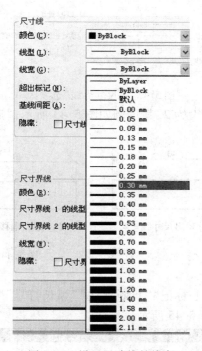

图 5.38　设置尺寸线的线宽

技术提示:尺寸线、尺寸界线以及文本的颜色和线型均宜设置为"ByBlock",这样便于利用图层控制尺寸标注,从而达到高效绘图。

超出标记:该选项用于设置尺寸线两端超出尺寸界线的长度,按制图标准规定应设为 0,如图 5.39 所示。

基线间距:用于设置基线标注时尺寸线之间的间距,一般设为 7~8,如图 5.40 所示。

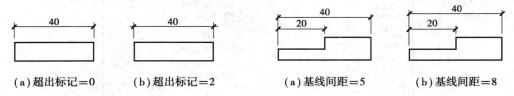

(a)超出标记=0　　(b)超出标记=2　　　(a)基线间距=5　　(b)基线间距=8

图 5.39　设置"超出标记"示例　　　　图 5.40　设置"基线间距"示例

隐藏:该选项用于隐藏尺寸线。选中"尺寸线 1",则隐藏第一段尺寸线;选中"尺寸线 2",则隐藏第二段尺寸线;同时选中则隐藏整段尺寸线,如图 5.41 所示。

b."尺寸界线"。该选项区共有"颜色""尺寸界线 1 的线型""尺寸界线 2 的线型""线宽""隐藏"

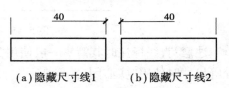

(a)隐藏尺寸线1　　(b)隐藏尺寸线2

图 5.41　隐藏尺寸线示例

"超出尺寸线""起点偏移量"及"固定长度的尺寸界线"8 个选项,如图 5.42 所示。

图 5.42 "尺寸界线"选项区

注意:"超出尺寸线"一般设为 2,其示例如图 5.43 所示;"起点偏移量"一般应大于 2,其示例如图 5.44 所示。

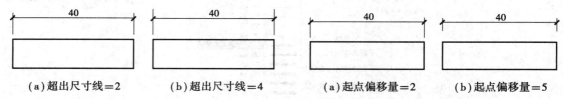

(a)超出尺寸线=2　　　(b)超出尺寸线=4　　　(a)起点偏移量=2　　　(b)起点偏移量=5

　　图 5.43 设置"超出尺寸线"示例　　　　　图 5.44 设置"起点偏移量"示例

B."符号和箭头"选项卡

该选项区共有"箭头""圆心标记""折断标注""弧长符号""半径折弯标注""线性折弯标注"和"预览区"7 个选项,如图 5.45 所示。

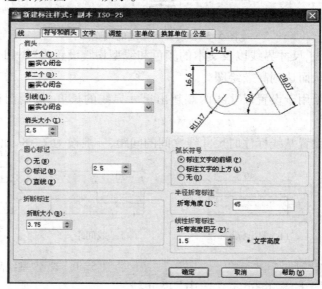

图 5.45 "符号和箭头"选项对话框

注意:直线标注时其箭头一般使用"建筑标记",箭头的大小一般设为 2.5。标注直径、半径等尺寸时使用"实心闭合"箭头。

C."文字"选项卡

该选项区共有"文字外观""文字位置""文字对齐"和"预览区"4 个选项,如图 5.46 所示。

注意:如果在创建"文字样式"时将文字的高度设置为大于 0 的值,则标注文字的高度使

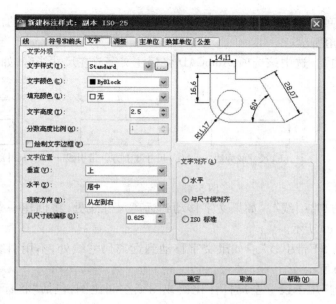

图 5.46　"文字"选项对话框

用"文字样式"中定义的高度,此选项设置的文字高度不起作用;如果要使用"文字高度"选项所设置的高度,则必须将"文字样式"中文字的高度设置为 0。

D."调整"选项卡

该选项区共有"调整选项""文字位置""标注特征比例""优化"和"预览区"5 个选项,如图 5.47 所示。

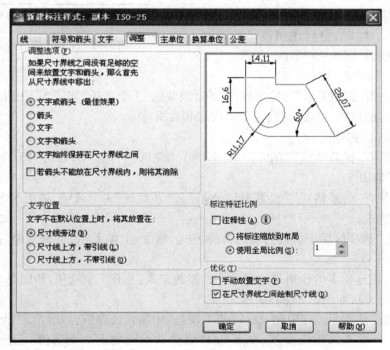

图 5.47　"调整"选项对话框

"文字位置"选项区用于控制标注文字从默认位置移动时标注文字的位置。共有 3 个选项,如图 5.47 左下角所示。

a."尺寸线旁边"。选中该选项,AutoCAD 将标注文字放在尺寸线旁,如图 5.48(b)所示。

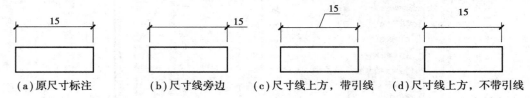

(a)原尺寸标注　　　(b)尺寸线旁边　　　(c)尺寸线上方,带引线　　(d)尺寸线上方,不带引线

图 5.48　文字位置

b."尺寸线上方,带引线"。如果文字移动到远离尺寸线处,将创建一条从尺寸线到文字的引线,如图 5.48(c)所示。

c."尺寸线上方,不带引线"。如果文字移动到远离尺寸线处,不用引线将尺寸线与文字相连,如图 5.48(d)所示。

"标注特征比例"用于设置全局标注比例或图纸空间比例,包括"将标注缩放到布局"和"使用全局比例"两个选项,如图 5.47 所示。

a."将标注缩放到布局"。该选项的作用是根据当前模型空间视口和图纸空间的比例确定比例因子。

b."使用全局比例"。该选项的作用是设置标注样式的总体尺寸比例因子。此比例因子将作用于超出标记、基线间距、尺寸界线超出尺寸线的距离、圆心标记、箭头、文本高度等,但是不能作用于形位公差、角度。同时,全局比例因子的改变不会影响标注测量值,如图 5.49 所示。

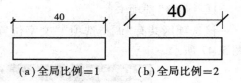

(a)全局比例=1　　(b)全局比例=2

图 5.49　全局比例对标注的影响

E."主单位"选项卡

该选项区共有"线性标注""角度标注"和"预览区"3 个选项,如图 5.50 所示。其作用是设置主标注单位的格式、精度、标注文字的前缀和后缀等。

F."换算单位"选项卡

该选项区共有"换算单位""清零""位置"和"预览区"4 个选项,如图 5.51 所示。

G."公差"选项卡

该选项区共有"公差格式""换算单位公差"和"预览区"3 个选项,如图 5.52 所示。其作用是控制公差格式。

"公差格式"选项区用于设置公差的计算方式、精度、上偏差值、下偏差值、高度比例以及垂直位置等。

a."方式":该选项卡的作用是设置计算公差的方式,共有 5 个选项,如图 5.53 所示。

无:不添加公差,如图 5.53(a)所示。

对称:添加正负公差。选中此项后,在"上偏差"中输入公差值,如图 5.53(b)所示。

极限偏差:分别添加正负公差。AutoCAD 将显示不同的正负变量值。正号" + "位于在"上偏差"中输入的公差值前面,负号" - "位于在"下偏差"中输入的公差值前面,如图 5.53(c)所示。

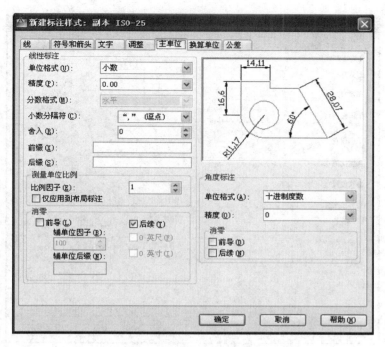

图 5.50 "主单位"选项卡对话框

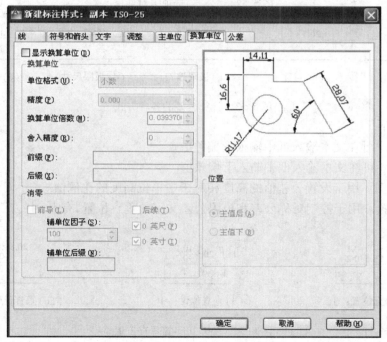

图 5.51 "换算单位"选项卡对话框

极限尺寸:在这种标注中,AutoCAD 显示一个最大值和一个最小值,最大值等于标注值加上"上偏差"中的输入值,最小值等于标注值减去"下偏差"中的输入值,如图 5.53(d)所示。

基本尺寸:创建基本标注,在这种标注中,AutoCAD 在整个标注范围周围绘制一个框,如

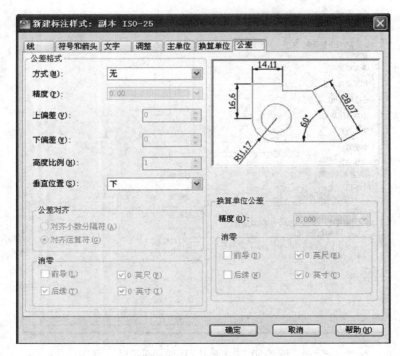

图 5.52　"公差"选项卡对话框

图 5.53　计算公差的各种方式

图 5.53(e)所示。

b. 上偏差。可在文本输入框中输入上偏差值。

c. 下偏差。可在文本输入框中输入下偏差值。

d. 高度比例。用于设置公差值的高度相对于主单位高度的比例值。

e. 垂直位置。用于控制对称公差和极限公差文字的垂直位置,有上、中、下 3 个选项,如图
5.54 所示。

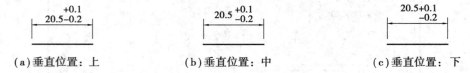

图 5.54　公差文字的垂直位置

至此,将"新建标注样式"对话框中各选项卡内容设置完成后,单击"新建标注样式"对话框中"确定"按钮,新的标注样式创建结束,就可以进行尺寸标注了。

5.3.4　尺寸标注

在创建了尺寸标注样式之后,就可以使用尺寸标注命令进行尺寸标注了。AutoCAD 2012

提供了 20 个尺寸标注命令,利用它们可以完成不同类型尺寸的标注。有 3 种方法可以启动尺寸标注命令:一是从"标注"下拉菜单中选择命令,二是通过"标注"工具栏选择命令(见图 5.55),三是在命令行直接输入命令。

图 5.55　"标注"工具栏

下面介绍各种尺寸标注命令的使用方法。

(1)线性标注

线性标注是建筑工程制图中最常用的标注类型,它用来标注两点之间水平或垂直方向的距离。

1)命令调用方式

◆命令:Dimlinear

◆菜单:标注→线性

◆按钮:标注工具栏中的

2)操作步骤

①以上任一方法调用 Dimlinear 命令后,命令行提示如下:

指定第一个尺寸界线原点或 <选择对象>:

②打开捕捉,用鼠标指定第一个端点后,命令行接着提示:

指定第二条尺寸界线原点:

③用鼠标指定第二个端点后,命令行接着提示:

指定尺寸线位置或[多行文字(M)/文字(T)/角度(A)/水平(H)/垂直(V)/旋转(R)]:

选项说明如下:

a. 多行文字(M)。在命令行输入"M",将打开多行文字编辑,可以用它编辑标注文字。

b. 文字(T)。在命令行输入"T",可以在命令行输入自定义标注文字。

c. 角度(A)。在命令行输入"A",设置标注文字的方向角。

d. 水平(H)。在命令行输入"H",创建水平线性标注。

e. 垂直(V)。在命令行输入"V",创建垂直线性标注。

f. 旋转(R)。在命令行输入"R",可以设置尺寸线旋转的角度。

④在视口指定一点作为尺寸线的位置后,标注结束。

水平、垂直、旋转尺寸标注如图 5.56 所示。

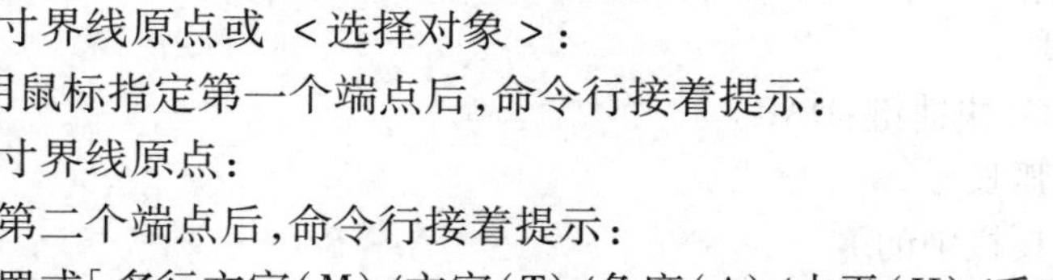

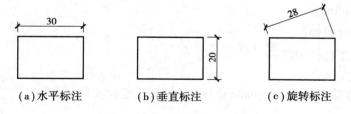

(a)水平标注　　　　(b)垂直标注　　　　(c)旋转标注

图 5.56　水平、垂直、旋转尺寸标注示例

(2)对齐标注

对齐标注用于标注斜线的长度。

1)命令调用方式

◆命令:Dimaligned

◆菜单:标注→对齐

◆按钮:标注工具栏中的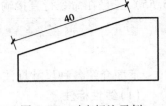

2)操作步骤

①以上任一方法调用 Dimaligned 命令后,命令行提示如下:

指定第一个尺寸界线原点或 <选择对象>:

②用鼠标指定第一个端点后,命令行接着提示:

指定第二条尺寸界线原点:

图 5.57　对齐标注示例

③用鼠标指定第二个端点后,命令行接着提示:

指定尺寸线位置或[多行文字(M)/文字(T)/角度(A)]:

各选项含义同上。

④在视口指定一点作为尺寸线的位置后,标注结束,如图 5.57 所示。

(3)弧长标注

弧长标注用于测量圆弧或多段线圆弧上的距离。弧长标注的尺寸界线可以正交或径向。在标注文字的上方或前面将显示圆弧符号。

1)命令调用方式

◆命令:DIMARC(快捷键:DAR)

◆菜单:标注→弧长

◆按钮:标注工具栏中的

2)操作步骤

①以上任一方法调用 Dimarc 命令后,命令行提示如下:

选择弧线段或多段线圆弧段:选择要进行弧长标注的对象

指定弧长标注位置或 [多行文字(M)/文字(T)/角度(A)/部分(P)/引线(L)]:

②用鼠标指定一点作为尺寸线的位置或选择参数,标注结束,如图 5.58 所示。

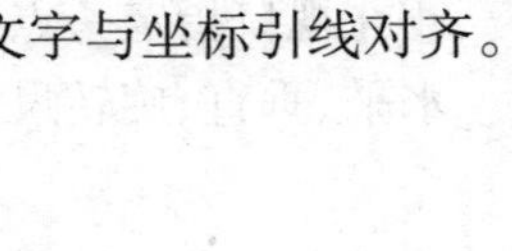

图 5.58　弧长标注示例

(4)坐标标注

坐标标注用于标注指定点的 X 或 Y 坐标。AutoCAD 将坐标标注文字与坐标引线对齐。

1)命令调用方式

◆命令:Dimordinate

◆菜单:标注→坐标

◆按钮:标注工具栏中的

2)操作步骤

①以上任一方法调用 Dimordinate 命令后,命令行提示如下:

指定点坐标:

②用鼠标指定第一个端点后,命令行接着提示:

指定引线端点或[X 基准(X)/Y 基准(Y)/多行文字(M)/文字(T)/角度(A)]选项说明:

X 基准(X):在命令行输入"X",则标注横坐标。

Y 基准(Y):在命令行输入"Y",则标注纵坐标。

多行文字(M):在命令行输入"M",将打开多行文字编辑,可以用它编辑标注文字。

文字(T):在命令行输入"T",可以在命令行输入自定义标注文字。

角度(A):在命令行输入"A",设置标注文字的方向角。

③在视口指定一点作为引线的端点后,标注结束。

(5)半径标注

半径标注用来标注圆弧和圆的半径。

1)命令调用方式

◆命令:Dimradius

◆菜单:标注→半径

◆按钮:标注工具栏中的

2)操作步骤

①以上任一方法调用 Dimradius 命令后,命令行提示如下:

选择圆弧或圆:

②选择需标注的圆弧或圆后,命令行接着提示:

指定尺寸线位置或[多行文字(M)/文字(T)/角度(A)]:

③在视口指定一点后,标注结束。

(6)折弯标注

创建圆和圆弧的折弯标注。当圆弧或圆的中心位于布局之外并且无法在其实际位置显示时,将创建折弯半径标注。可以在更方便的位置指定标注的原点(称为中心位置替代)。

1)命令调用方式

◆命令:DIMJOGGED

◆菜单:标注→折弯

◆按钮:标注工具栏中的

2)操作步骤

①以上任一方法调用 Dimjogged 命令后,命令行提示如下:

选择圆弧或圆:

②选择需标注的圆弧或圆后,命令行接着提示:

指定图示中心位置:

标注文字 = 150

指定尺寸线位置或[多行文字(M)/文字(T)/角度(A)]:

指定折弯位置:

完成标注,如图 5.59 所示。

技术提示:图示中心位置不能是圆心位置。

(7)直径标注

直径尺寸标注用来标注圆弧和圆的直径。

1)命令调用方式

◆命令:Dimdiameter

◆菜单:标注→直径

◆按钮:标注工具栏中的

2)操作步骤

①以上任一方法调用 Dimdiameter 命令后,命令行提示如下:

选择圆弧或圆:

②选择需标注的圆弧或圆后,命令行接着提示:

指定尺寸线位置或[多行文字(M)/文字(T)/角度(A)]:

③在视口指定一点后,标注结束,如图 5.60 所示。

图 5.59　弧长标注示例

图 5.60　直径标注示例

注意:在进行标注半径或直径之前,应先执行"标注样式"→"修改"按钮→"调整"选项卡,并在"调整"选项区中选择"文字""箭头""文字和箭头"选项,完成设置后再进行标注,这样才能标注合理的半径或直径尺寸。

(8)角度标注

角度标注命令用于标注圆弧的圆心角、圆上某段弧对应的圆心角、两条相交直线间的夹角,或者根据三点标注夹角。

1)命令调用方式

◆命令:Dimangular

◆菜单:标注→角度

◆按钮:标注工具栏中的 △

2)操作步骤

①以上任一方法调用 Dimangular 命令后,命令行提示如下:

选择圆弧、圆、直线或<指定顶点>:

②用户可以选择一个对象(圆弧或圆)作为标注对象,也可以指定角的顶点和两个端点标注角度。如果选择圆弧,AutoCAD 将把圆弧的两个端点作为角度尺寸界线的起点;如果选择圆,则把选取点作为尺寸界线的一个起点,然后指定另外一个尺寸界线的起点,如图 5.61所示。

图 5.61　角度尺寸标注示例

(9)快速标注

快速标注命令可以一次标注一系列相邻或相近的同一类尺寸,也可以标注同一个对象上多个点之间的尺寸。

1) 命令调用方式

◆命令:Qdim

◆菜单:标注→快速

◆按钮:标注工具栏中的

2) 操作步骤

①以上任一方法调用 Qdim 命令后,命令行提示如下:

选择要标注的几何图形:

②选择要标注的多个对象(或组合对象),然后按"Enter"键或单击鼠标右键,命令行接着提示:

指定尺寸线位置或［连续(C)/并列(S)/基线(B)/坐标(O)/半径(R)/直径(D)/基准点(P)/编辑(E)/设置(T)］＜连续＞:

③在命令行输入标注类型,或者按"Enter"键使用缺省类型。

④在视口指定尺寸线位置后,标注结束,如图 5.62 所示。

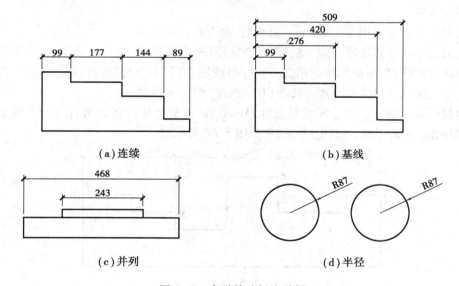

(a)连续　　　　　　　　　　　　(b)基线

(c)并列　　　　　　　　　　　　(d)半径

图 5.62　各种快速标注示例

(10)基线标注

基线标注创建一系列由相同的标注原点测量出来的标注。对于定位尺寸,可以利用基线标注命令进行标注,但必须注意的是,在进行基线尺寸标注之前,应先标注出基准尺寸。

1) 命令调用方式

◆命令:Dimbaseline

◆菜单:标注→基线

◆按钮:标注工具栏中的

2) 操作步骤

①以上任一方法调用 Dimbaseline 命令后,命令行提示如下:

指定第二条尺寸界线原点或［放弃(U)/选择(S)］＜选择＞:

②打开对象捕捉,用鼠标指定第二条尺寸界线原点后,命令行接着提示:

指定第二条尺寸界线原点或［放弃（U）/选择（S）］＜选择＞：

③用鼠标指定下一个尺寸界线原点后，AutoCAD 重复上述过程。所有尺寸界线原点都选择完后，按两次"Enter"键，标注结束，结果如图 5.63 所示。

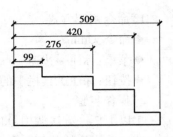

图 5.63　基线标注示例

（11）连续标注

连续标注命令可以方便、迅速地标注出同一行或列上的尺寸，生成连续的尺寸线。在进行连续标注之前，应先对第一条线段建立尺寸标注。

1）命令调用方式

◆命令：Dimcontinue

◆菜单：标注→连续

◆按钮：标注工具栏中的 ⊬⊬

2）操作步骤

①以上任一方法调用 Dimcontinue 命令后，命令行提示如下：

指定第二条尺寸界线原点或［放弃（U）/选择（S）］＜选择＞：

②打开对象捕捉，用鼠标指定第二条尺寸界线原点后，命令行接着提示：

指定第二条尺寸界线原点或［放弃（U）/选择（S）］＜选择＞：

③用鼠标指定下一个尺寸界线原点后，AutoCAD 重复上述过程。所有尺寸界线原点都选择完后，按两次"Enter"键，标注结束，结果如图 5.64 所示。

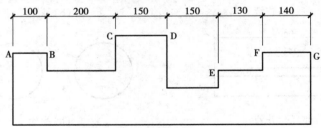

图 5.64　连续标注示例

技术提示：使用连续标注命令之前，必须先使用线性标注命令先行标注 AB 段或 FG 段（端头线段）的尺寸后，才能使用连续标注。

（12）等距标注

等距标注命令可以方便、快速地调整线性标注或角度标注之间的距离。其作用是将平行尺寸线之间的间距设为相等，也可通过间距值 0 使一系列线性标注或角度标注的尺寸线齐平。

1）命令调用方式

◆命令：Dimspace

◆菜单：标注→标注间距

◆按钮：标注工具栏中的 ⊞

2）操作步骤

①以上任一方法调用 Dimspace 命令后，命令行提示如下：

选择基准标注:选择平行线性标注或角度标注

选择要产生间距的标注:

②选择要产生间距的标注:选择平行线性标注或角度标注以从基准标注均匀隔开,并按"Enter"键。

输入值或［自动(A)］<自动>:指定间距或按"Enter"键

输入间距值:将间距值应用于从基准标注中选择的标注。例如,如果输入值 0.5000,则所有选定标注将以 0.5000 的距离隔开。

可以使用间距值 0(零)将选定的线性标注和角度标注的标注线末端对齐。

自动:基于在选定基准标注的标注样式中指定的文字高度自动计算间距。所得的间距值是标注文字高度的 2 倍。

其标注结果示例如图 5.65 所示。

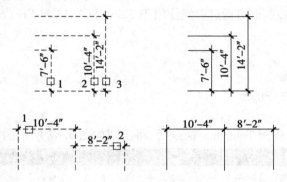

图 5.65   等距标注示例

技术提示:间距仅适用于平行的线性标注或共用一个顶点的角度标注。

(13)折断标注

在标注和尺寸界线与其他对象的相交处打断或恢复标注和尺寸界线。可以将折断标注添加到线性标注、角度标注和坐标标注等。

1)命令调用方式

◆命令:Dimbreak

◆菜单:标注→标注打断

◆按钮:标注工具栏中的

2)操作步骤

①用线性标注等标注命令完成一个基本尺寸的标注。

②用以上任一方法调用 Dimbreak 命令后,命令行提示如下:

选择要添加/删除折断的标注或［多个(M)］:选择标注,或输入 M 并按"Enter"键。

③选择需要打断的标注,命令行接着提示:

选择要折断标注的对象或［自动(A)/手动(M)/删除(R)］<自动>:选择与标注相交或与选定标注的尺寸界线相交的对象,输入选项,或按"Enter"键。

各选项的意义:

a. 自动(A)。自动将折断标注放置在与选定标注相交的对象的所有交点处。修改标注或相交对象时,会自动更新使用此选项创建的所有折断标注。

b.手动(M)。手动放置折断标注。为折断位置指定标注或尺寸界线上的两点。如果修改标注或相交对象,则不会更新使用此选项创建的任何折断标注。使用此选项,一次仅可以放置一个手动折断标注。

技术提示:"手动"选项,可以将折断标注添加到不与标注或尺寸界线相交的对象的标注中。

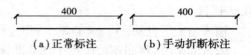

c.删除(R)。从选定的标注中删除所有折断标注。

图 5.66   折断标注示例

④选择要折断标注的对象。选择通过标注的对象或按"Enter"键结束命令。其标注示例如图 5.66 所示。

(14)公差标注

公差标注可创建包含在特征控制框中的形位公差。形位公差表示形状、轮廓、方向、位置和跳动的允许偏差。特征控制框可通过引线使用 TOLERANCE,LEADER 或 QLEADER 进行创建。

1)命令调用方式

◆命令:Tolerance

◆菜单:标注→公差

◆按钮:标注工具栏中的

2)操作步骤

①用以上任一方法调用 Tolerance 命令后,将出现如图 5.67 所示的"形位公差"对话框。

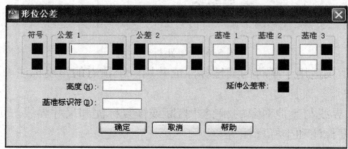

图 5.67   "形位公差"对话框

②输入公差设定值后,单击"确定"按钮后,命令行提示如下:

输入公差位置:

单击"确定"按钮后,单击鼠标右键确定位置,完成"形位公差"标注,如图 5.68 所示。

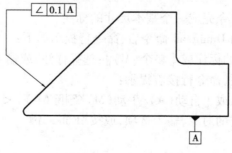

图 5.68   "形位公差"标注示意图

（15）圆心标记

标注圆心标记可以以一定的记号标记圆弧或圆的圆心，如图 5.69 所示。

1）命令调用方式

◆命令：Dimcenter

◆菜单：标注→圆心标记

◆按钮：标注工具栏中的⊕

2）操作步骤

①以上任一方法调用 Dimcenter 命令后，命令行提示如下：

选择圆弧或圆：

②在视口选择一圆弧或圆对象后，标注结束，如图 5.69 所示。

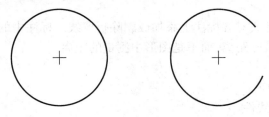

图 5.69　圆心标记示意图

（16）检验标注

检验标注用于添加或删除与选定标注关联的检验信息。检验标注用于指定应检查制造部件的频率，以确保标注值和部件公差处于指定范围内。

1）命令调用方式

◆命令：DIMINSPECT

◆菜单：标注→检验

◆按钮：标注工具栏中的☑

2）操作步骤

①以上任一方法调用 DIMINSPECT 命令后，将出现如图 5.70 所示的"检验标注"对话框。

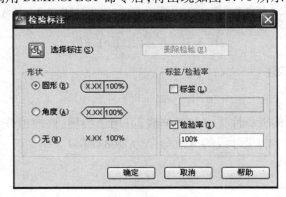

图 5.70　"检验标注"对话框

②选择"形状"中的对应选项卡后，再单击"选择标注"按钮，命令行提示如下：

选择标注：

③选择需要进行检验标注的标注尺寸,最后单击"确定"按钮,完成检验标注,如图 5.71所示。

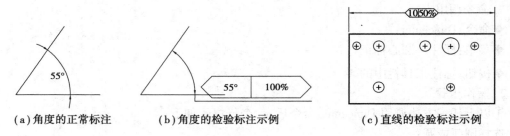

(a)角度的正常标注 (b)角度的检验标注示例 (c)直线的检验标注示例

图 5.71 检验标注示例

(17)折弯线性

折弯线性用于在线性或对齐标注上添加或删除折弯线。标注中的折弯线表示所标注对象中的折断。标注值表示实际距离,而不是图形中测量的距离。

1)命令调用方式

◆命令:DIMJOGLINE

◆菜单:标注→折弯线性

◆按钮:标注工具栏中的

2)操作步骤

①以上任一方法调用 DIMINSPECT 命令后,命令行提示如下:

选择要添加折弯的标注或［删除(R)］:

②单击尺寸标注线上的 A 点后,命令行接着提示:

指定折弯位置(或按"Enter"键):

③单击尺寸标注线上的 B 点,按"Enter"键,完成折弯线性命令,如图 5.72 所示。

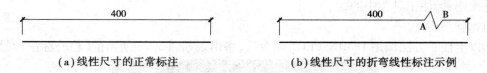

(a)线性尺寸的正常标注 (b)线性尺寸的折弯线性标注示例

图 5.72 折弯线性标注示例

5.3.5 尺寸编辑标注

(1)编辑标注

编辑标注的作用是编辑标注文字和延伸线,可用于旋转、修改或恢复标注文字,更改尺寸界线的倾斜角。移动文字和尺寸线的等效命令为 DIMTEDIT。

命令调用方式:

◆命令:Dimtedit

◆按钮:标注工具栏中的

以上任一方法调用 Dimtedit 命令后,命令行提示如下:

输入标注编辑类型［默认(H)/新建(N)/旋转(R)/倾斜(O)］ <默认>:

①"默认(H)"。输入 H 后,按"Enter"键。

命令行提示:选择对象:选择某一标注尺寸后

命令行提示:选择对象:找到 1 个,按"Enter"键

命令行提示:选择对象(可以多选),按"Enter"键,标注效果如图 5.73(b)所示。

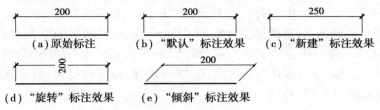

图 5.73 编辑标注示例

②"新建"。输入 N 后,出现如图 5.74 所示的"文字格式"对话框。输入数值(如 250),单击"确定"按钮。

图 5.74 "文字格式"对话框

命令行提示:选择对象:选择"200"标注尺寸后

命令行提示:选择对象:找到 1 个,按"Enter"键

命令行提示:选择对象(可以多选),按"Enter"键,标注效果如图 5.73(c)所示

③"旋转(R)":输入 R 后,按"Enter"键。

命令行提示:指定标注文字的角度:输入某一规定的角度值(如 90),按"Enter"键

命令行提示:选择对象:选择"200"标注尺寸

命令行提示:选择对象:找到 1 个,按"Enter"键

命令行提示:选择对象(可以多选),按"Enter"键,标注效果如图 5.73(d)所示

④"倾斜(O)":输入 O 后,按"Enter"键。

命令行提示:选择对象:选择"200"标注尺寸后,按"Enter"键

命令行提示:选择对象:找到 1 个,按"Enter"键

命令行提示:选择对象(可以多选),按"Enter"键

命令行提示:输入倾斜角度(按"Enter"键表示无):输入某一规定的数值(如 45),按"Enter"键,其标注效果如图 5.73(e)所示

(2)编辑标注文字

编辑标注文字的作用是移动和旋转标注文字,重新定位尺寸线。编辑标注文字和更改尺寸界线角度的等效命令为 Dimedit。

1)命令调用方式

◆命令:Dimedit

◆按钮:标注工具栏中的

2)操作步骤

以上任一方法调用 Dimed 命令后,命令行提示如下:

选择标注:选择已经标注好的某一尺寸。

为标注文字指定新位置或[左对齐(L)/右对齐(R)/居中(C)//角度(A)]:

①"左对齐(L)"。输入 L,选择标注对象,按"Enter"键,标注效果如图 5.75(b)所示。

②"右对齐(R)"。输入 R,选择标注对象,按"Enter"键,标注效果如图 5.75(c)所示。

③"居中(C)"。输入 C,选择标注对象,按"Enter"键,标注效果如图 5.75(d)所示。

④"默认(H)"。输入 H,选择标注对象,按"Enter"键,标注效果如图 5.75(e)所示。

⑤"角度(A)"。输入 A,选择标注对象,按"Enter"键,命令行提示:指定标注文字的角度:
输入 30,标注效果如图 5.75(f)所示。

| (a)原始标注 | (b)"左对齐"标注效果 | (c)"右对齐"标注效果 |
| (d)"居中"标注效果 | (e)"默认"标注效果 | (f)"角度"标注效果 |

图 5.75　编辑标注文字示例

(3)利用"特性"窗口编辑标注特性

除了利用以上介绍的 Dimtedit 和 Dimedit 命令外,AutoCAD 还可使用"特性"对话框来控制现有对象的特性。当选择多个对象时,仅显示所有选定对象的公共特性;未选定任何对象时,仅显示常规特性的当前设置。

1)命令调用方式

◆命令:Properties

◆菜单:修改→特性

◆按钮:"标准"工具栏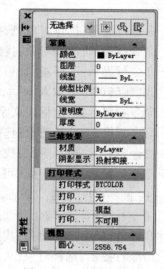

2)操作步骤

以上任一方法调用 Dimed 命令后,将出现如图 5.76 所示的"特性"对话框。

对于标注,可通过"特性"窗口中的以下选项:"常规""三维效果""打印样式""视图""其他"修改标注尺寸的有关特性。

图 5.76　"特性"对话框

在"常规"选项中,可设置标注的颜色、图层、线型、线型比例、线宽、透明度等。其他几个选项的设置方法与前面介绍的相同,这里不再赘述。

操作实训

5.1　创建一个名为"建筑 CAD"的文字样式,将字体设置为仿宋体,宽度因子设置为 0.75,并使用该样式完成如图 5.77 所示图框、标题栏及会签栏的绘制。

5.2　使用题 5.1"建筑 CAD"文字样式,在 AutoCAD 中用多行文字命令完成以下文字录入。

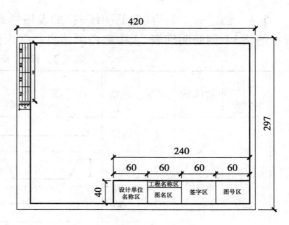

图 5.77　5.1 题图

说明:

①本工程采用预应力高强混凝土管桩(PHC〔400×95A〕),桩混凝土强度为 C80,有效长度约 22 m,且由试桩确定,桩端持力层为第 5 层贝壳生物碎屑沙,管桩构造图及其他说明详《预应力高强混凝土管桩说明书》。

②设计参数:土壤 $\gamma = 18$ kN/m³,$\phi = 35°$,$\delta = \phi/2$,基底 $f = 0.4$,$\gamma_k = 23$ kN/m³。

③本工程单桩竖向承载力特征值为 1 500.0 kN,单桩竖向极限承载力为 3 000.0 kN;单桩竖向极限承载力标准值须通过打 4 根试桩给予确定,垂直静载试验采用慢速连续加荷方式进行,打桩完成后再抽查 5 根工程桩做静载试验,并严格按"结施-02"动测检验要求执行。

④除注明外,桩顶标高均为 -2.450。

⑤本工程共 136 根桩。

⑥其他详结施-02 预应力管桩说明。

⑦承台与基坑侧壁间隙应灌注素混凝土,或采用灰土、级配沙石、压实性较好的素土分层夯实,其压实系数 $\lambda_c \geqslant 0.94$。

5.3　综合运用所学,按比例绘制完成如图 5.78 所示的墙下钢筋混凝土条形基础详图并标注尺寸。

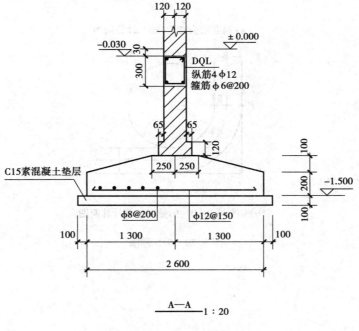

图 5.78　5.2 题图

163

5.4 创建一个名为"钢筋明细表"的表格样式,字体使用题 5.1 创建的字体,完成表 5.2 所示的梁 L1 钢筋明细表,表中空白项请自行插入公式完成计算。

表 5.2 梁 L1 钢筋明细表

构件名称	构件数	编号	规格	简 图	单根长度 /mm	单根质量 /kg	根数	累计质量 /kg
L1	1	1	φ12		3 640	3	2	7.41
		2	φ12		4 204		1	4.45
		3	φ6		3 490		2	1.55
		4	φ6		650		18	2.60
合 计								

5.5 完成如图 5.79 所示钢筋标准弯钩大样图并根据图示进行标注(绘图时取 $d = 20$ mm,$D = 2.5d$)。

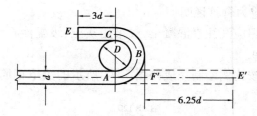

(a)钢筋端头弯钩180° 计算简图

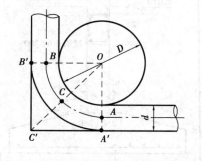

(b)钢筋弯折90° 的量度差值计算简图

图 5.79 5.5 题图

第 **6** 章
建筑施工图的绘制

章节概述

学习 AutoCAD 的目的是为专业绘图服务的,因此,通过学习,要求学习者能根据建筑施工图的特点,选用最便捷的绘图工具、编辑工具,熟练绘制建筑施工图,是学习者必须达到的目标。

知识目标

正确表述建筑施工图的构图与内容。

熟练表述文件操作命令和各种编辑工具。

能力目标

熟练利用插入图框技巧和绘制建筑施工图的技巧。

熟练利用各种绘图工具的组合使用和编辑操作命令的使用。

6.1 绘图前的准备

建筑工程制图包括建施图、结施图和设施图等的绘制。在绘制过程中,需要综合使用AutoCAD的知识,通常要求一个工程项目的所有图样应该具有统一的风格和样式。因此,在绘制前,需要对建筑工程图进行总体布局,主要包括图纸大小、图层样式、比例尺、线条粗细、文字样式及尺寸标注样式等。为减少重复劳动,在设置完成后,可将其保存为一个图形样板,以便今后重复调用。

在 AutoCAD 工程图的绘制过程中很多绘图设定都是相似的,如果每次开始画一张新图都要设置图纸大小、尺寸单位、边框等,会非常烦琐。如果使用模板把设置好的绘图环境保存为模板文件,在绘制新图时将设置好的模板文件导入,以省去设置绘图环境的麻烦,并且使图纸标准化。

注:AutoCAD 中也有自带的一些模板文件,但往往不满足建筑工程图绘制的需要。

（1）**打开 AutoCAD 文件**

打开 AutoCAD 文件的方式见第 1 章的介绍。

（2）设置绘图界限

在已经打开的绘图界面中,进行绘图界限设置(类似于手工绘图中选择图纸幅面大小)。

1）命令调用方式

◆命令：LIMITS

◆菜单："格式"→"图形界限"

2）操作步骤

命令：limits

重新设置模型空间界限：

指定左下角点或［开(ON)/关(OFF)］<0.0000,0.0000>：　　//按"Enter"键

指定右上角点　<420.0000,297.0000>：　　　　　　　　　　//输入"42000,29700"并

按"Enter"键

命令：ZOOM(快捷键：Z)

指定窗口的角点,输入比例因子（nX 或 nXP）,或者［全部(A)/中心(C)/动态(D)/范围 (E)/上一个(P)/比例(S)/窗口(W)/对象(O)］<实时>：　　　　//输入"A"并按"Enter"键

正在重生成模型。

执行缩放命令后,完成将图形设置在显示范围内的任务。

（3）设置绘图单位

1）命令调用方式

◆命令：UNITS

◆菜单："格式"→"单位"

2）操作步骤

调用上述命令后,出现如图 6.1 所示的"图形单位"对话框。

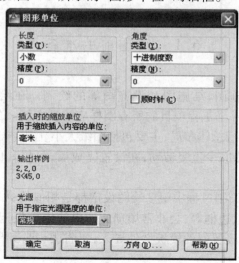

图 6.1　"图形单位"对话框

绘制建筑工程图时常设置"类型"选项为"小数","精度"选项栏为"0","插入时的缩放单位"选项为"毫米",如图 6.1 所示。

（4）设置图层

1）命令调用方式

◆命令：LAYER

◆菜单："格式"→"图层"

◆按钮：图层工具栏

2）操作步骤

调用上述命令行，将弹出"图层特性管理器"对话框。在对话框中，单击"新建"按钮，建立一个新图层，新建图层名字、线型、线宽、颜色等可根据情况设置成绘图需要的样式。一般需要建立"轴线""门窗""墙体""尺寸""文字""辅助线"等图层，如图 6.2 所示。

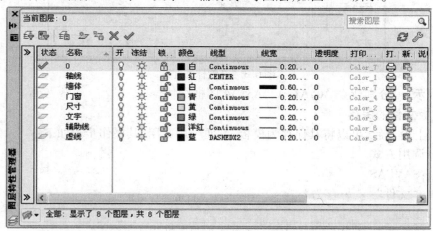

图 6.2　图层设置

（5）设置栅格和捕捉

在状态栏的"栅格"或"捕捉"按钮上单击鼠标右键并在弹出的快捷菜单中选择"设置"菜单项，弹出"草图设置"对话框，在其中设置"捕捉和栅格"与"对象捕捉"。

（6）设置文字标注

选择"格式"下拉菜单中的"文字样式"选项，进入"文字样式"对话框中。在建筑制图中，"字体名"一般选择"仿宋-GB2312"，"宽度因子"设为"0.70"。

（7）设置标注样式

选择"格式"下拉菜单中的"标注样式"选项，进入"标注样式管理器"对话框中。新建一个标注样式，如"线性标注"，如图 6.3 所示（若有需要，还可以另外再建立角度、半径、直径等标注样式）。

技术提示：尺寸设置时应按照建筑制图标准的要求进行设置，如尺寸线、尺寸界线、尺寸起止符号、尺寸数字的位置及大小和图线的要求等。在设置"标注特征比例"时，选择"使用全局比例"，并将其值设置为图样所采用的比例值，如"1:100"。

（8）图框的绘制

根据《房屋建筑制图统一标准》（GB 50001—2010）规定，建筑工程图样可采用 A0—A4 图幅绘制，考虑到用图纸布局出图，只需预先建立标准图框图块，然后在图纸布局中插入该标准图框图块即可。

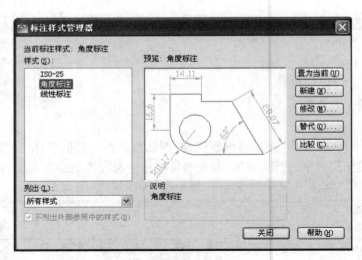

图 6.3　设置标注样式

技术提示：可分别建立 A0，A1，A2，A3，A4 图框图块。

(9)模板文件的保存

完成以上设置后，可以将其保存为模板，方便今后调用，其操作步骤如下：

1)命令调用方式

◆命令：SAVEAS

◆菜单："文件"→"另存为"

2)操作步骤

调用上述命令后，弹出如图 6.4 所示的"图形另存为"对话框。

图 6.4　"图形另存为"对话框

在"文件类型"下拉列表框中，选择"AutoCAD"图形样板(＊.dwt)项，如图 6.5 所示。

在"文件名"下拉列表框中，输入图形模板名称，如"A3 图样板"。

单击"保存"按钮，弹出"样板说明"对话框，如图 6.6 所示。在此处可以加上必要的说明，方便以后的查找和调用。

图 6.5　选择模板文件类型

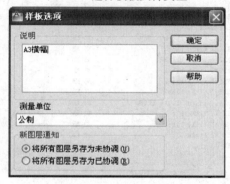

图 6.6　"样板说明"对话框

(10)绘图比例设置

在建筑工程制图中,一般情况下,总平面图的比例多采用 1:500,1:1 000,1:2 000;各类平、立、剖面图的比例多采用 1:100,大样图的比例多采用 1:20,1:50 等。

在绘制建筑工程图 CAD 图形时,比例尺可根据制图标准规定进行设置,最常用的是按 1:1 的比例进行绘图,但出图比例要根据选用图幅大小和图形尺寸来确定。如建筑物长度为 8.24 m,若以 mm 为单位绘制时,其实际绘图长度为 8.24 × 1 000 = 8 240 个绘图单位,若选用 A3 图纸出图,则其出图比例为 8 240/(420 − 25 − 10) = 21.4。考虑出图比例时的字高可按下列公式估算为

$$图中字高 = 实际图纸中要求的字高 × 出图比例$$

如要求实际图纸中的字高为 3.5,出图比例为 1:21.4,则定义字高为 3.5 × 21.4 = 74.9,所有文字标注和尺寸标注均可参照该字高。

绘图时也可以按 1:1 的比例进行绘制,完成后,在标注之前按一定比例进行缩放,或在规定的绘图空间中按比例尺直接绘制,然后进行标注等工作。

6.2　建筑平面图的绘制

6.2.1　创建新文件

(1)命令调用方式

◆命令:QNEM

◆菜单:"文件"→"新建"

◆按钮:"标准"工具栏▯

(2)操作步骤

调用上述命令后,弹出如图 6.7 所示的"选择样板"对话框。

图 6.7　"选择样板"对话框

选择一个样板(或者自己先行创建的样板文件),本题打开"A3 图样板",单击"打开"按钮,即得 AutoCAD 的绘图界面。并命名为"底层平面图. dwg",下面内容将在该文件中进行绘制。

6.2.2　绘制定位轴线与墙线

说明:本例题以图形缩小 1/100 来进行绘制。

(1)绘制定位轴线

将"轴线"图层设置为当前图层,打开"正交"。

执行"直线"命令。

在绘图区绘制第一条横向定位轴线,同时将"线型管理器"中"全局比例因子"设为"1"。

执行"阵列"命令,设置"1 行 7 列","列偏移"设为"36",选择刚画好的横向定位轴线进行阵列,在绘图区出现 7 条横向定位轴线。

绘制第一条纵向定位轴线,执行"偏移"命令,偏移距离分别为 57,21,57 和 9,得 5 条纵向定位轴线,如图 6.8 所示。

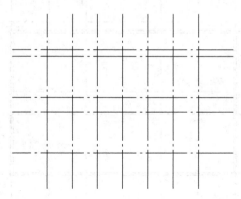

图 6.8　绘制定位轴线

(2)绘制墙线

①将"墙体"图层设置为当前图层,打开"正交"和"对象捕捉",选择"绘图"→"多线"菜单。

命令行提示如下:

命令:mline

当前设置:对正 = 上,比例 = 1.00,样式 = STANDARD

指定起点或[对正(J)/比例(S)/样式(ST)]:　　　　　//输入"J,按"Enter"键

输入对正类型[上(T)/无(Z)/下(B)] < 上 >:　　　　//输入"Z",按"Enter"键

当前设置:对正 = 无,比例 = 1.00,样式 = STANDARD

指定起点或[对正(J)/比例(S)/样式(ST)L　　　　　//输入"S",按"Enter"键

输入多线比例 < 1.00 >:　　　　　　　　　　　　//输入"2.4",按"Enter"键

注:2.4 = 240/100。

当前设置:对正 = 无,比例 = 2.40,样式 = STANDARD。

指定起点或[对正(J)/比例(S)/样式(ST)]:

指定下一点:　　　　　　　　　　　　　　　　//捕捉左下角轴线的交点

指定下一点或[放弃(U)]:　　　　　　　　　　　//捕捉左上角轴线的交点

指定下一点或[闭合(C)/放弃(U)]:　　　　　　　//捕捉右上角轴线的交点

指定下一点或[闭合(C)/放弃(U)]:　　　　　　　//捕捉右下角轴线的交点

指定下一点或[闭合(C)/放弃 < U >]:　　　　　　//输入"C"并按"Enter"键,完成一
　　　　　　　　　　　　　　　　　　　　　　　条多线的绘制,如图 6.9 所示

注:此处一定要采用输入"C"并按"Enter"键的方式,才能使起点和终点结合紧密。

②多次重复"多线"命令,完成其他墙线的绘制。

③选择"修改"→"对象"→"多线"菜单,根据对话框的提示对墙线进行修改。

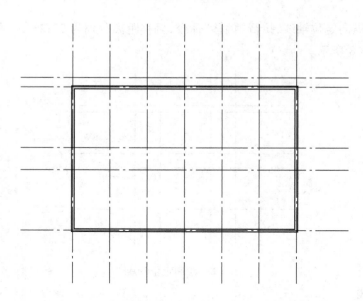

图 6.9　绘制一条墙线

④单击"修改"工具栏中的"分解"按钮 ，将绘制的多线全部分解。

⑤单击"修改"工具栏中的"修剪"按钮 ，对分解后的墙线进行修剪，修剪后的效果如图6.10 所示。

注：多线的修改可以不用"分解"和"修剪"命令，而直接使用"修改"→"对象"→"多线"菜单，此题可在"多线编辑工具"对话框中选用"T 形打开"对墙线进行修改。

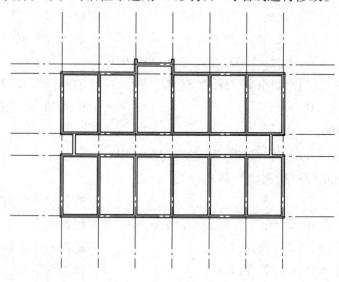

图 6.10　绘制其他墙线并修剪

6.2.3　门窗的绘制

(1)绘制门窗洞

绘制第一条窗洞边线，调用"偏移""阵列""复制""修剪"等命令，完成门窗洞口的绘制。

绘制好的图形如图6.11所示。

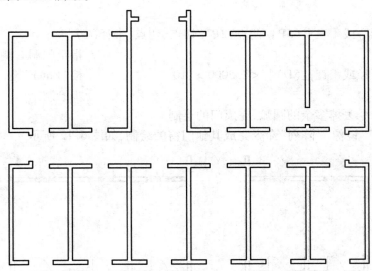

图6.11 绘制门窗洞口(此图关闭了轴线图层)

(2)绘制门窗

将"门窗"图层设置为当前图层,调用"直线"命令绘制门窗。

1)绘制窗

命令:LINE

指定第一点: //鼠标在窗洞左侧捕捉一点

指定下一点或[放弃(U)]: //鼠标在窗洞右侧捕捉另一点,
完成第一条窗线

执行"偏移"命令。

命令:OFFSET

指定偏移距离或[通过(T)/删除(E)/图层(L)]<通过>: //输入偏移距离"0.8"

选择要偏移的对象,或[退出(E)/放弃(U)]<退出>: //选择第一条窗线

指定要偏移的那一侧上的点,或[退出(E)/多个(M)/放弃(U)]<退出>:
//在第一条窗线旁边单击鼠标
左键,产生第二条窗线

选择要偏移的对象,或[退出(E)/放弃(U)]<退出>: //选择第二条窗线

指定要偏移的那一侧上的点,或[退出(E)/多个(M)/放弃(U)]<退出>:
//在第二条窗线旁边单击鼠标
左键,产生第三条窗线,至此,
窗的绘制完成

2)绘制门

命令:LINE

指定第一点: //捕捉门洞中点

指定下一点或[放弃(U)]: //鼠标在门洞右侧捕捉中点,输

入"10",完成第一条门线

命令:Circle

指定圆的圆心或〔三点(3P)/两点(2P)/切点、切点、半径(T)〕:

//指定门洞右侧中点为圆心

指定圆的半径或〔直径(D)〕<7.5000>:10

//按"Enter"键,完成门的第一步绘制

使用修剪命令去掉多余的圆弧,完成门的绘制。

使用"复制""镜像""阵列"命令完成其他门窗的绘制,如图6.12所示。

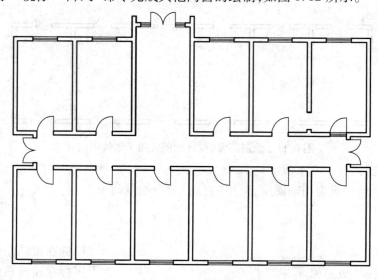

图6.12 绘制门窗

6.2.4 楼梯的绘制

(1)绘制楼梯段

执行"偏移"命令,将楼梯间左边墙体的第二条线依次向右偏移14.925,0.65,0.425,1,将偏移得到的图线改为"其他"图层;将"其他"图层设置为当前图层。

执行"直线"命令,捕捉楼梯间左边墙体第二条线的下端点,绘制一条长度为16的线,执行"偏移"命令,将该线向上偏移8.5,形成楼梯段的第一条线,再将该线依次向上偏移12个3(也可使用阵列命令),楼梯的第一个梯段即形成。

(2)绘制断开线

调用"直线"命令绘制一条断开线,然后执行"修剪"命令,对上一步偏移得到的图线进行修剪。

(3)绘制楼梯上下箭头

调用"多段线"命令绘制箭头。绘制完成后的楼梯图形如图6.13所示。

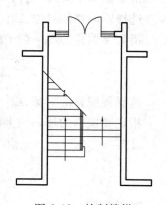

图6.13 绘制楼梯

6.2.5　其他细部绘制

置"其他"图层为当前图层。

(1) 绘制明沟

执行"偏移"命令,将外墙线依次向外偏移2(明沟距墙边的距离)、1.5(明沟的宽度),再执行"修剪"命令进行修剪,并改变图层,完成明沟的绘制。也可使用"偏移"命令先绘制一个明沟,再使用两次"镜像"命令,完成4个角上的明沟绘制。

(2) 绘制台阶

调用"偏移"命令,将左、右墙的外墙线分别各向外偏移10(台阶面宽),再依次各偏移2个3(台阶宽度)。

执行"直线"命令,捕捉走廊的一个外墙线端点,向外绘制一条直线。

执行"偏移"命令,向外偏移0.5,得到台阶的另一条边线,将该线偏移两次,得到台阶的另一方向线。

执行"镜像"命令,以台阶中线为镜像线,完成一个台阶的绘制。

执行"镜像"命令,以中间墙的轴线为镜像线,完成该建筑的两个台阶绘制。

(3) 绘制剩余细部

调用"直线"命令,完成剩余细部的绘制,如楼梯间入口处、盥洗室入口处、楼房两侧入口处等。

绘制完成的图形如图6.14所示。

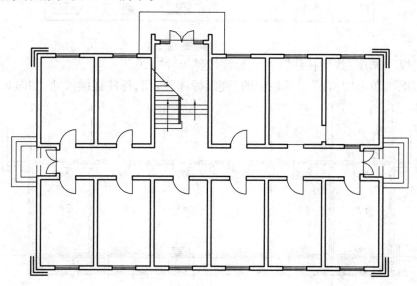

图6.14　其他细部绘制

6.2.6　尺寸标注和文字标注

(1) 文字标注

置"标注"图层为当前图层。

执行"多行文字"命令,在弹出的"文字格式"对话框中,输入相应的"文字",如宿舍、盥洗室、厕所、LC1518、M1020 等,单击"确定"按钮完成文字录入;重复"多行文字"命令或采用"复制"命令,完成其他文字的录入。

（2）尺寸标注

调用"标注样式管理器"对话框,完成"尺寸标注样式"的创建,其参数设置见第 5 章内容。此处"主单位"选项卡中比例因子设为"100",如图 6.15 所示。

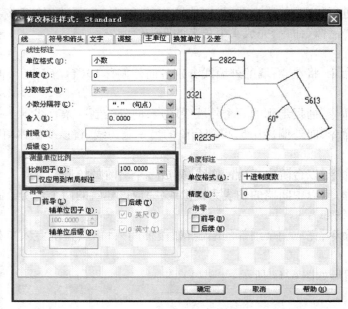

图 6.15 "主单位"选项卡

打开"捕捉",调用"线性标注"命令,标注线性尺寸"120"。

打开"捕捉",单击"标注"工具栏中的"连续标注"按钮,标注连续尺寸,如图 6.16 所示。

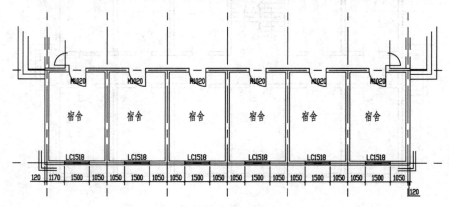

图 6.16 尺寸标注示例

重复上述步骤,完成所有尺寸标注,如图 6.16 所示。

（3）其他标注

1）轴线编号

执行"圆"命令,绘制一个直径为"8"的圆,运用块的属性定义,将其命名为"轴线编号"的外部块,选择"插入"→"块"菜单,选择"轴线编号"块插入图中适当位置,并修改数值。

2)标注标高

执行"直线"命令,绘制标高符号,运用块的属性定义,将其命名为"标高"的外部块,选择"插入"→"块"菜单,选择"标高"块插入图中适当位置,并修改数值。

3)注写楼梯文字

执行"多行文字"命令,编辑文字"上 21 级"和"下 3 级"。

4)剖切符号和图名比例

执行"直线"和"多行文字"命令,绘制及标注剖切符号和图名比例。

5)指北针

执行"圆"命令,绘制直径为"24"的圆,再使用"多段线"命令画箭头,注写"北"字,并移到适当位置。

完成后的底层平面图如图 6.17 所示。

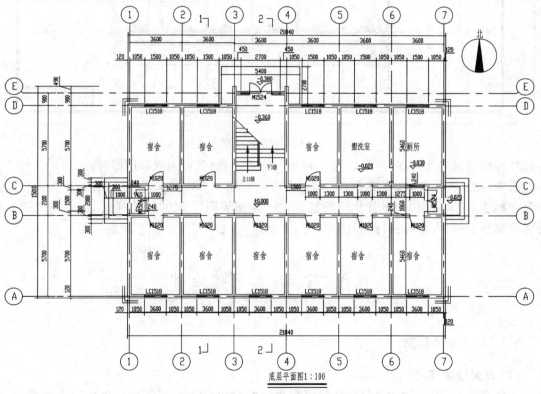

图 6.17　底层平面图

6.2.7　图形移入图框

将图框移至合适位置,使所绘图形位于图框之中,或移动图形至图框中。

双击标题栏,进入"文字格式"对话框,修改标题栏中的内容。到此,底层平面图的绘制已经全部完成,如图 6.18 所示。

技术提示:CAD 软件中都带有标准图框,用户可直接调用,也可根据需要自行绘制图框、

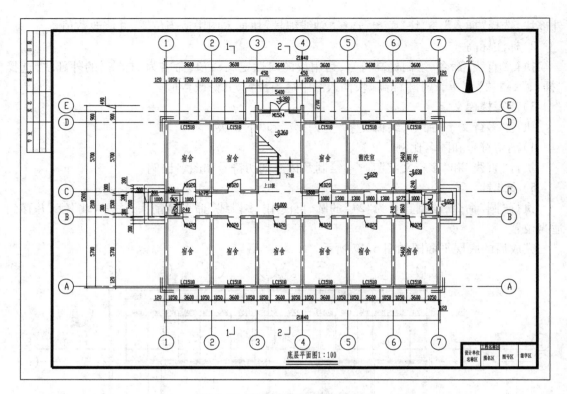

图 6.18 绘制完成的底层平面图

标题栏并将其设置为外部"块"或"图形样板",需要时,将其插入或调用即可。

思考：此题在绘制时,直接采用的是把图中尺寸缩小 100 倍来进行绘制的,放大 100 倍进行尺寸标注;如果采用 1∶1 的比例进行绘制,在"绘图界限""尺寸标注样式"以及图框插入等方面均有所不同,大家可自行练习。

6.3 建筑立面图的绘制

6.3.1 绘制外轮廓

(1)设置绘图环境

立面图的设置与平面图相同,结果保存为"建筑立面图. dwg"即可。也可以直接调用"底层平面图. dwg"的绘图环境,再另存为"建筑立面图. dwg"。

(2)绘制立面图的外轮廓

①将"墙身"图层设置为当前图层,执行"矩形"命令,设置矩形线宽为 0.5(1∶100 比例),绘制两个大小分别为 218.4×169.5(建筑外轮廓)和 33.6×159.5(楼梯间外轮廓)的矩形。

②执行"偏移"命令,将小矩形(33.6×159.5)向外偏移 2.4,并将这两个矩形移至立面图上楼梯间相应的位置,即小矩形(33.6×159.5)的右边距大矩形(218.4×169.5)的左边108.00,底边重合。

③利用"多段线"命令绘制室外地平线。绘制结果如图 6.19 所示。

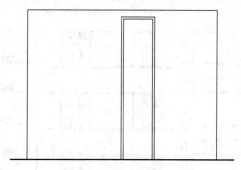

图 6.19　绘制外轮廓线

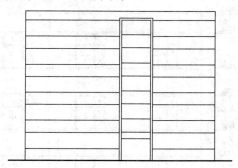

图 6.20　绘制外墙及楼梯间引条线

6.3.2　绘制门窗

(1)绘制引条线(分层线)

为定位门窗,在绘制门窗前,先绘制引条线(分层线)。

①执行"直线"命令,采用 FROM 捕捉,在地平线上方绘制一条距地平线 13.5 的直线(窗台线),再将其向上偏移 18(窗顶线)。

②执行"偏移"或"阵列"命令,以步骤①中偏移得到的两条直线为基准,得外墙其他引条线。

③将步骤②中得到的直线改为"其他"图层,并使用"修剪"命令,对它们进行修剪。

④执行"偏移"或"阵列"命令,完成楼梯间窗户定位线的绘制。结果如图 6.20 所示。

(2)绘制门窗

①执行"矩形"命令,绘制一个大小为 15×18 的矩形。

②执行"偏移"命令,将矩形向内偏移 0.6,并使用"分解"命令,将小矩形分解。

③重复"偏移"命令,将分解后的小矩形的底边依次向上偏移 10.8,0.6,5.4;将小矩形的左边依次向右偏移 4.4,0.6,8.8。

④执行"修剪"命令,对多余线条进行修剪。

⑤执行"直线""多段线"命令,绘制铝合金窗的开启线,如图 6.21 所示。

⑥重复上述步骤,完成楼梯间门窗及开启方向线的绘制。

⑦执行"线性标注""连续标注"命令,标注门窗尺寸,并把尺寸标注改为"标注"图层,如图 6.22 所示。

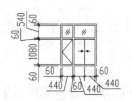

图 6.21　窗户绘制

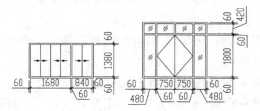

图 6.22　绘制楼梯间门窗

⑧执行"移动""阵列""复制"等命令,完成所有门窗的绘制,如图 6.23 所示。

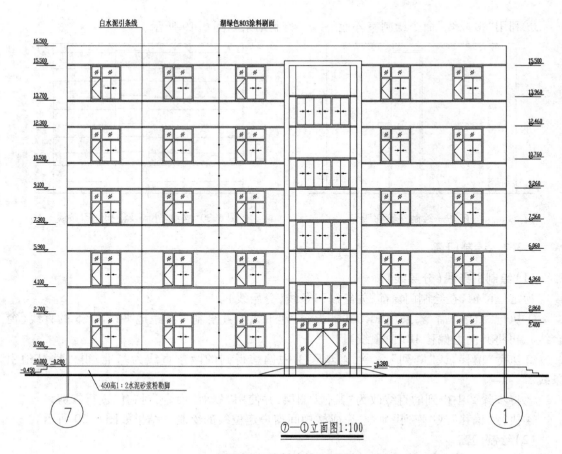

图 6.23　绘制建筑立面图

（3）绘制其他细部

1）绘制定位轴线

在立面图中，只需要绘制两端的轴线。执行"直线"命令，采用 FROM 捕捉，在外墙内侧绘制距离墙线 1.2 的直线，将图层改为"轴线"图层，并进行修剪。执行"圆"命令，绘制直径为 8 的定位轴线圆圈，并在其内部编上轴号。

2）绘制勒脚和室外台阶

①执行"偏移"命令，将地平线分别向上偏移 0.7（楼梯处台阶高）和 4.5（勒脚高度），将楼梯间的外轮廓线分别向两侧偏移 6.8（台阶宽度），将图层改为"其他"图层，执行"修剪"命令进行修剪。

②设置"其他"图层为当前图层，画右侧的室外台阶；打开"正交"，执行"直线"命令：

命令：LINE。

指定第一点：捕捉勒脚线右端点。

指定下一点或［放弃（U）］L＜正交开＞：　　//鼠标向右移动，输入台阶宽度"10"，按
　　　　　　　　　　　　　　　　　　　　　　　　"Enter"键

指定下一点或［放弃（U）］：　　　　　　　　//鼠标向下移动，输入台阶高度"1.5"，按
　　　　　　　　　　　　　　　　　　　　　　　　"Enter"键

指定下一点或［闭合（C）/放弃（U）］：　　//鼠标向右移动,输入台阶宽度"3",按
　　　　　　　　　　　　　　　　　　　　　"Enter"键

指定下一点或［闭合（C）/放弃（U）］：　　//鼠标向下移动,输入台阶高度"1.5",按
　　　　　　　　　　　　　　　　　　　　　"Enter"键

指定下一点或［闭合＜C）/放弃（U）］：　　//鼠标向右移动,输入台阶宽度"3",按
　　　　　　　　　　　　　　　　　　　　　"Enter"键

指定下一点或［闭合（C）/放弃（U）］：　　//鼠标向下移动,输入台阶高度"1.5",按
　　　　　　　　　　　　　　　　　　　　　"Enter"键

③执行"镜像"命令,完成另一侧的室外台阶。

3）绘制引条线和雨篷

执行"偏移"命令,将窗顶和窗台处的引条线分别向上和向下偏移0.6,将楼梯间的外轮廓线分别向两侧偏移6.8,将立面的外轮廓线分别向内侧偏移9.2,将图层改为"其他"图层,使用"修剪"命令进行修剪。

重复执行"偏移"和"修剪"命令,完成大门入口处雨篷的绘制,如图6.23所示。

（4）标高及文字标注

1）文字标注

设置"标注"图层为当前图层,执行"多行文字"命令,在弹出的对话框中输入"白水泥引条线"等文字,重复执行"多行文字"命令,完成其他文字输入。执行"直线"命令,绘制引出线。

2）标注标高

执行"直线"命令,绘制一个标高符号,运用块的属性定义,将其定义为"标高"的块,选择"插入"→"块"菜单,选择"标高"块插入图中相应位置,并修改数值。

插入图框,修改标题栏,存盘退出,即完成建筑立面图的绘制。

6.4　建筑剖面图的绘制

6.4.1　绘制定位轴线和墙线

（1）设置绘图环境

设置绘图环境（也可直接调用前面已经设置好了的样板图）,把设置结果保存为"建筑剖面图.dwg"文件。

（2）绘制定位轴线

设置"轴线"图层为当前图层,执行"直线"命令,绘制第一条轴线,执行"偏移"命令,依次向右偏移57,21,66（定位轴线间的距离）。

（3）绘制墙线

执行"偏移"命令,将定位线轴线向两侧偏移1.2,再将最右侧的轴线向右偏移4.9,并改变其图层为"墙身"图层。执行"修剪"命令,对轴线进行修剪,如图6.24所示。

图 6.24 轴线和墙线绘制

6.4.2 楼地面、屋面的绘制

(1)绘制室内地面和室外地平

①设置"墙身"图层为当前图层,执行"直线"命令,绘制室内地平线,执行"偏移"命令,依次向下偏移 0.4(面层线)、1.2(楼板厚度)、2.4(梁高)、0.4(板底面层线)。

②执行"修剪"命令,进行修剪,并改变面层线为"其他"图层。

③执行"直线"命令,打开"正交"模式,绘制踏步和室外地平线。

(2)绘制楼面

①执行"偏移"命令,将室内地面线依次向上偏移 32;执行"直线"命令,绘制窗过梁和楼梯梁。

②执行"修剪"命令,进行修剪,完成后的图形如图 6.25 所示。

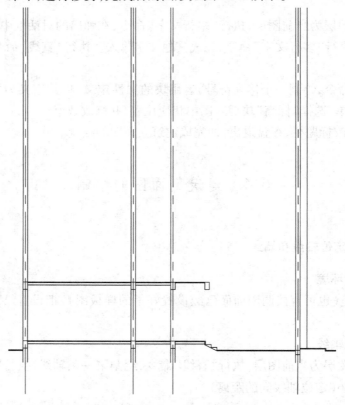

图 6.25 绘制地面、室外地坪及二层楼面

③执行"阵列"命令,设置为"5 行 1 列","行偏移"为"32","列偏移"为"0",对楼面进行阵列。

（3）绘制屋面及女儿墙

①执行"拉伸"命令,将最上层楼面(屋面)向右拉伸 38.5。

②执行"偏移"命令,将屋面的面层线分别向上偏移 4.2 和 10,再执行"直线"命令绘制楼梯间屋面和女儿墙压顶,如图 6.26 所示。

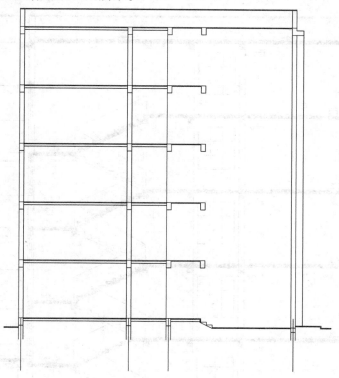

图 6.26 绘制楼面及屋面

（4）绘制楼梯平台及雨篷

①执行"直线"命令,绘制楼梯平台和雨篷,如图 6.27 所示;执行"移动"命令,将其移到相应位置。

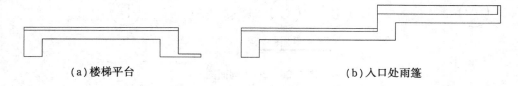

（a）楼梯平台　　　　　　　　　　　　　（b）入口处雨篷

图 6.27 绘制平台及雨篷

②执行"阵列"命令,设置"3 行 1 列","行偏移"为"32","列偏移"为"0",对楼梯平台进行阵列。

（5）绘制过梁

执行"直线"命令绘制过梁,再执行"阵列"命令完成过梁的绘制。

（6）绘制楼梯

①设置"其他"图层为当前图层,打开"捕捉"和"正交"模式,执行"直线"命令,绘制一跑

梯段。

②执行"直线"命令,捕捉楼梯踏面线的中点,绘制高度为 10 的栏杆;并绘制扶手,如图 6.28所示。

③执行"镜像""阵列"命令,完成楼梯的绘制,如图 6.28 所示。

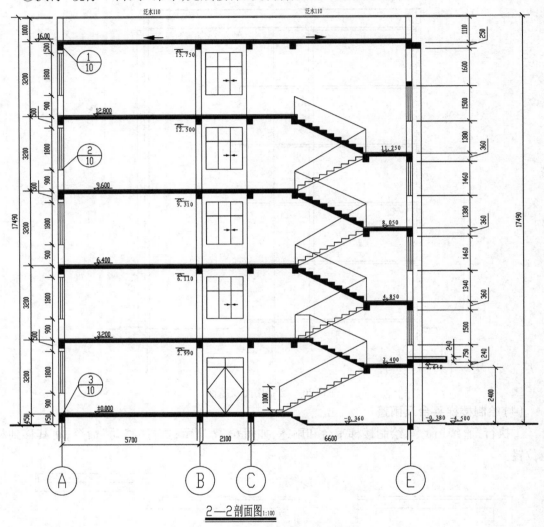

2—2剖面图 1:100

图 6.28 2—2 剖面图

6.4.3 绘制其他细部

(1)门窗绘制

与建筑立面图门窗绘制完全相同,将绘制好的门窗执行"移动"命令,移动到剖面图中。

(2)绘制断开线和踢脚线

①设置"其他"图层为当前图层,执行"直线"命令,绘制基础墙处的断开线。

②执行"偏移"命令,将各面层线向上偏移 1.50;执行"直线"命令,绘制梯段上倾斜的踢

脚线,再执行"修剪"命令进行修剪。

（3）图例填充

执行"图案填充"命令,选择"预定义"中的"SOLID"图案;通过"拾取点"的方式确定填充边界后,完成填充,如图6.28所示。

6.4.4　标高尺寸和文字

（1）标注尺寸和标高

①设置"标注"图层为当前图层,执行"线性标注"命令,打开"捕捉",标注线性尺寸"5 700"。

②执行"连续标注"命令,打开"捕捉",标注连续尺寸"2 100"和"6 600"。

③重复上述步骤,完成其他尺寸的标注。

④执行"直线"命令,绘制标高符号,运用块的属性定义,将其定义为"标高"的块。选择"插入"→"块"菜单,选择名为"标高"的块插入图中相应位置,并修改数值。

（2）标注文字及其他

①执行"直线"命令和"多行文字"命令,标注图名比例及屋面的排水坡度。

②执行"圆"命令,绘制一个直径为8的圆,运用块的属性定义,将其定义为"轴线编号"的块。选择"插入"→"块"菜单,选择名为"轴线编号"的块插入图中相应位置,并修改数值。

③再次执行"圆"命令,绘制一个直径为10的圆,执行"直线"命令绘制水平直径和指引线,再执行"多行文字"命令,完成索引符号的标注。完成的图形如图6.28所示。

（3）插入图框

插入名为"A3图框"的图框,并修改标题栏中的内容,完成2—2剖面图的绘制。

6.5　建筑详图的绘制

6.5.1　绘制楼梯详图

（1）绘制楼梯平面图

1）绘制楼梯间

①设置绘图环境,把设置结果保存为"楼梯详图.dwg"。

技术提示: 在设置标注样式时,将"使用全局比例"项设为50。

②调出图6.13,执行"缩放"命令,放大1倍。

2）标注尺寸与文本

①标注尺寸和标高

设置"标注"图层为当前图层,执行"线性标注"命令,打开"捕捉",标注线性尺寸"1 130"。

执行"连续标注"命令,打开"捕捉",标注连续尺寸"3 600"和"1 870"。

执行"特性"命令或双击尺寸"3 600",改为"12×300＝3 600"。

重复上述步骤,完成其他尺寸的标注。

执行"直线"命令,绘制一个标高符号,调用"复制"命令将其复制到图中相应位置,并修改数值,完成标高标注(也可调用"标高"块)。

②标注文字及其他

执行"直线"命令和"多行文字"命令,标注图名和比例。

执行"多段线"命令和"多行文字"命令,标注楼梯级数。

执行"圆"命令,绘制一个直径为8的圆,运用块的属性定义,将其定义为"轴线编号"的块。选择"插入"→"块"菜单,选择名为"轴线编号"的块插入图中相应位置,并修改数值。

执行"多段线"命令和"多行文字"命令,标注剖切符号。完成标注后的图形如图6.29所示。

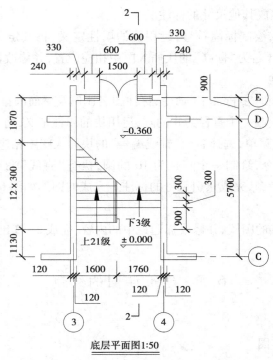

图 6.29　楼梯平面详图

(2)楼梯剖面图的绘制

①调用图6.28,执行"删除"命令,删除Ⓒ轴线左侧的线段和所有的尺寸标注。

②执行"缩放"命令,把图形放大1倍。

③执行"直线"命令,绘制Ⓒ轴线左侧的折断线和顶层楼梯平台以上的折断线,并修剪多余线段。

④参照楼梯平面详图的绘制方法,标注尺寸、文字、轴线和标高等。其中标注尺寸时,全局比例因子设为50。完成的图形如图6.30所示。

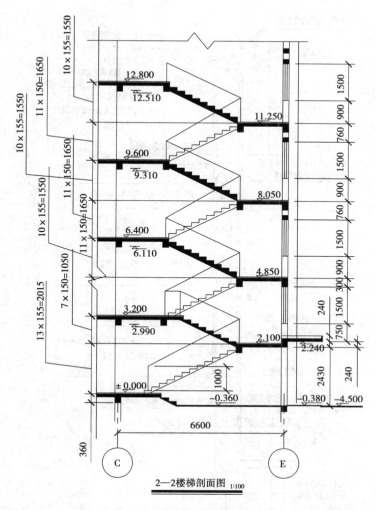

图 6.30　楼梯剖面详图 1∶50

6.5.2　绘制墙身详图

①调用图 6.28，执行"删除"命令，删除Ⓑ、Ⓒ、Ⓔ轴线上的线段和所有的尺寸标注。

②执行"缩放"命令，把图形放大 5 倍。

③执行"直线"命令，在 1—4 楼处绘制折断线。

④绘制图例。执行"图案填充"命令，砂浆填充选用"其他预定义"中的"AR-SAND"图案；混凝土填充选用"ANSI31"和"其他预定义"中的"AR-CONC"图案；砖墙材料填充选用"ANSI31"图案。

重复执行"图案填充"命令，完成其他图例的绘制。

⑤参照楼梯平面详图的绘制方法，标注尺寸、文字、轴线及标高等。其中标注尺寸时，全局比例因子设为 20。完成的图形如图 6.31 所示。

提示：在设置标注样式时，选择"使用全局比例"，并且将它设置为与图纸比例相同的大小，这样不管绘制何种图幅的图纸，都不需要改变尺寸数字的高度。

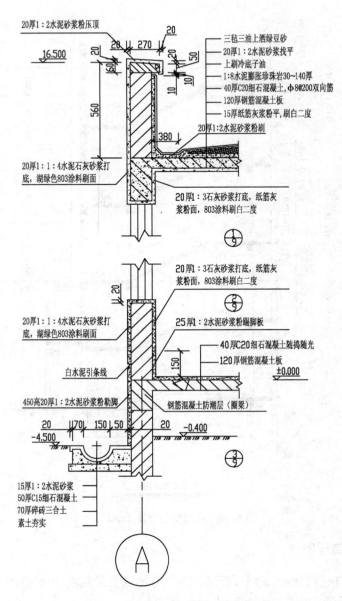

图 6.31　墙身剖面详图

技术提示:在本章学习过程中,要注意学会命令间的代替。如"延长"可以用夹点拉伸,"修剪"也可使用夹点拉伸等。

操作实训

绘制《建筑制图》之类教材中的建筑施工图(具体任务由任课教师指定)。

第 **7** 章

高级应用技巧

章节概述

在 AutoCAD 绘制过程中,需要使用到查询、办公软件在 CAD 中的应用、设计中心等较多技巧,这些技巧对提高绘图质量和绘图效果都有十分重要的意义。

知识目标

熟练表述高级图形的选择和查询技巧。

熟练表述 Excel,Word 与 AutoCAD 在建筑工程中的结合应用技巧。

熟练表述图块、外部参照、光栅图像和样板图的应用技巧。

基本表述"设计中心"的使用方法。

能力目标

能正确使用各种图形的长度、面积、特征点坐标、体积等的查询技巧。

能正确使用 Excel、Word 在 AutoCAD 图形绘制中的应用技巧。

能正确使用模板图块的使用技巧。

7.1 高级图形查询

打开下拉菜单"工具"→"查询"(见图 7.1),可以进行距离、半径、角度、面积、体积、面域/质量特性、列表、点坐标、时间、状态、设置变量的查询。

7.1.1 图形对象信息查询

(1)查询两点间的距离和角度

屏幕上任意两点间的距离以及两点连线与当前 XY 平面的夹角等可以通过距离查询命令完成。

图 7.1 图形高级查询

1)命令调用方式

◆命令:MEASUREGEOM 或 DISTANCE(快捷键:DI)

◆菜单:"工具"→"查询"→"距离"

◆按钮: 或 （含半径、角度、面积、体积查询）

2)命令及提示

命令:DIST

指定第一点:指定需要查询距离的第一个点位置

指定第二个点或[多个点(M)]:指定需要查询距离的第二个点位置。如果输入 M,则出现

指定下一个点或[圆弧(A)/长度(L)/放弃(U)/总计(T)]<总计>:

或者

命令:MEASUREGEOM

输入选项[距离(D)/半径(R)/角度(A)/面积(AR)/体积(V)]<距离>:_distance

指定第一点:指定需要查询距离的第一个点位置

指定第二个点或指定需要查询距离的第二个点位置

各选项代表的意义如下:

①距离(D)。测定两点之间的距离。

②半径(R)。测定圆或圆弧的半径或直径。

③角度(A)。测定两条直线间的夹角。

④面积(AR)。测定一封闭多边形的面积。

⑤体积(V)。测定一立体图形的体积。

3)命令功能说明

①DIST命令查询的是两点之间的空间距离,若两点的 Z = 0,则查询的距离是两点间的平面距离。

②查询结果中"XY平面中的倾角"是两点的虚构线在 XY 平面内的投影与 X 轴的夹角。

③查询结果中"与 XY 平面的夹角"是两点的虚构线与 XY 平面所夹的空间角。

(2)指定对象或区域的面积查询

面积查询命令不仅可以计算对象和指定区域的面积和周长,还可以计算多个对象和指定区域的面积之和。

1)命令调用方式

◆命令:AREA(快捷键:AA)

◆菜单:"工具"→"查询"→"面积"

◆按钮:

面积
测量面积

有多个命令可用于提供面积信息,包括 AREA、MEASUREGEOM 和 MASSPROP。或者,也可使用 BOUNDARY 可创建闭合多段线或面域。然后使用 LIST 或"特性"选项板来查找面积。

2)命令及提示

命令:AREA

指定第一个角点或[对象(O)/增加面积(A)/减少面积(S)] <对象(O) >:指定需要查询面积的第一个角点位置

指定下一个点或[圆弧(A)/长度(L)/放弃(U)]:指定需要查询面积的第二个角点位置

指定下一个点或[圆弧(A)/长度(L)/放弃(U)]:指定需要查询面积的第三个角点位置

……,按"Enter"键结束命令。

或者:

命令:_MEASUREGEOM

输入选项[距离(D)/半径(R)/角度(A)/面积(AR)/体积(V)] <距离 >:_area

指定第一个角点或[对象(O)/增加面积(A)/减少面积(S)/退出(X)] <对象(O) >:

指定下一个点或[圆弧(A)/长度(L)/放弃(U)]:

指定下一个点或[圆弧(A)/长度(L)/放弃(U)]:

指定下一个点或[圆弧(A)/长度(L)/放弃(U)/总计(T)] <总计 >:

……,按"Enter"键结束命令。

各选项功能如下:

①对象(O)。通过指定对象的方式进行查询。

②增加面积(A)。用于计算多个对象的面积、周长的总和。

③减少面积(S)。用于计算多个面积的差值。

3)命令功能说明

①"指定第一个角点"是默认的指定方式,可以通过依次指定封闭区域的每一个角点,完成对这些角点连线所围成的多边形区域的查询。指定方式可以输入坐标或用鼠标依次单击各个角点。

②"对象(O)"参数用于以指定对象方式完成查询计算。对象必须是独立封闭的,如圆、椭圆、正多边形和实体等,如果要以对象方式查询由多条直线构成的封闭区域,必须先将该区域设置为一个面域,然后再选择面域对象进行查询。

③AREA 命令查询的对象如果是一个实体,则查询的结果只有面积,没有周长,并且查询得到的面积是该实体对象所有外表面的总面积。

④如果需要进行面积间的加减计算,在执行 AREA 命令后,应先选择参数,再根据提示依次选择对象。其中"增加面积(A)"选项用于计算多个定义区域和对象的面积、周长,同时计算所有定义区域和对象的总面积。而"减少面积(S)"选项是"增加面积(A)"的相反项,用于计算从多个区域和对象中减去的面积、周长,并同时计算减去的所有区域和对象的总面积。

(3)查询面域/质量特性

在 AutoCAD 中,除了能直接查询到对象的面积、体积外,还可直接得到对象的形(质)心位置、惯性矩、惯性积等几何特性。

1)命令调用方式

◆命令:MASSPROP

◆菜单:"工具"→"查询"→"面域/质量特性"

◆按钮: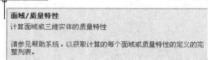

2)命令及提示

命令:MASSPROP

指定对象:指定需要查询的面域或实体对象

在选中需要查询的对象后,系统将弹出如图 7.2 所示文本框,以列表形式显示查询结果。

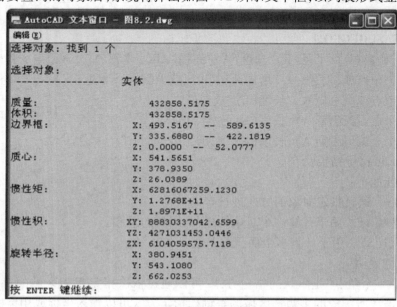

图 7.2　面域/质量特性查询结果显示文本框

按"Enter"键后,出现如下提示:

主力矩与质心的 X-Y-Z 方向:

$$I:367687375.9046 \text{ 沿} [1.00000.00000.0000]$$

$$J:430934741.2409 \text{ 沿} [0.00001.00000.0000]$$

$$K:602963506.9074 \text{ 沿} [0.00000.00001.0000]$$

是否将分析结果写入文件? [是(Y)/否(N)] <否>:确定是否将查询结果以文件形式保存。

3)命令功能说明

①面域/质量特性查询命令 MASSPROP 的使用对象只能是面域或实体。若选择的对象为二维图形,如圆、正多边形或封闭的样条曲线、多段线等,必须先将这些图形转换为面域。

②若在"是否将分析结果写入文件? [是(Y)/否(N)] <否>:"提示下选择"是",可以将查询出的质量特性以.mpr 后缀文件保存,该文件可以使用 Windows 操作系统自带的"记事本"程序打开。

(4)列表

列表可以将所选中对象的各种信息,如对象类型、所在空间、图层、大小、位置等特性在文本框中以列表的方式显示。

1)命令调用方式

◆命令:LIST(快捷键:LI)

◆菜单:"工具"→"查询"→"列表"

◆按钮:

列表
显示选定对象的特性数据

用户可以使用 LIST 显示选定对象的特性,然后将其复制到文本文件中。

2)命令及提示

命令:LIST

选择对象:选择需要查询的对象

选择对象:继续选择需要查询的对象或按"Enter"键退出

在选中需要查询的对象后,系统会弹出如图 7.3 所示文本框,以列表形式显示查询结果。

(5)定位点

定位点就是查询指定位置的坐标,是计算机辅助设计中经常要遇到的工作。它对于准确绘图有着非常重要的意义。使用定位点查询命令可以列出指定位置的 X,Y,Z 坐标值。

1)命令调用方式

◆命令:ID

◆菜单:"工具"→"查询"→"点坐标"

◆按钮:

定位点
显示点坐标

2)命令及提示

命令:ID

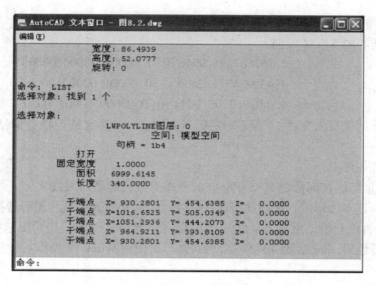

图 7.3　列表显示文本框

命令:_id 指定点:指定需要查询点的位置

一旦选定点后,将出现点坐标值显示:X = ?　　Y = ?　　Z = ?

3)命令功能说明

①在命令行出现"指定点:"提示后,在绘图区域需要查询坐标的点位上单击鼠标左键,在命令行中就会出现该点的坐标。

②为了准确查询各点的坐标值,在指定点时,最好配合对象捕捉进行。其他查询命令配合对象捕捉使用也可以提高查询的准确性。

例 7.1　查询如图 7.4 所示长方体的图形信息。

①距离查询

查询图 7.4 所示长方体的 AB 边长度。调用距离查询命令后,交叉区命令执行过程如下:

命令:MEASUREGEOM

输入选项[距离(D)/半径(R)/角度(A)/面积(AR)/体积(V)] <距离 >:_distance

指定第一点:打开对象捕捉,捕捉 A 点,按"Enter"键

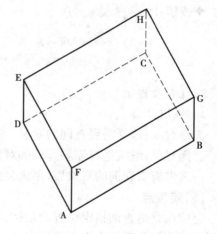

图 7.4　长方体信息查询

指定第二个点或[多个点(M)]:捕捉 B 点,按"Enter"键

距离 =100.000,XY 平面中的倾角 =30,与 XY 平面的夹角 =0

X 增量 =86.372 4,Y 增量 =50.396 5,Z 增量 =0.000 0

输入选项[距离(D)/半径(R)/角度(A)/面积(AR)/体积(V)/退出(X)] <距离 >:此时可输入各选项,进行下一步操作,也可按"Enter"键,结束命令

测定两点间的距离也可直接使用 DIST(快捷键:DI)命令。调用该命令后,提示如下:

命令:DI DIST

指定第一点:打开对象捕捉,捕捉 A 点,按"Enter"键

指定第二个点或[多个点(M)]:捕捉 B 点,按"Enter"键

距离 =100.000 0,XY 平面中的倾角 =30,　与 XY 平面的夹角 =0

X 增量 =86.372 4,　Y 增量 =50.396 5,　Z 增量 =0.000 0

②角度查询

查询图 7.4 所示长方体的 AB 和 AD 的夹角。单击下拉菜单"工具"→"查询"→"角度"选项,交叉区命令执行过程如下:

命令:_MEASUREGEOM

输入选项[距离(D)/半径(R)/角度(A)/面积(AR)/体积(V)]<距离>:_angle

选择圆弧、圆、直线或<指定顶点>:选择 AB 线段,按"Enter"键

选择第二条直线:选择 AD 线段,按"Enter"键

角度 =90°

输入选项[距离(D)/半径(R)/角度(A)/面积(AR)/体积(V)/退出(X)]<角度>:按"Enter"键,结束命令

③面积查询

查询图 7.4 所示长方体 EFGH 的面积。单击下拉菜单"工具"→"查询"→"面积"选项,交叉区命令执行过程如下:

命令:_MEASUREGEOM

输入选项[距离(D)/半径(R)/角度(A)/面积(AR)/体积(V)]<距离>:_area

指定第一个角点或[对象(O)/增加面积(A)/减少面积(S)/退出(X)]<对象(O)>:打开对象捕捉,选择 E 点,按"Enter"键

指定下一个点或[圆弧(A)/长度(L)/放弃(U)]:选择 F 点,按"Enter"键

指定下一个点或[圆弧(A)/长度(L)/放弃(U)]:选择 G 点,按"Enter"键

指定下一个点或[圆弧(A)/长度(L)/放弃(U)/总计(T)]<总计>:选择 H 点,按"Enter"键

指定下一个点或[圆弧(A)/长度(L)/放弃(U)/总计(T)]<总计>:

区域 =6 999.614 5,周长 =340.000 0

输入选项[距离(D)/半径(R)/角度(A)/面积(AR)/体积(V)/退出(X)]<面积>:按"Enter"键,结束命令,也可输入选项,接着进行其他查询

④体积查询

查询图 7.4 所示长方体 ABCDEFGH 的体积。单击下拉菜单"工具"→"查询"→"体积"选项,交叉区命令执行过程如下:

命令:_MEASUREGEOM

输入选项[距离(D)/半径(R)/角度(A)/面积(AR)/体积(V)]<距离>:_volume

指定第一个角点或[对象(O)/增加体积(A)/减去体积(S)/退出(X)]<对象(O)>:打开捕捉,选择 A 点,按"Enter"键

指定下一个点或[圆弧(A)/长度(L)/放弃(U)]:选择 B 点,按"Enter"键

指定下一个点或[圆弧(A)/长度(L)/放弃(U)]:选择 C 点,按"Enter"键

指定下一个点或[圆弧(A)/长度(L)/放弃(U)/总计(T)]<总计>:选择 D 点,按

"Enter"键

　　指定下一个点或[圆弧(A)/长度(L)/放弃(U)/总计(T)] <总计>:按"Enter"键

　　指定高度:选择 A 点和 F 点,按"Enter"键

　　体积 = 21 000.000 0

　　输入选项[距离(D)/半径(R)/角度(A)/面积(AR)/体积(V)/退出(X)] <体积>:按"Enter"键,结束命令,也可输入选项,进行其他查询

　　⑤坐标查询

　　查询图 7.4 所示长方体的 A 点坐标。单击下拉菜单"工具"→"查询"→"点坐标"选项,交叉区命令执行过程如下:

　　命令:'_id

　　指定点:(打开对象捕捉,捕捉 A 点)　　X = 964.921 1　　　　Y = 363.810 9　　　　Z = 0.000 0
(显示三维坐标值)

　　例 7.2　查询如图 7.5 所示图形阴影部分的面积。

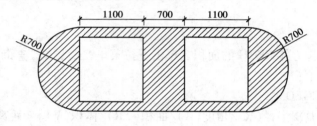

图 7.5　例 7.2 查询实例图

操作步骤:

　　①执行面积查询命令,并按"Enter"键。

　　输入选项[距离(D)/半径(R)/角度(A)/面积(AR)/体积(V)] <距离> :_area

　　②指定第一个角点或[对象(O)/增加面积(A)/减少面积(S)/退出(X)] <对象(O)> :
输入参数"A"并按"Enter"键。

　　③指定第一个角点或[对象(O)/减少面积(S)/退出(X)]:输入参数"O"并按"Enter"键。

　　④("加"模式)选择对象:使用鼠标选择图形外边缘,得如下查询信息:

　　区域 = 5 599 380.400 3,周长 = 10 198.229 7

　　总面积 = 5 599 380.400 3

　　("加"模式)选择对象:

　　区域 = 5 599 380.400 3,周长 = 10 198.229 7

　　总面积 = 5 599 380.400 3

　　⑤指定第一个角点或[对象(O)/减少面积(S)/退出(X)]:输入参数"S"并按"Enter"键

　　⑥指定第一个角点或[对象(O)/增加面积(A)/退出(X)]:输入参数"O"并按"Enter"键

　　⑦("减"模式)选择对象:用鼠标单击左侧矩形,得如下查询信息:

　　区域 = 1 210 000.000 0,周长 = 4 400.000 0

　　总面积 = 4 389 380.400 3

　　⑧("减"模式)选择对象:用鼠标单击右侧矩形,得如下查询信息:

　　区域 = 1 210 000.000 0,周长 = 4 400.000 0

总面积 = 3 179 380.400 3

("减"模式)选择对象:

区域 = 1 210 000.000 0,周长 = 4 400.000 0

总面积 = 3 179 380.400 3

其中"总面积 = 3 179 380.400 3",即为所求阴影部分面积。

⑨指定第一个角点或[对象(O)/增加面积(A)/退出(X)]:输入"X"并按"Enter 键"或按"Esc"键完成查询。

7.1.2　对象选择过滤器

使用对象选择过滤器可以将图形中满足一定条件的对象迅速过滤出来。其作用类似于快速选择命令 QSELECT,但其过滤条件比快速选择命令更丰富,包括对象的类型、颜色、所在图层、坐标数据等。同时,经过编辑和命名的对象选择过滤器可以重复调用。

(1)命令调用方式

◆命令:FILTER(快捷键:FI)

(2)命令及提示

命令:FILTER

在命令行输入命令并按"Enter"键后,将弹出如图 7.6 所示的"对象选择过滤器"对话框。

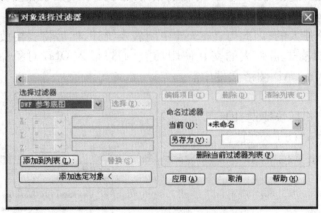

图 7.6　"对象选择过滤器"对话框

(3)对话框参数说明

①过滤器特性列表。显示组成当前过滤器的过滤器特性列表。当前过滤器就是在"命名的过滤器"的"当前"区域选择的过滤器。

②选择过滤器。为当前过滤器添加过滤器特性。在该项的下拉菜单中选择过滤对象类型并赋值。其中"选择"按钮用于选择与过滤对象类型相匹配的值;"替换"按钮用于将"选择过滤器"中显示的某一过滤器特性替换过滤器特性列表中选定的特性;"添加到列表"按钮可以回到绘图区选择对象,然后将选中对象的特性加入列表。

③编辑项目。将选定的过滤器特性移动到"选择过滤器"区域进行编辑。

④清除列表。从当前过滤器中删除所有列出的特性。

⑤命名过滤器。显示、保存和删除过滤器。

设置完成后,单击"应用"按钮退出对话框,在"选择对象"提示下创建一个选择集。在选定对象上就可以使用当前过滤器了。

7.2　Excel、Word 与 AutoCAD 在建筑工程中的结合应用

在建筑工程设计、施工中,用户经常会使用 Excel 电子表格文件统计工程数量(如钢筋下料长度统计表)或用 Word 文档文件制作设计说明。使用 AutoCAD 2012 的"对象嵌入"功能可将 Excel 工作表或 Word 文档插入 AutoCAD 图形文件中,同时也可将 AutoCAD 图形文件插入 Word 文档中,从而有利于提高这 3 款软件的使用效率。

7.2.1　工程数量的统计与表格绘制

AutoCAD 尽管有强大的图形绘制功能,但表格处理功能相对较弱,而在实际工作中,往往需要在 AutoCAD 中制作各种表格(工程数量表等)。如建筑结构施工图中的钢筋统计表,不仅要对单个构件进行统计,还要对整个工程所用钢筋量进行汇总统计。因此,在绘制图样中插入表格是工程绘图中不可缺少的。如何高效制作表格,是一个很实用的问题。

在 AutoCAD 环境下直接插入表格,再在表格中填写文字或数字,进行简单的统计计算,不但效率低下,而且精确控制文字或数字的书写位置较难,其排版也较麻烦。相对来说,Excel 的表格制作功能是十分强大的,因此可在 Excel 中制表及统计,然后将表格放入 AutoCAD 中。

AutoCAD 2012 具有非常强大的交互使用功能,通过插入 OLE 对象命令可将其他应用程序创建的对象插入 AutoCAD 图形文件中。

(1)命令调用方式

◆命令:INSERTOBJ(快捷键:IO)

◆菜单:"插入"→"OLE 对象"

◆按钮:"插入"工具栏中的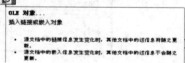

(2)命令及提示

执行"插入 OLE"命令并按"Enter"键后,将打开如图 7.7 所示的"插入对象"对话框。

(3)对话框参数说明

①"新建"。打开"对象类型"列表中亮显的应用程序以创建新的插入对象。

②"对象类型"。列出可以插入的应用程序。

③"显示为图标"。在图形中显示源应用程序的图标,双击该图标显示嵌入信息。

④"由文件创建"。插入一个已经编辑好的文件。

在插入"由文件创建"的对象时,分为链接对象和嵌入对象。如果选择从其他文档链接到图形中时,信息将随源文档中的信息一起更新。而从其他文档嵌入图形中时,信息不会随源文档中的信息一起更新。

例 7.3　编制如图 7.8 所示的钢筋统计表并插入 AutoCAD 中。

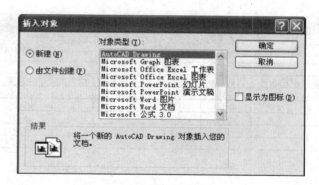

图 7.7　"插入对象"对话框

钢筋统计表								
构件名称	构件数	钢筋编号	钢筋规格	长度/mm	每件根数	总根数	单件重量/kg	总重量/kg
L–1	5	1	φ14	3630	2	10	4.39	43.9
		2	φ14	4340	1	5	5.25	26.25
		3	φ10	3580	2	10	2.21	22.1
		4	φ6	920	25	125	0.2044	25.55
		钢筋总重					12.0544	117.8

图 7.8　钢筋统计表原始数据

操作步骤：

①根据图 7.8 中的数据，在 Excel 中输入和计算完成如图 7.9 所示的表格。

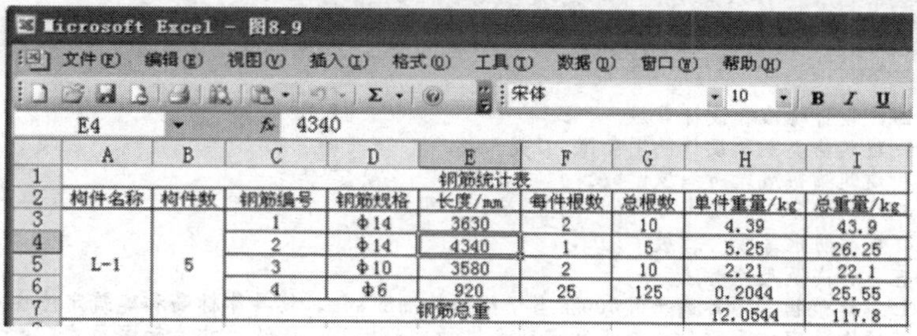

图 7.9　在 Excel 中计算完成的统计表

②在 AutoCAD 中选择"编辑"→"选择性粘贴"选项，选择 AutoCAD 图元（见图 7.10），剪贴板上的表格即转化为 AutoCAD 实体，粘贴完 Excel 表格后的图形如图 7.11 所示。

图 7.10　选择 AutoCAD 图元粘贴

如果图 7.11 中的表格横线和竖线在端部未完全对齐，在 AutoCAD 中可用修剪命令等对其进行必要的编辑。当然，工程中或其他行业有许多符号在 Excel 中很难输入，在表格转化成 AutoCAD 实体后应进行检查核对，可在 AutoCAD 中输入相应的符号。

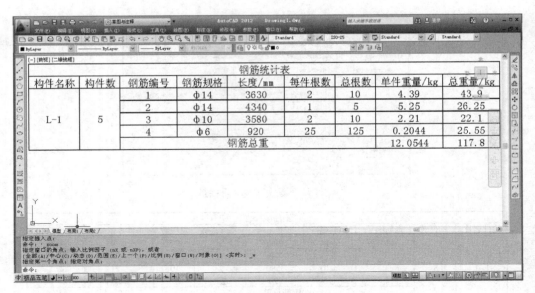

图 7.11　粘贴完 Excel 表格的 CAD 图

③调整插入表格的位置和大小,使其与已经完成的设计图相互协调。

例 7.4　把如图 7.12 所示的 Word 文档中的文字内容插入 AutoCAD 中。

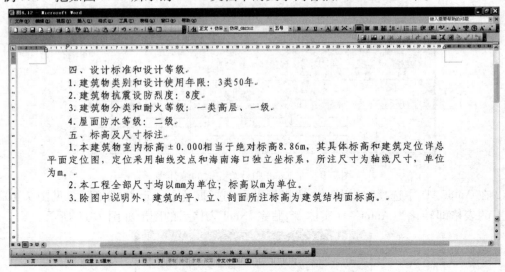

图 7.12　Word 原稿文档

操作步骤:

①将在 Word 文档中录入的文字全部选中,使用"Ctrl + C"或其他方式完成"复制"。

②回到 AutoCAD 绘图区,选择"编辑"→"选择性粘贴"菜单。

③在打开的"选择性粘贴"对话框中,选择粘贴为"AutoCAD 图元",完成对说明文字部分的粘贴,如图 7.13 所示。

④调整插入文字说明的位置和大小,使其与已经完成的设计图相互协调。

注意:也可以先在 Word 中输入文字,然后用"Ctrl + C"将文字拷贝到剪贴板上;在 Auto-CAD 中,启动多行文字 MTEXT 命令,再用"Ctrl + V"复制到文字输入框中。

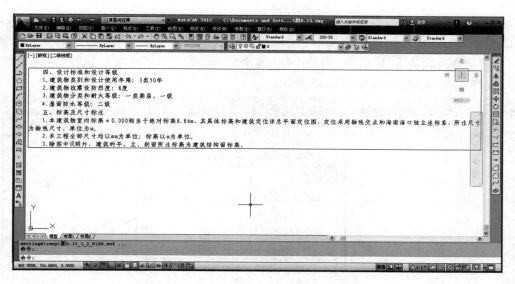

图 7.13　粘贴完 Word 文档的 CAD 图

本题仅介绍了一种操作方法，还有许多其他的方法，读者可以去自行练习。如果用户需要将所绘图形以"图片"格式运用，可以用 AutoCAD 提供的"输出"菜单选项，先将 AutoCAD 图形以 BMP 或 WMF 等格式输出，然后以来自文件的方式插入 Word 文档即可。

7.2.2　在 Word 文档中插入 AutoCAD 图形

Word 软件有出色的图文编排方式，可以把各种图形插入所编辑的文档中，这样不但能使文档的版面丰富，而且能使所传递的信息更准确。但是，Word 本身绘制图形的能力有限，难以绘制正式的工程图，特别是对复杂的图形，该缺点更加明显。AutoCAD 是专业的绘图软件，功能强大，很适合绘制比较复杂的图形。用 AutoCAD 绘制好图形，然后插入 Word 制作复合文档是解决问题的好办法。

（1）命令调用方式

◆命令：COPYCLIP

◆菜单："编辑"→"复制"

◆右键菜单：复制

◆键盘快捷方式：Ctrl + C

◆按钮：标准工具栏中

（2）命令及提示

命令：

选择对象：在绘图区选择要进行复制的图形对象

选择对象：继续选择对象或按"Enter"键确定

（3）命令功能说明

①COPYCLIP 命令是将所有选定的对象复制到 Windows 剪贴板中。将内容复制到剪贴板中后，打开 Word 文档，使用 Word 菜单："编辑"→"粘贴"或键盘快捷方式："Ctrl + V"，就可以将剪贴板中的内容插入 Word 文档中。

如图 7.14 所示，在 AutoCAD 中先单击标准工具条上的按钮，然后框选图形；或先选取图形后用 Ctrl + C 将图复制到剪贴板中;也可使用计算机键盘上的 PrtScrn 键(抓图键)将 AutoCAD的图形界面复制到剪贴板中(该种方法复制的图形是一个图片,图形内容不能在 Word 中进行修改);进入 Word 中,用 Ctrl + V 或选择"编辑"下的"粘贴""选择性粘贴"选项, 图形则粘贴在 Word 文档中,如图 7.15 所示。

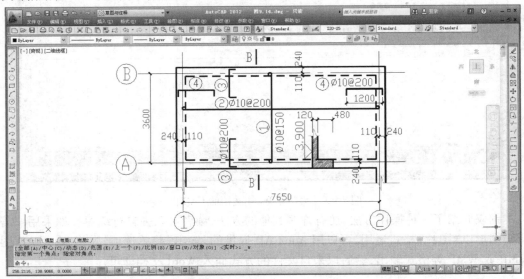

图 7.14　在 CAD 中的图

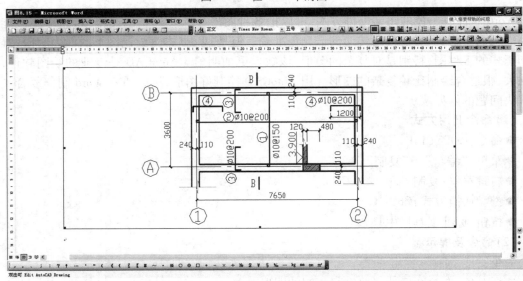

图 7.15　在 Word 中的图

②CAD 图形插入 Word 文档后,往往会出现大小不合适或空边过大,插入效果不理想等情 况,如图 7.15 所示。可利用 Word"图片"工具栏上的裁剪功能进行修整,如图 7.16 所示。

图 7.16　"图片"工具条

单击"图片"工具条上的 ✛ 按钮。单击图形，图形上下左右将出现8个四方形黑点，将鼠标移至黑点处，按住鼠标左键，出现拖动符号"T"后即可拖动鼠标对图形中的空边区域进行修整。修整后如图7.17所示。

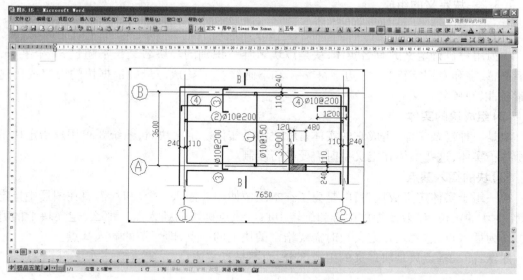

图7.17　在 Word 中被剪裁空边后的图形

③AutoCAD 的背景颜色对粘贴后的效果没有任何影响，粘贴至 Word 文档后都会将背景色转换为白色，但对象颜色不会随着粘贴而改变，即在 CAD 中对象颜色采用的是什么颜色，粘贴到 Word 中仍然是什么颜色。

④需要在 Word 文档中编辑修改插入的 CAD 图形对象，可以直接在插入的图形对象上双击鼠标左键，此时系统将自动打开 CAD 并进入绘图界面，用户可以直接在 CAD 中完成对图形对象的修改。完成后，直接保存并关闭 CAD 返回 Word，图形对象的修改就完成了。

⑤与 COPYCLIP 类似的命令是 CUTCLIP（剪切），两者区别在于"复制"命令选择图形对象按"Enter"键后，选中的图形对象仍然存在于 CAD 中，而后者被选中的图形对象将消失。

7.3　图块的应用

7.3.1　块的概念

在一个图形中，所有的图形实体均可用绘图命令逐一绘制出来。如果需要绘制许多重复或相似的单个实体或一组实体，一个基本的方法是重复绘制这些实体，这样做不仅乏味、费时，而且不一定能保证这些实体完全相同。利用计算机绘图的一个基本原则是同样的图形不应该绘制两次。因此，AutoCAD 提供了各种各样的复制命令，如 COPY、MIRROR 和 ARRAY。但是，如果拷贝的实体同时需要进行旋转和缩放，还必须借助于 ROTATE 和 SCALE 命令。即使如此，简单实体复制所占用的存储空间也是相当可观的。那么，如何实现一组实体既能以不同比例和旋转角进行复制，又占用较少的存储空间，块是解决上述矛盾的一个途径。

所谓块,就是存储在图形文件中仅供本图形使用的由一个或一组实体构成的独立实体。块一经定义,用户即可在定义块的图形中任何位置,以任何比例和旋转角度插入任意次。

7.3.2　块定义的组成

(1)块名

块为用户自行定义的有名实体,块是以块名唯一识别的。块名最长不超过 31 个字符,可由字符、数字和专用字符" $ "、边字符" - "和下画线"__"构成。最好根据块的内容或用途对块命名,以便顾名思义。

(2)组成块的实体

块是一种复杂实体,组成它的实体常称之为子实体。定义块时,系统要求用户指定块中包含哪些子实体,这些实体在定义块时需要先行绘制。

(3)块的插入基点

把一组子实体定义成块,目的是为了在本图中使用。插入一个块时,需要在图形中指定一点,作为块的定位点(兼作缩放中心和旋转中心),该点称块的插入点。那么,定义块上的哪一点可作为插入点,这就是在定义块时需要指定的块上的一点,即所谓的插入基点。

注意:插入基点只是块定义的组成部分,而不是点实体。

7.3.3　块定义的命令

对现有块重新进行定义是对图形进行编辑的强有力方法。如果用户定义了一个块,并在当前图形中进行了多次插入,后来发现所有插入块中的实体绘制错误或位置不正确,则用户可以使用分解命令把其中一个插入块炸开,修改增删块属实体或重新指定插入基点,然后使用原块名对该块重新定义。块定义的修改会引起当前图形的再生,使得当前图形中该块的所有插入块都会根据新的块定义自动进行更新。

(1)命令调用方式

◆命令:BLOCK(快捷键:B)

◆菜单:"绘图"→"块"→"创建"

◆按钮:绘图工具栏中

(2)命令及提示

命令:BLOCK

在命令提示行中输入命令并按"Enter"键后,将弹出如图 7.18 所示"块定义"对话框。

(3)对话框参数说明

①"名称"。用于设置块的标识,新建图块可以直接在文本框中输入块名称。单击右侧向下的箭头可以调出当前图形中已经定义的块名称。

②"基点"。用于指定块插入时的基点。默认值是(0,0,0)。基点位置要以通过输入坐标的方式指定,也可以通过单击"拾取点"按钮回到绘图区,在当前图形中拾取插入基点。

③"对象"。用于指定新块中要包含的对象以及创建块之后如何处理这些对象。其中包含各项如下:

a."在屏幕上指定"。用于在绘图区指定定义为块的图形。

b."选择对象"。用于返回绘图区选择块对象。完成块对象选择后,按"Enter"键重新显

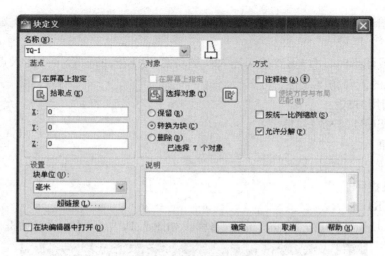

图 7.18　"块定义"对话框

示"块定义"对话框。

c."保留"。用于创建块以后,将选定对象保留在图形中作为区别对象。

d."转换为块"。用于创建块以后,将当前的这个图形保存为块。

e."删除"。用于创建块以后,从图形中删除选定的对象。

技术提示:保留就是你当前操作的这个图形不是块,但是你保存的已经是块了;转化为块是当前的这个图形和你保存的那个都是块。

④"方式"。包含各项如下:

a."注释性"。指定块为注释性。单击信息图标以了解有关注释性对象的详细信息。

b."使块方向与布局匹配"。指定在图纸空间视口中的块参照的方向与布局的方向匹配。如果未选择"注释性"选项,则该选项不可用。

c."按统一比例缩放"。指定是否阻止块参照不按统一比例缩放。

d."允许分解"。指定块参照是可以被分解。

⑤"设置"。用于指定块的设置。其中包含各项如下:

a."块单位"。指定块对照插入单位。若选择"无单位"或"毫米",该块在插入其他文件时不缩放;若选择其他单位,块插入时会按该单位与毫米单位的倍数进行缩放。如块单位为"分米"则插入时长度会放大 100 倍。

b."超链接"。打开插入"插入超链接"对话框,可以使用该对话框将某个超链接与块定义相关联。

⑥"在块编辑器中打开"。当单击"确定"按钮后,在块编辑器中打开当前的块定义。

技术提示:用 BLOCK 命令创建的是内部块,它保存在当前图形中,且只能在当前图形中用块插入命令引用。如果要创建的是外部块,主要使用 WBLOCK 命令来实现,外部块可以被其他图形文件引用。

7.3.4　块的插入

使用 INSERT 或 DDINSERT 命令,可以把已定义的块或外部图形文件插入当前图形中。当把一个外部图形插入当前图形中时,AutoCAD 先从磁盘上将外部图形装入当前图形,再把它定义成当前图形的一个块,然后再把该块插入图形中,即同时完成外部图形文件的块定义和块插入。

在插入块或图形时,用户需要指明插入块的块名、块插入的位置——插入点、块插入的比例因子、块插入的旋转角度及是否分解等。

（1）命令调用方式

◆命令:INSERT(快捷键:I)

◆菜单:"插入"→"块"

◆按钮:绘图工具栏中🔲

（2）命令及提示

命令:INSERT

执行"插入块"命令并按"Enter"键后,将弹出如图 7.19 所示"插入"对话框。

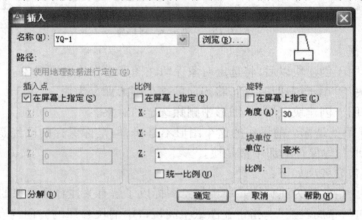

图 7.19 "插入"对话框

（3）对话框参数说明

①"名称"。利用名称下拉列表框,可以弹出当前图形中已定义的块名供选用。

②"浏览"。单击"浏览"按钮,将打开"选择图形文件"对话框,从中可选择要插入的块或图形文件。

③"插入点"。指定块插入位置。若选择"在屏幕上指定",可在完成设置后回到绘图区,由鼠标单击在相应位置上插入图块,也可直接在对话框中输入坐标值以确定块插入的位置。

④"比例"。指定块插入时的比例大小。若选择"在屏幕上指定",可在完成设置后回到绘图区,通过鼠标移动确定缩放比例,也可直接在对话框中输入 X,Y,Z 各个方向上的缩放比例数值完成比例确定。

⑤"旋转"。指定块插入时的旋转角度。若选择"在屏幕上指定",可在回到绘图区后通过鼠标移动指定插入块的方向,也可直接在对话框中输入角度值设置插入块的角度。

⑥"块单位"。此处显示所插入块或图形的单位及插入当前图形中的缩放比例因子。这两个对话框中的内容是在定义块时就确定了,不能进行编辑。

⑦"分解"。插入块时将块分解为各组成部分。选定"分解"时,只可以采用统一比例因子。

选中需要插入的块后,在对话框的右上角会出现一个预览窗口,通过窗口观察插入块的情况。

插入的图块如果是在 0 层上建立的,不论其线型、线宽、颜色等属性是"bylayer"还是"byblock",在插入后,都会自动使用当前层的设置,但如果在 0 层建立块时另外设定了颜色或线型等,则插入块后的颜色和线型等仍为原来设置的情况。

例 7.5　定义如图 7.20 所示的图形为块,插入如图 7.21 所示的图块。

操作步骤:

①绘制块

执行直线等命令,绘制图 7.20 所示图形。

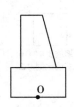

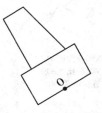

图 7.20　块的定义　　　　　　　　图 7.21　插入块

②定义块

命令:BLOCK(显示图 7.18 所示的对话框后,输入名称"YQ-1")

选择对象:(用鼠标左键拾取图 7.20 中的梯形和矩形)

选择对象:继续选择对象或按"Enter"结束选择

指定插入基点:MID(指定插入基点为图 7.20 中矩形下边中点 O,对话框如图 7.18 所示,选择"确定"按钮完成块的定义)

注意:尽管块定义本身存储在图形中,但并不是图形中的实体。必须使用 INSERT 命令将块插入图形中才能产生块实体。

③插入块

命令:INSERT(出现如图 7.19 所示的对话框,输入旋转角度 30,比例因子不变),执行得到图 7.21。

如图 7.22 所示为以不同的比例因子和旋转角度插入图形中的八字翼墙断面图块。左上角为块定义的原始图形。

7.3.5　块的修改

图块创建后,由于设计方案的更改,某些图块内容需要修改更新。修改内部块定义可以用 BLOCK 或 BMAKE 命令。

①要修改插入的块,可使用"分解"命令使其成为下一级图元文件才可以修改,如果图块有嵌套,即图块中有图块,有时一次"分解"不行,还需要在局部进行二次"分解"操作。

②用编辑命令按新块图形要求修改旧块图形。

③运行 BLOCK 或 BMAKE 命令,选择修改后图形作为块定义的选择对象,并使块名称与原块名相同。

④完成此命令后将出现如图 7.23 所示警告对话框,单击"是",则块定义被重新定义,当前图中所有对该块的引用同时被自动修改更新。

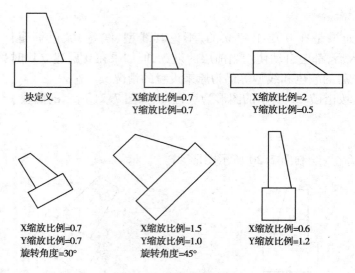

图 7.22 块的应用示例

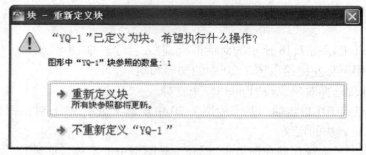

图 7.23 警告对话框

7.3.6 利用块绘制围墙图例

例 7.6 绘制如图 7.24 所示的施工总平面布置图中的围墙。

操作步骤：

①利用 LINE 或 PLINE 绘制围墙的边界线；若使用 LINE 绘制，则要转换为多段线。

②绘制一定长度的竖直线。

③定义图 7.24 中部的竖直线为图块，图块名为 "Y1"，基点为其下端。

④命令：DIVIDE（定数等分）或 MEASURE（定距等分）↙。

选择要定数等分的对象：（用鼠标左键拾取图 7.24 中的围墙边界线）

输入要插入数目或［块（B）］:B↙（选择图块模式）

输入要插入的块名:Y1↙（输入图块名"Y1"）

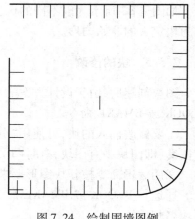

图 7.24 绘制围墙图例

是否对齐块和对象？［是（Y）/否（N）］＜Y＞:↙（保持图块与插入的位置相垂直）

输入线段数目:50↙（围墙边界线的分段个数,分为 50 段,结果见图 7.24）

7.4　外部参照

外部参照是一种类似于块的图形引用方式,它是通过把已有的图形文件链接到当前图形中来完成图形引用;但当前图形中只记录链接信息,而不像插入块那样将块中所有的图形数据全部存储在当前图形中。因此,引入的外部参照不能在当前文件中被编辑和修改。打开图形时,对外部参照图形的任何改动,都可以反映到当前图形中。这个特征非常适合多人合作完成一个设计项目。

7.4.1　插入外部参照

（1）命令调用方式

◆命令:XATTACH（快捷键:XA）

◆菜单:"插入"→"外部参照"

◆按钮:参照工具栏中

（2）命令及提示

命令:XATTACH

执行外部参照命令后,将弹出如图 7.25 所示的"选择参照文件"对话框。在对话框中选择要参照的文件,单击"打开"按钮,又将弹出如图 7.26 所示的"附着外部参照"对话框。

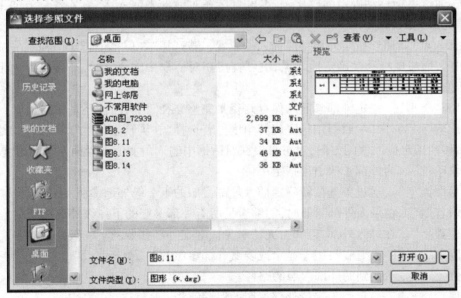

图 7.25　"选择参照文件"对话框

（3）"附着外部参照"对话框参数说明

①"名称"。插入了一个外部参照之后,该外部参照的名称将出现在列表里。

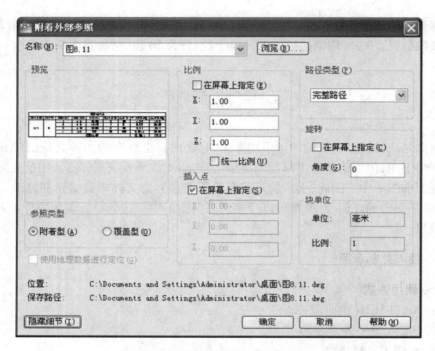

图 7.26 "附着外部参照"对话框

②"浏览"。该按钮可直接打开如图 7.25 所示的"选择参照文件"对话框,以便为当前图形选择新的外部参照。

③"比例"。指定所选外部参照的比例因子。若选择"在屏幕上指定",可在完成设置后回到绘图区,通过鼠标移动确定缩放比例,也可直接在对话框中输入 X,Y,Z 各个方向上的缩放比例数值完成比例确定。

④"插入点"。用于指定外部参照插入的位置。若选择"在屏幕上指定",可在完成设置后回到绘图区,通过鼠标移动确定插入点,也可直接在对话框中输入 X,Y,Z 各个方向上的插入点坐标数值完成。

⑤"路径类型"。指定外部参照的保存路径是完整路径、相对路径还是无路径。

⑥"旋转"。为外部参照引用指定旋转角度。若选择"在屏幕上指定",可在回到绘图区后通过鼠标移动指定插入块的方向,也可直接在对话框中输入角度值设置插入块的角度。

⑦"块单位"。为外部参照引用指定单位。

⑧"参照类型"。通过单选按钮确定插入外部参照的下一级外部参照。

a."附着型"。在插入外部参照时,能够看见所有外部参照的下一级外部参照。

b."覆盖型"。在插入外部参照时,无法看见嵌套在外部参照的下一级外部参照。

⑨"隐藏细节/显示细节":用于显示或隐藏外部参照的路径。

a."位置"。显示找到的外部参照的路径。

b."保存路径"。显示用于定位外部参照的保存路径。

7.4.2 插入光栅图像参照

光栅图像参照也可以向外部参照一样附着到当前的图形文件中,它们并不是图形的实际组成部分,每个插入的图像都有自己的剪裁边界和自己的亮度、对比度、褪色度和透明度设置。光栅图像参照插入后可与 CAD 图形对象一起完成图样的表达,如图 7.27 所示。

图 7.27　插入光栅图像参照的示例

(1)命令调用方式

命令:IMAGEATTACH(快捷键:IAT)

菜单:"插入"→"光栅图像参照"

◆按钮:参照工具栏中

(2)命令及提示

命令:IMAGEATTACH

执行插入光栅图像参照命令后,将弹出如图 7.28 所示的"选择参照文件"对话框,在该对话框中选定要插入的光栅图像参照后,弹出如图 7.29 所示的"附着图像"对话框。

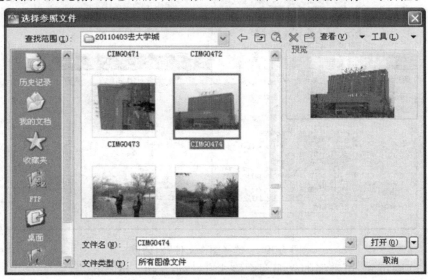

图 7.28　"选择参照文件"对话框

211

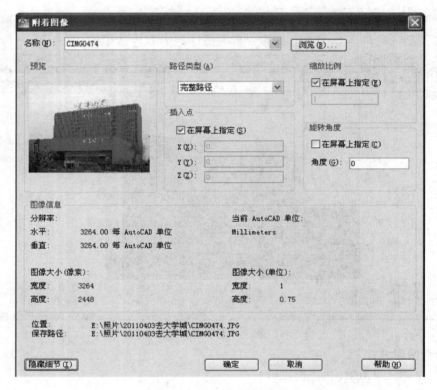

图 7.29 "附着图像"对话框

(3)对话框参数说明

"附着图像"对话框中各项的作用和含义与图 7.26"附着外部参照"对话框相同。仅多了"图像信息"一项,"图像信息"一项对当前图像的分辨率、图像大小进行了说明。需要注意的是,单击"浏览"按钮,可打开如图 7.30 所示的"选择图像文件"对话框,重新选择光栅图像文件。

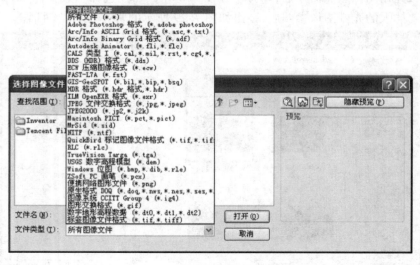

图 7.30 "选择图像文件"对话框

从图 7.30 中可知,可选择的光栅图像格式有.bmp,.gif,.tif,.jpg 等。

7.5　工具选项板与设计中心

AutoCAD 2012 中的"工具选项板"与"设计中心"是管理图形文件的有效工具,通过它们可以方便地重复利用和共享图像以及图形中的块、图层、标注样式和其他图形内容。

7.5.1　工具选项板

利用工具选项板可快速拖曳建立图案填充、块、外部参照、标注等,同时也可将图形、块、标注样式等拖到工具选项板上,以备今后快速调用。另外,AutoCAD 2012 还自带了丰富的图形样例供用户选择使用。

(1)命令调用方式

◆命令:TOOLPALETTES(快捷键:TP)

◆菜单:"工具"→"选项板"→"工具选项板"

◆键盘快捷方式:Ctrl + 3

◆按钮:标准工具栏中

(2)命令及提示

命令:TOOLPALETTES

执行"工具选项板"命令后,将弹出如图 7.31 所示的"工具选项板"窗口。

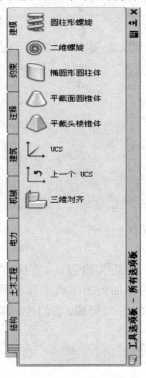

图 7.31　"工具选项板"窗口

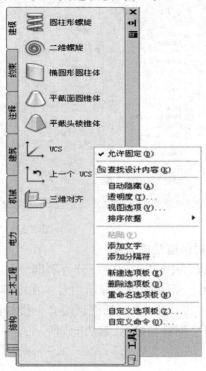

图 7.32　工具选项板右键菜单

213

(3)命令功能说明

①工具选项板是在 AutoCAD 2004 版本后提供的一种用于快速创建和填充对象的工具,它可以通过单击或拖曳工具板上的相关内容至绘图区来完成对象操作。另外,也可以通过自定义或新建选项板,将需要使用的对象工具添加至选项工具板以达到快速调用的目的。

②工具选项板可通过显示控制完成自动隐藏或透明设置,这些工作主要通过右键菜单完成,如图 7.32 所示。

7.5.2 设计中心

AutoCAD 2012 的设计中心是一个控制中心,可以管理块、外部参照、光栅图像、字体、线型、图层等图形资源,还可以从互联网上下载相关的数据信息和资源。

(1)命令调用方式

◆命令:ADCENTER(快捷键:ADC)

◆菜单:"工具"→"选项板"→"设计中心"

◆键盘快捷方式:Ctrl + 2

◆按钮:标准工具栏中 ▦

(2)命令及提示

◆命令:ADCENTER

执行该命令后,将弹出如图 7.33 所示的"设计中心"对话框。

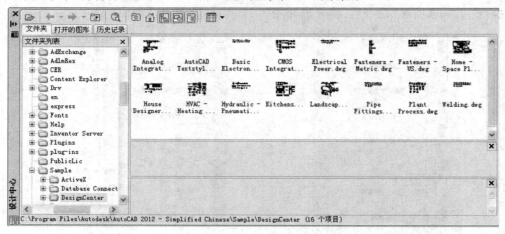

图 7.33　"设计中心"对话框

(3)对话框功能说明

①"设计中心"窗口主要分为两部分,左边为树状图,右边为内容区。可以在树状图中浏览内容的源,而在内容区显示内容。在内容区可以将项目添加到图形或工具选项板中。

②在"设计中心"对话框顶端有一排如图 7.34 所示的工具按钮,它们控制着树状图和内容区的信息浏览和显示,其功能如下:

图 7.34　"设计中心"顶端工具按钮

"加载"。单击后打开如图 7.35 所示的"加载"对话框。在该对话框中,可选择要在"设计中心"里打开的文件。加载图形只是在设计中心调用所选图形文件,所选图形文件并没有真正打开。

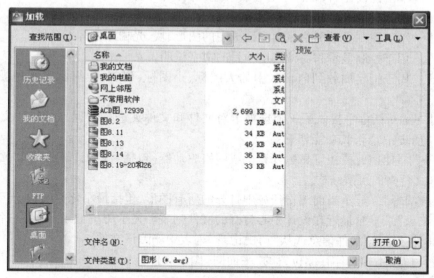

图 7.35　"加载"对话框

"上一页"。返回到历史记录列表中上一次的位置,也可单击右侧的小三角选择要返回到的位置。

"下一页"。返回到历史记录列表中下一次的位置,也可单击右侧的小三角选择要前进到的位置。

"上一级"。显示当前目录上一级目录的内容。

"搜索"。单击后打开如图 7.36 所示的"搜索"对话框,从中可指定搜索条件以便在图形中查找块、外部参照、图层、布局、文字样式、标注样式、填充图案等。

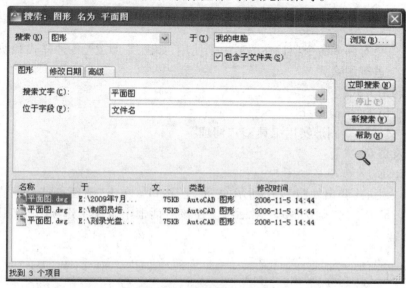

图 7.36　"搜索"对话框

"收藏夹"。显示 Windows 收藏夹中 Autodesk 的内容,也可将常用的文件或文件夹以快捷方式添加到收藏夹中,以便今后方便快速地应用。该操作不会改变原有文件或文件夹的位置。

"主页"。单击该按钮后,设计中心将自动返回到默认文件夹中。

"树状图切换"。用于控制显示和隐藏树状图。

"预览"。用于控制显示和隐藏内容区选中的图形、块、光栅图像等的预览。

"说明"。用于控制显示和隐藏选定项目的文字说明。

"视图"。用于指定加载到内容区中的大图标、小图标、列表、详细信息 4 种类型的显示格式。

③设计中心对话框中提供了 3 个选项卡对文件和文件夹进行管理,分别是"文件夹""打开的图形""历史记录",其功能如下:

"文件夹"。使用此按钮可显示计算机或网络驱动器(包括"我的计算机"和"网上邻居")中的文件和文件夹的层次结构。

"打开的图形"。显示当前工作任务中打开的所有图形,包括最小化的图形。

"历史记录"。显示最近在设计中心打开的文件列表。显示历史记录后,在一个文件上单击鼠标右键,将显示该文件信息或从"历史记录"列表中删除该文件。

例 7.7 搜索不知具体存储位置的"平面图"图形文件。

操作步骤:

①打开"设计中心"窗口,执行"搜索"命令,弹出图 7.36 所示的"搜索"对话框。

②将搜索路径设置为"我的计算机",在"搜索文字"输入"平面图"。

③单击"立即搜索"按钮进行搜索,搜索结果如图 7.36 所示,共有 3 个结果。

7.6 辅 助 功 能

7.6.1 清除图形中不用的对象

绘图中难免会有许多命令项目在图形中未使用,如图层、线型、各种样式和块等。用户可以通过清理命令进行删除。

(1)命令调用方式

◆命令:PURGE(快捷键:PU)

◆菜单:"文件"→"图形实用工具"→"清理"

(2)命令及提示

命令:PURGE

执行该命令后,将弹出如图 7.37 所示的"清理"窗口。单击"清理"或"全部清理"按钮后,将弹出如图 7.38 所示的"确认清理"对话框。在该对话框中有 3 个选项,用户根据需要清理的内容自行选择。

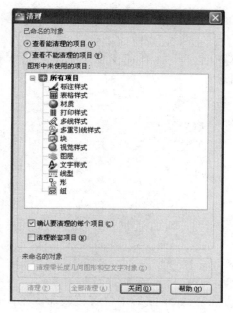

图 7.37　"清理"窗口

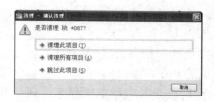

图 7.38　"确认清理"对话框

（3）功能参数说明

①查看能清理的项目。可通过"－"或"＋"图标切换树状图以显示当前图形中可以清理的命名对象的概要。

②图形中未使用的项目。列出当前图形中未使用的、可被清理的命名对象。可通过单击"＋"或双击对象类型列出任意类型的项目,选择要清理的项目进行清理操作。

③确认要清理的每个项目。清理项目时显示"确认清理"对话框。

④清理嵌套项目。从图形中删除所有未使用的命名对象,即使这些对象包含在其他未使用的命名对象中或被这些对象所参照,显示"确认清理"对话框,可取消或确认要清理的项目。

⑤查看不能清理的项目。切换树状图以显示不能清理的当前图形中的命名对象的概要。

⑥"清理"。清理所选项目。

⑦"全部清理"。清理所有未使用项目。

技术提示:使用"清理"命令后,图形所占空间的大小将会发生改变。

7.6.2　核查

文件损坏后,可通过核查命令查找并更正错误来修复部分或全部数据。如果在图形文件中检测到损坏的数据或者用户在程序发生故障后要求保存图形,那么该图形文件将标记为已损坏。如果只是轻微损坏,有时只需打开图形便可修复它,否则,可使用核查和修复命令来修复。核查命令只能在打开的当前图形文件中检查图形的完整性并更正某些错误,同时核查文件将生成该图形文件的问题说明及更正建议。

（1）命令调用方式

◆命令:AUDIT

◆菜单:"文件"→"图形实用工具"→"核查"

（2）命令及提示

命令：AUDIT

是否更正检测到的任何错误？［是（Y）/否（N）］＜N＞：在命令行中输入"Y"或直接按"Enter"键，结束核查，得到核查结果，出现如下信息：

核查表头

核查表

第 1 阶段图元核查

阶段 1 已核查 100　　　个对象

第 2 阶段图元核查

阶段 2 已核查 100　　　个对象

核查块

已核查 1　　　　个块

共发现 0 个错误，已修复 0 个

已删除 0 个对象

提示 1：核查时应指定该程序遇到问题时是否修复，如果图形中含有核查命令不能修复的错误，可用修复命令检索图形并更正错误，修复命令将修复除当前图形文件之外的任何指定的 DWG 文件。

提示 2：通过此命令恢复的图形文件不一定与原图形文件完全一致，只是该程序将从损坏的文件中提取尽可能多的数据。

7.6.3　修复

修复命令可核查并尝试打开任何图形文件。

命令调用方式有以下两种：

◆命令：RECOVER

◆菜单："文件"→"图形实用工具"→"修复"

（1）修复损坏的图形文件

操作步骤：

①执行修复命令。

②在弹出如图 7.39 所示的"选择文件"对话框中，打开要修复的一个文件。

③核查后，修复将所有出现错误的对象置于"上一个"选择集中，以便用户访问，修复结果如图 7.40、图 7.41 所示。

（2）修复由系统故障引起损坏的图形文件

操作步骤：

①如果修复出现问题无法继续，则将显示错误信息（对于某些错误，会显示错误代码），记录错误代码，保存更正（如果可能的话），然后退出操作系统。

②重新启动修复程序。

③在"图形修复"窗口"备份文件"下，双击图形节点以展开该节点。在列表中，双击某个图形或备份文件以打开该图形或备份文件。

如果修复命令检测到图形已损坏，将显示一条询问用户是否继续的信息。

图 7.39　"选择文件"对话框

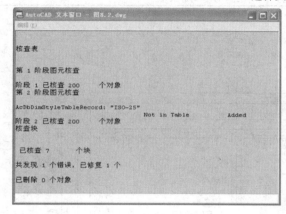

图 7.40　文本窗口

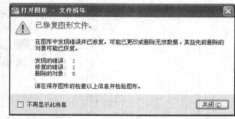

图 7.41　文件损坏的修复窗口

④输入"Y",继续。

修复命令尝试修复图形时,将显示诊断报告,如果将 AUDITCTL 系统变量设置为 1(开),则该核查结果将写入核查日志(. ADT)文件。

⑤根据修复是否成功,执行以下任一操作:

如果修复成功,图形将被打开,立即保存图形文件。

如果该程序无法修复文件,将显示一条信息。在这种情况下,从步骤③开始,选择"图形修复"窗口中列出的其他某个图形或备份文件。

(3)从备份文件中修复图形

操作步骤:

①在 Windows 资源管理器中,找到带有文件扩展名为". Bak"的备份文件。

②在备份文件上单击鼠标右键,选择"重命名"。

③使用". Dwg"文件扩展名输入新名。

④这时会发现,更改文件扩展名后图形的图标也相应发生了改变(由 图 变为 图),此后就可像打开任何其他文件一样打开此文件了。

<h1 style="text-align:center">操作实训</h1>

7.1 综合运用前面所学知识,完成如图 7.42 所示房屋底层平面图。

(1)创建表 7.1 所示图层并加其特性。

表 7.1 需要创建的图层和特性

序号	图层名称	颜 色	线 型	线 宽
1	细实线	白色	随层	默认
2	粗实线	白色	随层	0.35 mm
3	轴线	红色	CENTER2	默认
4	门窗	洋红色	随层	默认
5	尺寸标注	黄色	随层	默认
6	其他	绿色	随层	默认

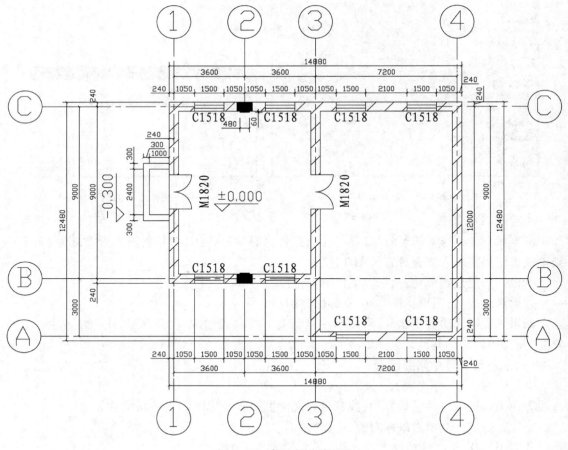

图 7.42 房屋底层平面图

（2）对图中所示墙体进行图案填充。

（3）将 C1518 和轴线圆设置成图块，并将其插入当前图形中。

（4）标注图中尺寸。

（5）使用"清理"命令对图形进行清理，并比较清理前后的图形大小。

（6）使用"核查"命令对图形进行核查。

7.2　使用块操作完成如图 7.43 所示的某矩形基坑示坡线的绘制。

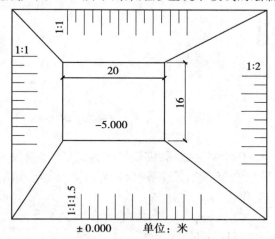

图 7.43　某矩形基坑示坡线

7.3　用 Excel 创建表 7.2 所示的材料数量统计表，用 Word 创建附注文字，文字大小由用户自定。然后将它们插入 CAD 图形文件中。

表 7.2　材料数量统计表

编号	直径/mm	单根长度/mm	根　数	总长/m	总重量/kg	C35 混凝土/m^3
1	Φ16	2 850	40	114.00	180.1	
2	φ12	1 450	40	58.00	51.5	
3	φ8	8 590	16	137.44	54.3	
4	φ12	2 470	4	9.08	8.8	
5	φ12	1 930	12	23.16	20.6	
6	φ12	1 130	8	9.04	8.0	3.22
7	Φ16	3 140	4	12.56	19.8	
8	φ8	2 040	16	32.64	12.9	
9	φ8	820	8	6.56	2.6	
10	φ12	1 840	10	18.40	16.3	
合　计			158	420.88	374.9	3.22

注:1. 图中尺寸钢筋直径均以 mm 为单位,总长以 m 为单位。

　2. 箍筋末端制成 135°弯钩,紧邻末端尺寸已计入弯钩长度内。

第 **8** 章

图形打印输出

章节概述

建筑工程图使用 AutoCAD 绘制完成后,需要打印为图纸,供建设方、设计方、施工方、监理方等单位使用,以便进行图纸会审、施工、准备材料等工作。因此,如何快速、准确地打印 CAD 图是绘图人员必须掌握的工作之一。

知识目标

能熟练表述模型空间和图纸空间的概念。

能熟练表述绘图空间切换的方法。

能熟练表述创建打印布局的方法。

能力目标

能正确进行绘图空间的切换。

能正确创建打印布局、图样打印设置,并能准确进行图纸打印输出。

同所有工程设计一样,土木工程设计的图样仍然是设计思想的最终载体,它将在房屋建筑设计、交流和施工中发挥重要作用。因此,与文字、表格处理系统一样,图形编辑系统也都提供了图形输出功能,以实现图形信息从数字形式向模拟形式的转换、从数字设计媒体向传统设计媒体的转换。

其实,显示在屏幕上的图像也是计算机的输出结果,只是人们习以为常罢了。将图形在打印机或绘图仪上描绘出来和把图形在屏幕上显示出来,其原理和过程是完全相同的,都是把图形数据从图形数据库传送到输出设备上。只是为了区别起见,习惯上把绘制在传统介质(绘图纸、胶片等)上的图形称为图形的硬拷贝。

8.1　绘图空间切换

8.1.1　模型空间

模型空间是用户完成设计、绘图和图形输出的工作空间,如图 8.1 所示。在模型空间中可以绘制平面模型或立体模型,并为图样配有必要的尺寸标注、文字注释等图形对象。并且可以在模型空间中创建多个视口,以展现用户模型的不同视图。在模型空间中通常是按照 1:1 的比例绘图,并根据需要确定一个绘图单位表示 1 毫米、1 厘米、1 英寸、1 英尺还是表示其他在工作中使用最方便或最常用的单位。

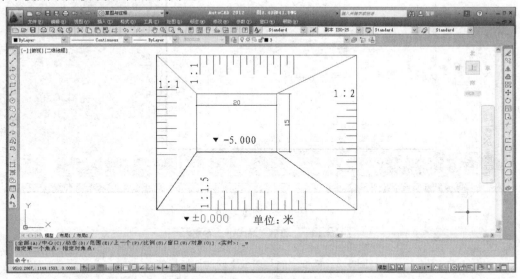

图 8.1　模型空间

8.1.2　图纸空间

图纸空间(CAD 图中是以"布局"命名的)是相对模型空间的。图纸空间可以看作是如图 8.2 所示的一张虚拟图纸。通过图纸空间可以用一定比例将模型空间绘制的图形在图纸上的情况表达出来。每个图纸空间对应着一个页面设置。通常可在图纸空间添加标题块和文字注释,并可在图纸空间中设置比例不同的多个视口来观察和打印图纸。

8.1.3　模型空间和图纸空间的切换

一般情况下可以在模型空间中绘图,在图纸空间中进行打印输出。模型空间与图纸空间之间切换的方法有以下 3 种:

(1)单击选项卡控制栏上的标签

在选项卡控制栏上有"模型"标签和"布局"标签,布局标签常有"布局 1"和"布局 2"两个标签。单击"模型"标签进入模型空间,单击"布局"空间标签就进入图纸空间,如图 8.3 所示。

(2)单击状态栏中的"模型或图纸空间"切换按钮

在状态栏右侧有个"模型或图纸空间"切换按钮,单击它可以在"图纸空间"和"模型空间"之间进行切换,如图 8.4 所示。

(3)利用系统变量 TILEMODE 命令

在命令行输入 TILEMODE 命令进行了赋值后,也可以完成图纸空间和模型空间的切换。当赋值为 0 时,工作空间为图纸空间;当赋值为 1 时,工作空间为模型空间。

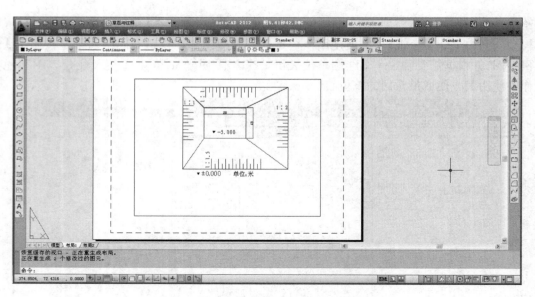

图 8.2 图纸空间

图 8.3 模型空间与图纸空间的切换标签

![图纸工具栏]

图 8.4 模型空间与图纸空间的切换按钮

8.2 设置绘图仪

把图形数据从数字形式转换成模拟形式、驱动绘图仪或打印机在图纸上绘制出图形——这一过程是通过绘图仪和打印机的驱动程序实现的。不同类型的绘图仪和打印机,需要使用不同的驱动程序,因此要在 AutoCAD 系统中输出图形,必须告诉 AutoCAD 所使用的绘图仪或打印机的型号,以便装入相应的驱动程序。这也是在绘图前必须配置绘图仪或打印机的原因。

一个绘图设备配置中包含设备相关信息,如设备驱动程序名、设备型号、连接该设备的输出端口以及与设备有关的各种设置;同时也包含设备无关信息,如图纸的尺寸、放置方向、绘图比例,以及绘图笔的参数、优化、原点和旋转角度等。

需要注意的是,AutoCAD 并没有把绘图设备的相关配置信息存储在图形文件中。在准备输出图形时,可以在 AutoCAD 中进行图面的布置,在"打印"对话框中选择一个现有配置作为基础,对其中的某些参数进行必要的修改。用户也可以把当前配置储存成新的绘图设备默认配置。

8.2.1 使用系统默认打印机

在 Windows XP 及以上系统中,如果不加任何说明,直接打印图形时,AutoCAD 2012 将使用默认的系统打印机,一般激光打印机和喷墨打印机不用进行特殊设置,可以直接输出图形。

对于针式打印机,由于打印图形的效果不佳,在此不作介绍。

8.2.2　在 AutoCAD 2012 中设置绘图仪或打印机

在 Windows XP 下,对于常见的激光打印机本地连接时,使用系统打印机(默认设备)就可以完成打印任务,不用作特殊设置。在 AutoCAD 2012 所提供的预设绘图仪或打印机的驱动程序都是比较常用或是当时已有的机型,对于比较新的机型,Windows 的驱动程序就不一定适用了。

大多数可以用于 AutoCAD 的绘图仪或打印机多附有它们自己的驱动程序,只要在购买时确认该绘图仪或打印机的驱动程序可以支持 AutoCAD 2012,然后再按安装软件的说明将该驱动程序安装到 AutoCAD 2012 中。安装完绘图仪或打印机的驱动程序后,将使 AutoCAD 2012 里的绘图仪或打印机的列表里多一项该驱动程序的名称,选取此驱动程序来设置就可以利用此绘图仪或打印机来出图。

在 AutoCAD 2012 中,要配置绘图仪和打印机可参照下列步骤:

①进入 AutoCAD 2012 的主操作画面中。

②选择下拉菜单的"文件"→"绘图仪管理器"菜单项,将出现如图 8.5 所示的"Plotters(打印机)"对话框。

图 8.5　"Plotters"对话框

③在图 8.5 对话框中用鼠标左键双击"添加绘图仪向导"标签,将弹出如图 8.6 所示的

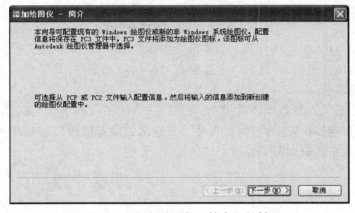

图 8.6　"添加绘图仪—简介"对话框

225

"添加绘图仪—简介"对话框,单击"下一步"按钮,将出现如图8.7(a)所示的对话框("我的电脑"单选按钮用于选择系统绘图仪以外的本地设备;"网络绘图仪服务器"单选按钮则用于选择网络绘图仪;"系统打印机"单选按钮用于选择系统默认打印机(直接与本地连接的激光打印机选择此项),为了选择本地的非默认设备(如滚筒绘图仪),选择"我的计算机"单选按钮,从如图8.7(b)所示中选择需要的设备(如图中选择了惠普的 Design Jet 430 C4713A 绘图仪)。

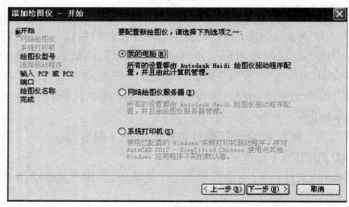

(a)"添加绘图仪—开始"

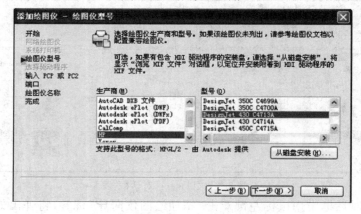

(b)"添加绘图仪—绘图仪型号"

图8.7 "添加绘图仪"对话框

所有 AutoCAD 2012 的绘图仪驱动程序都会出现在图8.7(b)中的型号中。新购买的打印机或绘图仪连接到计算机后,在此窗口中如果有对应的驱动程序,只要单击选取该驱动程序,然后再依提示安装即可。

④当选取了绘图仪的驱动程序后,系统就会针对该绘图仪的连接与其他设置询问相关的信息。可以说,只要连接设置正确,其他有关绘图输出的设置就可以按提示完成;如果连接设置不适当,出图时可重新根据需要修改。

8.3　打印样式管理器

8.3.1　打印样式的添加

(1) 命令调用方式

命令:STYLESMANAGER

菜单:"文件""打印样式管理器"

(2) 命令及提示

执行该命令后,将弹出如图 8.8 所示的"Plot Styles"对话框,对话框中列出了已有的打印样式。用户也可根据自己的需要,添加打印样式。

图 8.8　"Plot Styles"对话框

(3) 添加步骤

①双击图 8.8 中的"添加打印样式表向导",将弹出如图 8.9 所示的"添加打印样式表"对话框。

②单击图 8.9 对话框中的"下一步"按钮,弹出如图 8.10 所示"添加打印样式表—开始"对话框。该对话框共有 4 个选项,用户根据自行需要进行选择。

③单击图 8.10 对话框中的"下一步"按钮,弹出如图 8.11 所示"添加打印样式表—选择打印样式表"对话框。该对话框共有两个选项,用户根据自行需要进行选择。

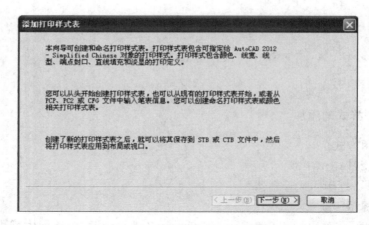

图 8.9 "添加打印样式表"对话框

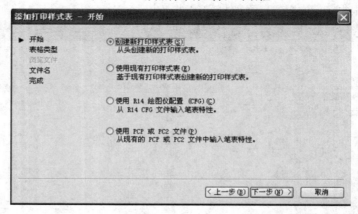

图 8.10 "添加打印样式表—开始"对话框

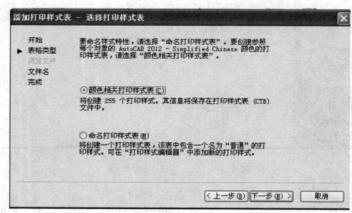

图 8.11 "添加打印样式表—选择打印样式表"对话框

④单击如图 8.11 对话框中的"下一步"按钮,弹出如图 8.12 所示"添加打印样式表—文件名"对话框。该对话框中需要用户填写"文件名"。

⑤单击如图 8.12 对话框中的"下一步"按钮,弹出如图 8.13 所示"添加打印样式表—完成"对话框。

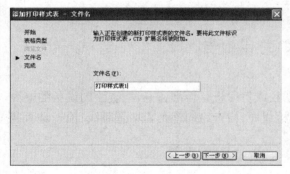
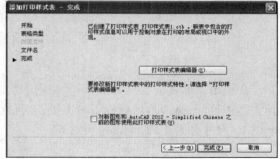

图 8.12　"添加打印样式表—文件名"对话框　　　　图 8.13　"添加打印样式表—完成"对话框

8.3.2　打印样式表参数的设置

单击图 8.13 中的"打印样式表编辑器"按钮,出现如图 8.14 所示的"打印样式表编辑器"对话框,当前显示的为"格式视图"选项卡对应的内容。

在图 8.14 所示对话框中,可以根据实体颜色指定绘图特性,或改变当前图形各线型显示颜色和对应的打印图样的线型颜色(见图 8.15)、颜色深浅、线型、线宽等参数,这些手段对复杂图样的输出有较大帮助。

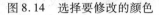
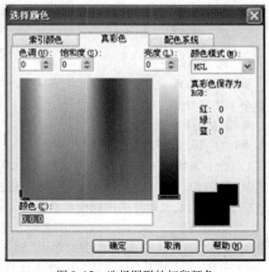

图 8.14　选择要修改的颜色　　　　　　　　图 8.15　选择图形的打印颜色

线型参数是旧式绘图技术的遗迹。由于早期的 CAD 只能画出连续实线,只好依靠绘图仪所定义的线型来绘制非连续线。现在,AutoCAD 已经提供了十分丰富的线型,因此不再需要设置绘图仪的线型。

线宽应根据实际出图规格设置。在输出图样时,通过设置各线条的线宽,可以达到线条粗细有别,所以对线宽的设置非常重要。

对于需要特殊打印效果的图样,可以采用"淡显"改变输出图形的浓淡。

所有格式定义好后,单击"保存并关闭"按钮。

8.4 图形的打印输出

在输出图形之前,应检查一下所使用的绘图仪或打印机是否准备好;检查绘图设备的电源开关是否打开,是否与计算机正确连接;运行自检程序,检查绘图笔是否堵塞跳线;检查是否装上图纸,尺寸是否正确,位置是否对齐。

8.4.1 绘图命令 PLOT 的功能

绘图命令(PLOT)将主要解决绘图过程中的以下问题:
①打印设备的选择。
②设置打印样式表参数。
③确定图形中要输出的图形范围。
④选择图形输出单位和图纸幅面。
⑤指定图形输出的比例、图纸方向和绘图原点。
⑥图形输出的预演。
⑦输出图形。

8.4.2 命令的启动方法

(1)命令调用方式
◆命令:PLOT
◆菜单:"文件"→"打印"
◆键盘快捷方式:Ctrl + P
◆按钮:标准工具栏中🖨

(2)命令及提示
执行"打印"命令,并按"Enter"键,将打开如图 8.16 所示"打印"对话框。

(3)命令功能说明及图形输出参数设置
①"页面设置"。该选项可以调用已经设置好的页面,调用后,对话框中的相关参数会自动调整为选中的页面设置方式,此时单击"确定"按钮就可完成打印工作。
②"打印机/绘图仪"。该选项用以选择和确认打印图纸或输出电子文件时的打印设备。单击"名称"下拉表,可以选择其中的绘图仪或打印机。在如图 8.17 所示下拉列表中,显示系统当前默认绘图设备的型号和连接端口,列表框中列出了所有配置过的绘图设备的标识名,可以根据需要(鼠标左键)选取绘图设备。

打印设备通常有以下 8 种:
a. Default Windows system printer. pc3。系统默认打印设备。
b. DWF6 eplot. pc3。该型绘图仪使绘制的图形以扩展名 DWF 保存在计算机上。
c. DWFx eplot(XPS Compatible). pc3。该型绘图仪使绘制的图形以扩展名 DWF 保存在计算机上。
d. DWG To PDF. pc3。该型绘图仪使绘制的图形以扩展名 PDF 保存在计算机上。

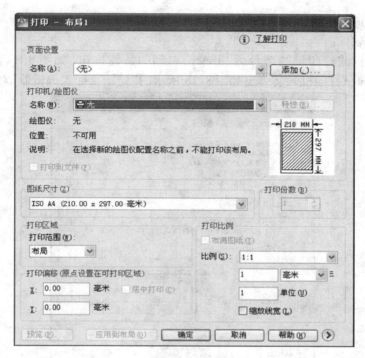

图 8.16　"打印"对话框

e. Publish To Web JPG. pc3。使输出的图形以 JPG 文件保存在计算机上。

f. Publish To Web PNG. pc3。使输出的图形以 PNG 文件保存在计算机上。

g. 自行安装的打印设备。如 Canon MP140 series Printer。

图 8.17　打印机配置

h. 系统安装的具有输出功能的软件。如 Microsoft Office Document Image Writer 等,用以将图形文件输出到软件。

选择了绘图仪或打印机的型号后,可单击右侧的特性按钮(如图 8.17 中选择了 Canon MP140 series Printer 打印机),将弹出如图 8.18 所示的"绘图仪配置编辑器"对话框。

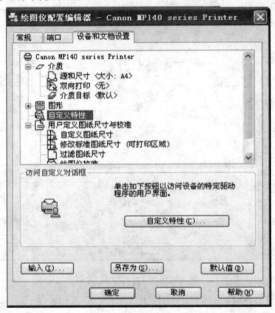

图 8.18 "绘图仪配置编辑器"对话框

在图 8.18 所示的对话框中,可对该打印机设备的"页设置""效果"等进行设置。

③"图纸尺寸"。该选项用于选择打印需要的图纸尺寸。在下拉列表中选取的图纸尺寸与选择的打印设备有关,如选择的是 A3 幅面打印机,则可以选择的最大图纸为 420 mm × 297 mm,若选择的是 A4 幅面打印机(如 Canon MP140 series Printer),则可以选择的最大图纸尺寸只能是 297 mm × 210 mm。

④"打印区域"。该选项用于指定需要打印的图形区域。在"打印范围"下拉列表中可以选择要打印的图形区域。确定图形打印范围有以下 4 种方法:

a. 窗口。通过建立选择"窗口"确定打印区域。选择"窗口"选项后将返回绘图区,此时可用鼠标指定要打印区域的两个角点,或用键盘输入坐标值确定角点位置,即可以打印欲输出图形中的任一矩形区域内的图形。

单击"窗口"按钮后返回绘图区域,屏幕命令行提示如下:

指定打印窗口

指定第一个角点:0,0 ↙(矩形区域的一个角点)

指定对角点:420,297 ↙(矩形区域的另一个角点,该操作是选定 A3 图幅大小)

技术提示:也可在当前的视窗内,使用光标从任意一点开始选择一矩形窗口,则打印输出将打印所选定的矩形窗口内的所有内容。

b. 范围。打印包含图形对象的所有空间。当前空间内的所有几何图形都将被打印。打印之前,可能会重生成图形以重新计算范围。该选项只有在打印布局时才能被选中。

c. 图形界限。打印布局时,将打印指定图纸尺寸的可打印区域内的所有内容,其原点从布局中的(0,0)点计算得出。从"模型"选项卡打印时,将打开由图形界限命令 LIMITS 所定义的整个图形区域。

d. 显示。用于打印"模型"选项卡当前视口的视图或"布局"选项卡上当前图纸空间视图中的视图。即输出当前视窗内显示的全部图形。

⑤"打印比例"。该选项用以设置图形单位与打印单位之间的数量关系。打印比例是打印输出的一个关键参数,它决定了图形打印到图纸上的比例和大小。

a. 布满图纸。该选项按照能够布满图纸的最大可能尺寸打印视图。AutoCAD 就会根据用户所确定的输出区域和图纸幅面,自动计算出绘图比例,并显示在左右的两个文本框中。需要注意的是,这种情况打印出来的图纸比例往往不符合制图规范要求,不能直接用于指导施工,只能用于图纸内容的检查、交流或送审等对于比例要求并不严格的情况。

b. 比例。该选项可以通过选择或自定义方式确定绘图单位与打印单位的比例关系。如果采用制图规范推荐比例,可以直接在下拉列表方式的窗口中直接输入绘图单位与打印单位的换算关系即可。

绘图比例是最关键的一个参数,它决定了图形绘制到图纸上比例和大小。在图 8.16 中"打印比例"栏的文字框中或下拉列表中可以选定绘图输出比例。如选中图 8.16 中"打印比例"栏中的自定义,其上侧文本框显示的是比例大小,下侧文本框显示的是绘图单位大小,即图样上的多少毫米(或英寸)等于图形中的多少绘图单位。它们的数值分别在上下两个文本框中输入。例如,假设把图形测量单位设定为 mm,欲使用 1:100 的比例绘图,则选择自定义,然后在上侧文本框中选取 1:100,下侧文本框中就出现 1 毫米 =100 单位。只要保证两者的比值为 1:100;也可输入其他数值,如 1.23 和 123 等。一般来讲,该比例在绘图之前就确定了(如建筑施工图中除总平面图和详图外,其余图纸多用 1:100 的比例)。

该区中的"缩放线宽"开关,用来控制线宽是否按打印比例缩放。如关闭它,线宽将不按打印比例缩放。一般情况下,打印时图形中的各实体按图层中指定的线宽来打印,不随打印比例缩放。

⑥"打印偏移"。该选项用于规定所打印图形在图纸中的位置。其中可用可打印区域内的坐标点确定,也可选择"居中"打印。

⑦所有设置完成后,应先使用"预览"按钮对图形输出到图纸上的真实效果进行观察,如果打印输出效果不理想,应在该预览画面单击鼠标右键,在弹出的右键快捷菜单中选取"退出"(Exit)选项,即可返回"打印"对话框,也可按"Esc"键退回,返回主对话框重新调整绘图参数,直至满意为止,满意后,再单击"确定"按钮完成打印输出。

(4)输出为其他文件格式

如果当前没有连接合适的绘图设备,可先把图形输出为 PDF 等格式文件,以后再打印出来。在图 8.17 的"打印机配置"栏选中"DWGToPDF. pc3:",然后选择"窗口"方式等选取要保存为 PDF 文件格式的图形内容,再单击"确定"按钮(也可先进行预览),弹出如图 8.19 所示的"浏览打印文件"对话框,在选定的路径输入文件名,即可完成 PDF 格式文件的输出。

例 8.1　用 A4 图幅输出图 8.1 所示界面中的图形。

操作步骤:

①执行 PLOT 命令,打开图 8.16 所示"打印"对话框。

图 8.19　"浏览打印文件"对话框

②在"打印机/绘图仪"的下拉列表中选择"Canon MP140 series Printer"打印机。

③在"图纸尺寸"下拉列表中选择"A4"。

④在"打印范围"项选择"窗口",并在屏幕上选择要打印的图形对象范围(用窗口选中整个图形)。

⑤在"打印偏移"处选择"居中打印"。

⑥在"打印比例"选择项中,设置比例为1∶50,"1 毫米 =50 单位"。

⑦设置完成后,单击"预览"按钮观察打印输出效果,如图 8.20 所示。满意后,单击"确定"按钮,完成打印输出。

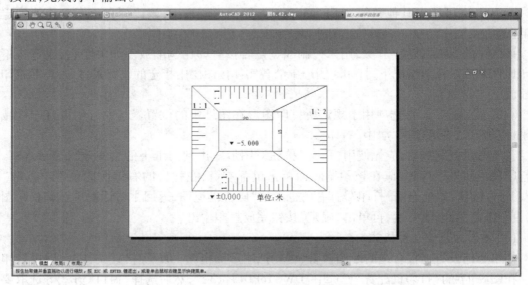

图 8.20　图形输出预览(居中打印)

如果不选择"居中打印",其预览效果如图 8.21 所示。

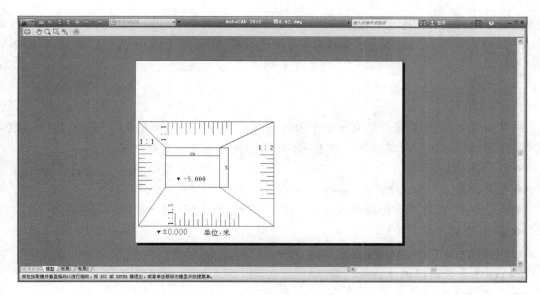

图 8.21　不居中打印的图形输出预览

8.5　利用布局打印

AutoCAD 的工作空间分为模型空间和图纸空间,人们一般习惯在模型空间绘制图形,在图纸空间打印图形。一般情况下两者是独立的,即在图纸空间看不到模型空间中创建的实体,同时在模型空间看不到图纸空间的图形。作为设计者最关心的问题是模型空间图形能否完整、动态和实时地显示于图纸空间,模型空间的图形变化每次改动能否自动同步地显示于图纸空间。通过布局工具就可以完成这一任务。

8.5.1　布局的概念与作用

要理解布局,首先要理解布局与模型空间、图纸空间的关系。

模型空间是用户建立对象模型所在的环境。模型即用户所画的图形,可以是二维的,也可以是三维的,模型空间以现实世界的通用单位来绘制图形对象。

图纸空间是专门为规划打印布局而设置的一个绘图环境。作为一种工具,图纸空间用于安排在绘图输出之前设计模型的布局,在 AutoCAD 中,用户可以用许多不同的图纸空间来表现自己的图形。

广义概念上的布局,它包括两种:一种是模型空间布局("模型"选项卡),用户不能改变模型空间布局的名字,也不能删除或新创建一个模型空间布局对象,每个图形文件中只能有一个模型空间布局;另外一种是图纸空间布局("布局"选项卡),用于表现不同的页面设置和打印选项,用户可以改变图纸空间布局的名字,添加或删除(但至少保留 1 个)图纸空间布局。

狭义概念上的布局,单指图纸空间布局(除非特殊说明,否则下文中的"布局"均单指图纸空间布局)。

在模型空间绘制的图形对象属于模型空间布局(虽然这些对象可以在图纸空间的浮动视

图区内显示出来);在图纸空间绘制的图形对象仅属于其所在的布局,而不属于其他布局。例如,在"布局1"的布局内绘制了一个线段,它仅显示在"布局1"的布局内,在"布局2"的布局内并不显示。

8.5.2　建立新布局

默认情况下,新图形最开始有两个布局标签,即"布局1"和"布局2"。另外,也可以根据实际绘图需要创建新的布局标签。创建新的布局标签命令有以下4种方式:

◆命令:LAYOUT

◆菜单:"插入"→"布局"→"新建布局"

◆快捷菜单:在选项卡控制栏的标签上单击鼠标右键,打开快捷菜单→新建布局

◆按钮:布局工具栏中![按钮]

(1)用 LAYOUT 命令创建布局

LAYOUT 命令可以创建、删除、保存布局,也可以更改布局的名称。

命令:LAYOUT↙

输入布局选项[复制(C)/删除(D)/新建(N)/样板(T)/重命名(R)/另存为(SA)/设置(S)/?]<设置>:N↙

输入新布局名<布局3>:创建布局举例↙。

①复制布局。用复制已有布局的方式建立新的布局。经过键入要复制的原布局和新建布局的名称(默认条件下,新布局名称为原布局名称后加括号,括号内为一个递增的索引数字号)即可完成该操作。

②删除布局。选择该选项后,AutoCAD 提示输入要删除的布局名称,然后删除该布局。当删除所有的布局以后,系统会自动生成一个名为"布局1"的布局,以保证图纸空间的存在。

③以原型文件创建新布局。以样板文件(.dwt)、图形文件(.dwg)或 DXF 文件(.dxf)中的布局为原型创建新的布局时,新布局中将包含原布局内的所有图形对象和浮动视口(浮动视口本身就是图纸空间的一个图形对象),但不包含浮动视口内的图形对象。

④样板布局。选择"样板(T)"选项后,如果系统变量 FIELDIA=1,则显示如图8.22所示的"从文件选择样板"对话框,在对话框中选择相应的文件(.dwt,.dwg,.dxf)后,单击"打开"按钮,AutoCAD 将用"插入布局"对话框显示该文件中包含的布局。用户可以从中选择一个布局作为新布局的模板。

⑤重命名布局。重命名布局就是更改布局的名称。选择"重命名(R)"选项后,系统首先提示输入布局的原名称,然后提示输入布局的新名称。

⑥另存布局。使用"另存为(SA)"选项可以将布局(包括布局内的图形对象和浮动视口)保存到一个模板文件(.dwt)、图形文件(.dwg)或 DXF 文件(.dxf)中,以备其他用户使用。

⑦设置为当前布局。使用"设置(S)"选项可以将某一布局设置为当前布局。

⑧显示布局。使用"?"选项可以显示图形中存在的所有布局。

(2)用 LAYOUTWIZARD 命令创建布局

激活 LAYOUTWIZARD 命令后,AutoCAD 显示如图8.23所示的"创建布局—开始"对话框,该对话框的左面显示了向导的运行步骤和当前步骤,创建新布局的步骤如下:

图 8.22　"从文件选择样板"对话框

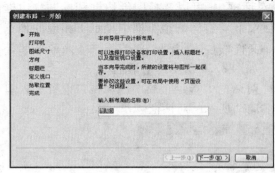

图 8.23　"创建布局—开始"对话框

图 8.24　"创建布局—打印机"对话框

①在如图 8.23 所示的"创建布局—开始"对话框中输入一个布局的名字后(系统默认的是"布局 3"),单击"下一步"按钮,打开如图 8.24 所示的对话框。

②在如图 8.24 所示的"创建布局—打印机"对话框中,选择该布局要使用的打印机(选 Canon MP140 series Printer),然后单击"下一步"按钮,打开如图 8.25 所示的对话框。

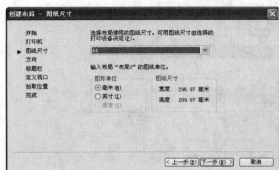

图 8.25　"创建布局—图纸尺寸"对话框

图 8.26　"创建布局—方向"对话框

③在如图 8.25 所示的"创建布局—图纸尺寸"对话框中指定纸张大小和单位。有效的纸张大小和单位是由打印机或绘图仪本身决定的。在确定了纸张大小和单位后,单击"下一步"按钮,打开如图 8.26 所示的对话框。

④在如图 8.26 所示的"创建布局—方向"对话框中设置打印方向,单击"下一步"按钮,打开如图 8.27 所示的对话框。

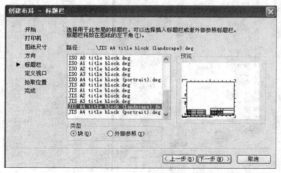 

图 8.27　"创建布局—标题栏"对话框　　　　　图 8.28　"创建布局—定义视口"对话框

⑤在如图 8.27 所示的"创建布局—标题栏"对话框中,可以选择图纸边框和标题。边框和标题其实是一个 .dwt 文件(保存在"Template"目录下),右面的预览框中显示了相应的预览图形。"类型"部分的两个单选按钮用于指定 .dwt 文件的插入类型——按照块插入或按照外部参照插入。设置完成后单击"下一步"按钮,打开如图 8.28 所示的对话框。

⑥在如图 8.28 所示的"创建布局—定义视口"对话框中指定布局中浮动视口设置和视口比例等有关参数后,单击"下一步"按钮,打开如图 8.29 所示的对话框。

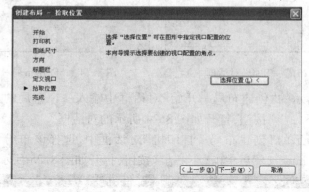

图 8.29　"创建布局—拾取位置"对话框

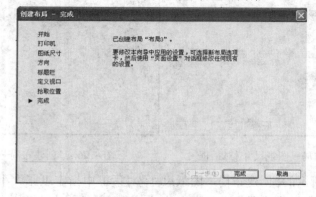

图 8.30　"创建布局—完成"对话框

⑦在如图 8.29 所示的"创建布局—拾取位置"对话框中,单击"选择位置"按钮设置浮动视口的位置和大小,如果不指定位置和大小,则 AutoCAD 认为是充满整个图纸布局。设置完成后单击"下一步"按钮,打开如图 8.30 所示的对话框。

⑧按照上面的步骤设置布局以后,在如图 8.30 所示的"创建布局—完成"对话框中,单击"完成"按钮,则创建了新的布局(见图 8.31)。在每一步骤中,可以单击"上一步"按钮返回前面的对话框,以便重新设置有关参数。

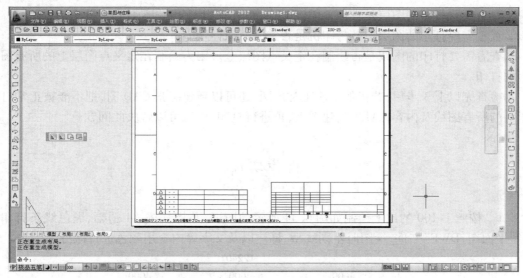

图 8.31　已经带有标题栏模板的布局

8.5.3　布局的页面设置

选择"文件"→"页面设置管理器"菜单命令,将弹出如图 8.32 所示的"页面设置管理器"对话框(此时新布局名为"布局 3")。在该对话框中,可对已有布局进行修改,也可"新建页面设置"以设置布局对应的打印设备和其他参数。

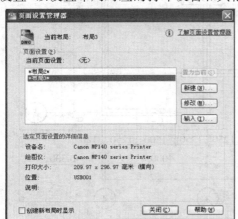

图 8.32　"页面设置管理器"对话框

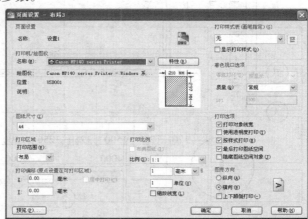

图 8.33　布局页面设置

单击如图 8.32 所示对话框中的"新建"按钮,选择"设置"后,得如图 8.33 所示"页面设置—布局 3"对话框。在该对话框中,可对打印设备、布局纸张大小、打印区域、打印比例等进行设置。这样,不用实际打印就可以看到打印后的结果。这种精确的、所见即所得的预览功能省去了打印时反复调整的工作量,大大提高了制图效率。

技术提示:可以使用多种方法得到"页面设置"对话框。最简单的方法就是在当前布局的选项卡上单击鼠标右键,然后在弹出的快捷菜单中选择"页面设置"命令。

如果在打印出图时,不能正常打印出所需要的图线,可从以下 4 个方面进行检查:

①查看需要打印的图层是否被关闭(OFF)、冻结(FREEZE)和锁住(LOCK)。

②查看需要打印的图层上其打印机是否关闭,见符号 ❄。

③查看需要打印的图线是否绘制在定义点图层上。因为绘制在定义点图层上的所有图线将不被打印。

④检查完以上 3 步后,若仍然不能正常出图,还可以新建一张 CAD 图,把不能被正常打印视图上的所有图线及内容拷贝到新建图上,再进行打印,应该可以解决此问题。

<h1 style="text-align:center">操 作 实 训</h1>

8.1　按照 1∶100 的比例绘制如图 8.34 所示的图形,并将其按 A4 图幅、黑色线条打印成"房屋平面图.DWF"文件,绘图时不同线型、标注以及文字等内容用颜色进行区分。

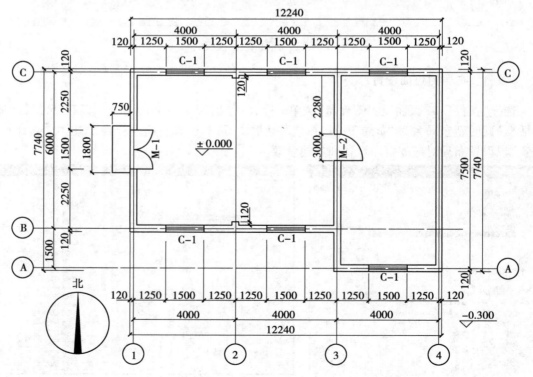

图 8.34　房屋平面图

8.2　选择适当比例绘制如图 8.35 所示的三视图,尺寸由用户自定,并创建一个名为"操作实训"的布局,通过布局将图形对象按 A4 图幅、黑色线条打印到系统默认打印设备。

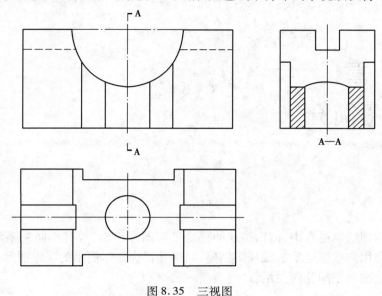

图 8.35　三视图

第 **9** 章
三维绘图简介

章节概述

在建筑工程图绘制过程中,前面讲述的都是平面图形绘制,对其空间关系没有涉及,但绘制时有可能需要用户根据建筑三维视图创建、编辑并正确显示简单的三维图形,以帮助用户理解或验证设计意图和空间几何关系。

知识目标

能基本表述显示命令、简单的三维实体绘制命令、拉伸和旋转命令。

能基本表述基本的三维编辑命令。

能基本表述制作一般建筑专业三维图形的方法。

能力目标

能正确进行特殊视点显示三维图形的方法和技巧。

能正确绘制长方体、圆柱、球体。

能正确使用拉伸的图形形成方法以及实体的布尔运算。

能正确使用实体的移动命令、三维旋转命令、三维剖切命令。

能正确进行图形的消隐、着色和渲染。

能正确制作建筑三维图。

三维制作的常见软件有 AutoCAD,3DSMAX,3DSVIZ 等,其中 AutoCAD 有简易、精确的优势,适合初学者使用;而由 AutoCAD 创建的三维图形能被 3DSMAX,3DSVIZ 导入进行后续处理,因此 AutoCAD 也适用于中高级使用者精确快速建模。

三维制作是 AutoCAD 的一个较强功能,涉及的命令也很多,而且前面章节介绍的部分绘图命令、编辑命令也适用于三维制作。

9.1　三维视图观察

三维视图的观察,可采用视点方法和透视方法。

通过输入一个点的坐标值或测量两个旋转角度定义观察方向。此点表示朝原点(0,0,0)

观察(视线方向)模型时,用户视点(眼睛)在三维空间中的位置。

可以使用 VPOINT 或 DDVPOINT 命令旋转视图。图 9.1 显示了由两个相对于 WCS 的 X 轴和 XY 平面的角度所定义的视图。

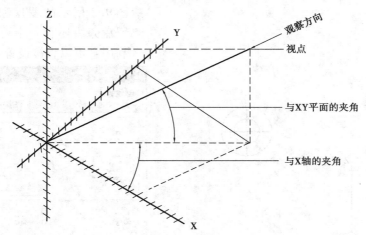

图 9.1 利用两个旋转角度定义观察方向

9.1.1 利用 VPOINT 命令设定视点

当前视图中观察三维模型时,VPOINT 命令用来确定视线的方向。观察的目标点为当前用户坐标系的原点,VPOINT 在当前视窗中产生的视图,是三维模型的平行投影。

技术提示:VPOINT 命令不能在二维的图纸空间中使用。

(1)命令调用方法

◆命令:VPOINT

◆菜单:"视图"→"三维视图"→"视点"

(2)命令及提示

命令:VPOINT

当前视图方向:VIEWDIR = 0.0000,0.0000,1.0000

指定视点或[旋转(R)]<显示指南针和三轴架>:

正在重生成模型。

(3)参数说明

①"当前视图方向:VIEWDIR = 0.0000,0.0000,1.0000"。表示当前的视图方向为俯视图,即视线与 X 轴正方向夹角为 0°,与 XY 轴平面夹角为 90°,且在原点上方。

②"旋转(R)"。该选项是根据旋转确定视点。

指定视点或[旋转(R)]<显示指南针和三轴架>://输入"R",按"Enter"键

输入 XY 平面中与 X 轴的夹角 <226>:   //输入新视点在 XY 平面内投影与 X 轴正向的夹角(见图9.1)

输入与 XY 平面的夹角 <-45>:   //输入新视点与 XY 平面的夹角(见图9.1)

③"指定视点"。通过直接输入视点的绝对坐标值(X,Y,Z)来确定视点的位置。

指定视点或［旋转（R）］＜显示指南针和三轴架＞://直接输入三维坐标,如(1,1,1)。

④"显示指南针和三轴架"。利用罗盘和坐标轴三轴架确定视点。

指定视点或［旋转（R）］＜显示指南针和三轴架＞://直接按"Enter"键,绘图区将出现如图9.2 所示的罗盘和三轴架,同时在罗盘旁边还有一个可拖动的坐标轴,利用它可以直接设置新的视点

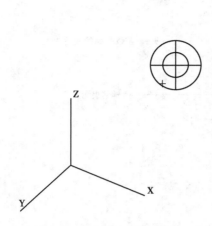

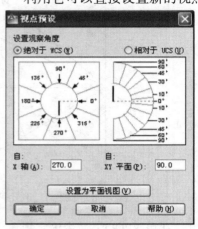

图9.2 罗盘和坐标轴三轴架　　　　　　　图9.3 "视点预设"对话框

罗盘表示平展开的地球表面,罗盘中心表示北极,视点为(0,0,1)。内圆表示赤道,视点坐标为(n,n,0)。外圆表示南极,视点坐标为(0,0,-1)。用户在罗盘内拾取点的位置,确定了视线在 XY 平面内的投影与 X 轴的夹角,与罗盘中心的相对距离决定了视线与 XY 平面的夹角。在球面上移动视点时,三轴架同步指示 X,Y 和 Z 轴的旋转角度。

9.1.2 对话框选择视点

(1)命令调用方式

◆命令:DDVPOINT

◆菜单:"视图"→"三维视图"→"视点预设"

(2)命令及提示

执行该命令后,将弹出如图9.3所示对话框。

(3)参数说明

①"绝对于 WCS(W)"。确定是否使用绝对世界坐标系。

②"相对于 UCS(U)"。确定是否使用用户坐标系。

③"自 X 轴"。在该文本框内输入新视点方向在 XY 平面内的投影与 X 轴正方向的夹角。

④"自 XY 平面"。在该文本框内输入新视点方向与 XY 平面的夹角。

⑤"设置为平面视图"。单击该按钮可返回 AutoCAD 的初始视点状态。

9.1.3 特殊视点

用户在观察图形时,通常使用标准视图。AutoCAD 系统预置了 10 个视图方向,如图9.4 所示。它们分别是视点视图的特例——特殊视点。

图9.4　菜单启动示例

(1)命令调用方式

◆菜单:"视图"→"三维视图"→"××命令"(××为相应的子菜单项(见图9.4))。

◆按钮:视图工具栏中的各按钮(见图9.5)。

图9.5　"视图"工具栏

(2)命令及提示

执行某一具体选项后,绘图区自动按要求显示当前视图。

用鼠标右键单击"标准"工具栏,在弹出此菜单中用左键单击"视图"选项,出现"视图"工具栏。

9.2　绘制三维实体

常见的实体有长方体、圆柱体、球体、锥体、楔形体、环形体,二维图形拉伸或旋转得到的实体,以及前述几种实体通过布尔运算得到的实体。

9.2.1　绘制基本三维实体

命令调用方式有以下两种:

◆菜单:"绘图"→"建模"→"××体"

◆按钮:建模工具栏中的各个按钮(见图9.6)

图 9.6 "建模"工具栏

(1)长方体绘制

1)命令调用方式

◆命令:BOX

◆菜单:"绘图"→"建模"→"长方体"

◆按钮:"建模"工具栏中

2)命令及提示

命令:BOX

指定第一个角点或[中心(C)]:

指定其他角点或[立方体(C)/长度(L)]:

指定高度或[两点(2P)]:

3)参数说明

①"指定第一个角点"。定义长方体的第一个角点。

②"中心(C)"。使用指定的中心点创建长方体。

③"指定其他角点"。直接用鼠标单击第二个角点,提示输入长方体的高度。

④"立方体(C)"。输入"C",表示欲创建正方体;提示"指定长度:"输入边长值并按"Enter"键,显示正方体。

⑤"长度(L)"。输入"L",表示欲创建长方体,依次输入"指定长度""指定宽度"和"指定高度"得到长方体。

⑥"指定高度"。输入一个具体的数值,即为长方体高度。

⑦"两点(2P)"。在绘图区分别指定两点,两点间的距离即为长方体高度。

例9.1 使用长方体绘制命令完成如图 9.7 所示的图形。

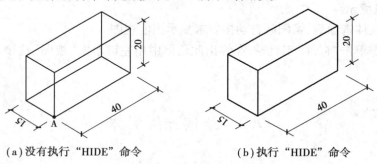

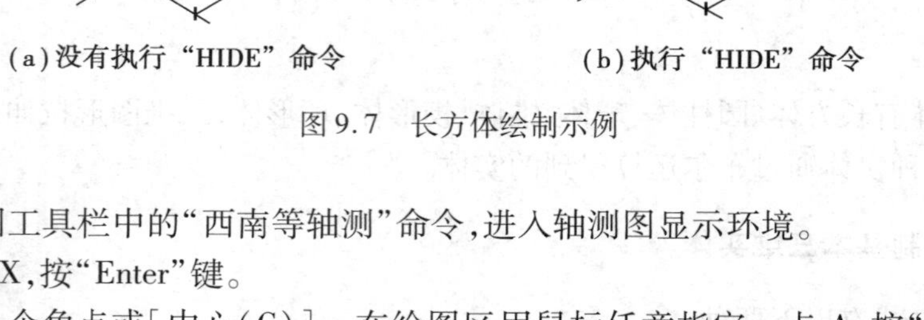

(a)没有执行"HIDE"命令   (b)执行"HIDE"命令

图 9.7 长方体绘制示例

操作步骤:

①执行视图工具栏中的"西南等轴测"命令,进入轴测图显示环境。

②命令:BOX,按"Enter"键。

③指定第一个角点或[中心(C)]。在绘图区用鼠标任意指定一点 A,按"Enter"键(给出长方体第一个顶点的坐标)。

④指定其他角点或[立方体(C)/长度(L)]。输入"L",按"Enter"键(表示选择输入长

度）。

⑤指定长度：输入"40"，按"Enter"键。

⑥指定宽度：输入"15"，按"Enter"键。

⑦指定高度：输入"20"，按"Enter"键。结束长方体绘制命令。

⑧命令：输入"ZOOM"，按"Enter"键。

⑨指定窗口的角点，输入比例因子（nX 或 nXP），或者

［全部（A）/中心（C）/动态（D）/范围（E）/上一个（P）/比例（S）/窗口（W）/对象（O）］＜实时＞：输入"A"按"Enter"键。

⑩命令：输入"HIDE"，按"Enter"键。

正在重生成模型，即得如图9.7 所示的长方体（不包括标注）。

（2）圆柱体绘制

1）命令调用方式

◆命令：CYLINDER

◆菜单："绘图"→"建模"→"圆柱体"

◆按钮："建模"工具栏中▢

2）命令及提示

命令：CYLINDER

指定底面的中心点或［三点（3P）/两点（2P）/切点、切点、半径（T）/椭圆（E）］：

指定底面半径或［直径（D）］：

指定高度或［两点（2P）/轴端点（A）］＜20.0000＞：

3）参数说明

①"指定底面的中心点"。在绘图区指定任意一点为中心点。

②"三点（3P）"。输入"3P"后，表示在绘图区指定任意三点形成圆周（三点不在一条直线上）。

③"两点（2P）"。输入"2P"后，表示在绘图区指定任意两点形成圆周。

④"切点、切点、半径（T）"。输入"T"后，在绘图区指定切点、切点、输入半径，形成圆周。

⑤"椭圆（E）"。输入"E"后，表示创建具有椭圆底的圆柱体。

⑥"指定底面半径"。输入数值，表示圆柱半径。

⑦"直径（D）"。输入"D"后，再输入数值，表示圆柱体的直径。

⑧"指定高度"。输入数值，表示圆柱体高度。

⑨"两点（2P）"。输入"2P"，表示在绘图区通过分别指定两个点，形成圆柱体高度。

⑩"轴端点（A）"。输入"A"，表示在绘图区指定圆柱体的另一个端点，形成圆柱体高度。

例9.2　使用圆柱体命令完成如图9.8 所示的圆柱体。

操作步骤：

①执行视图工具栏中的"西南等轴测"命令，进入轴测图显示环境。

②命令：CYLINDER。

③指定底面的中心点或［三点（3P）/两点（2P）/切点、切点、半径（T）/椭圆（E）］：在绘图区任意指定一点 A，按"Enter"键（该点即为中心点）。

④指定底面半径或［直径（D）］：输入"14"，按"Enter"键。

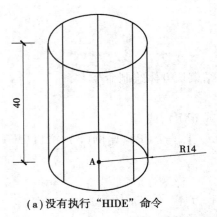

（a）没有执行"HIDE"命令　　　　　（b）执行"HIDE"命令

图9.8　圆柱体绘制示例

⑤指定高度或［两点（2P）/轴端点（A）］＜20.0000＞:输入"40"，按"Enter"键。

同例9.1，执行ZOOM（ALL）命令，再执行HIDE命令后形成如图9.8所示的圆柱体（不包括标注）。

注:图9.8中当前线框密度ISOLINES＝8。

（3）球体绘制

1）命令调用方式

◆命令:SPHERE

◆菜单:"绘图"→"建模"→"球体"

◆按钮:"建模"工具栏中⬚

2）命令及提示

命令:SPHERE

指定中心点或［三点（3P）/两点（2P）/切点、切点、半径（T）］:

指定半径或［直径（D）］＜14.0000＞:

3）参数说明

①"指定中心点"。在绘图区指定任意一点为球体中心点。

②"三点（3P）"。输入"3P"后，表示在绘图区指定任意三点形成球体的最大圆周（三点不在一条直线上）。

③"两点（2P）"。输入"2P"后，表示在绘图区指定任意两点形成球体的最大圆周。

④"切点、切点、半径（T）"。输入"T"后，在绘图区指定切点、切点、输入半径，形成球体的最大圆周。

⑤"指定半径"。输入数值，表示球体半径。

⑥"直径（D）"。输入"D"后，再输入数值，表示球体的直径。

例9.3　使用球体绘制命令完成如图9.9所示的球体（球体半径为30）。

操作步骤:

①执行视图工具栏中的"西南等轴测"命令，进入轴测图显示环境。

②命令:SPHERE，按"Enter"键。

③指定中心点或［三点（3P）/两点（2P）/切点、切点、半径（T）］:在绘图区指定任意一点为球体中心点，按"Enter"键。

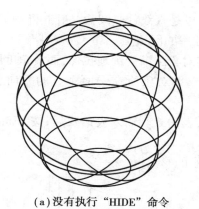

（a）没有执行"HIDE"命令　　　　　　　（b）执行"HIDE"命令

图 9.9　球体绘制示例

指定半径或[直径(D)] <14.0000 >:输入"30",按"Enter"键。

同例 9.1,执行 ZOOM(ALL)命令,再执行 HIDE 命令后形成如图 9.9 所示的球体(不包括标注)。

注意:图 9.9 中当前线框密度 ISOLINES =8。

9.2.2　将二维图形拉伸或旋转成三维对象

利用建模绘制命令中拉伸或旋转命令可将部分二维图形绘制成三维图形。

(1)拉伸形成三维实体

1)命令调用方式

◆命令:EXTRUDE

◆菜单:"绘图"→"建模"→"拉伸"

◆按钮:"建模"工具栏中

2)命令及提示

命令:EXTRUDE

当前线框密度:ISOLINES =4,闭合轮廓创建模式 =实体

选择要拉伸的对象或[模式(MO)]:

选择要拉伸的对象或[模式(MO)]:

指定拉伸的高度或[方向(D)/路径(P)/倾斜角(T)/表达式(E)] <40.0000 >:

3)参数说明

①"选择要拉伸的对象"。直接按"Enter"键,表示结束选择;否则可以连续选择多个对象。选择的对象必须是封闭二维图形,如圆周、矩形、多边形、二维多段线、椭圆、封闭样条曲线、圆环和面域等。不能拉伸包含在块中的对象,也不能拉伸具有相交或自交线段的多段线。

②"模式(MO)"。如果输入"MO",按"Enter"键,然后提示"闭合轮廓创建模式[实体(SO)/曲面(SU)] <实体 >:"可选择闭合轮廓的创建模式。

③"指定拉伸的高度"。如果直接输入数值表示采用高度拉伸。数值为正,将沿对象所在坐标系的 Z 轴正方向拉伸对象;数值为负,将沿 Z 轴负方向拉伸对象。

④"方向(D)"。输入"D"后,用指定起点和端点的连线方向定拉伸方向。

⑤"路径(P)"。输入"P",表示使用路径拉伸。选择基于指定曲线对象的拉伸路径,沿选

定路径拉伸选定对象的剖面以创建实体。拉伸路径可以是直线、圆、圆弧、椭圆、椭圆弧、多段线或样条曲线。路径既不能与轮廓共面,也不能有高曲率的区域。

⑥"倾斜角(T)"。输入"T"后,正角度表示从基准对象逐渐变细地拉伸,而负角度则表示从基准对象逐渐变粗地拉伸。默认角度"0"表示在二维对象所在平面垂直的方向上进行拉伸。

⑦"表达式(E)"。输入"E",则命令行提示:输入表达式。输入表达式后,按"Enter"键,其二维对象将按表达式的值进行拉伸。

例9.4　使用拉伸命令绘制完成如图9.10(b)所示的彩钢板。

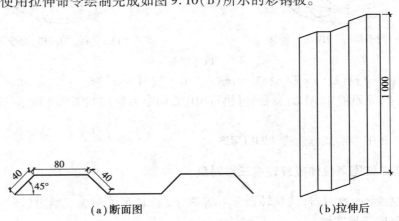

(a)断面图　　　　　　　　　　(b)拉伸后

图9.10　彩钢板拉伸示例

操作步骤:

①执行"多段线"命令,根据尺寸,绘制如图9.10(a)所示断面图。

②执行视图工具栏中的"西南等轴测"命令,进入轴测图显示环境。

③命令:EXTRUDE,按"Enter"键(启动拉伸命令)。

④选择要拉伸的对象或[模式(MO)]:用鼠标点取断面图的图线上任意一点,信息提示"找到1个"。

⑤选择要拉伸的对象或[模式(MO)]:按"Enter"键。

⑥指定拉伸的高度或[方向(D)/路径(P)/倾斜角(T)/表达式(E)]<40.0000>:输入"1000",按"Enter"键。

⑦命令。输入"HIDE",按"Enter"键,即得如图9.10(b)所示图形(不含尺寸),完成拉伸命令。

(2)旋转形成实体

1)命令调用方式

◆命令:REVOLVE

◆菜单:"绘图"→"建模"→"旋转"

◆按钮:"建模"工具栏中![按钮]

2)命令用提示

命令:REVOLVE

当前线框密度:ISOLINES=4,闭合轮廓创建模式=实体

选择要旋转的对象或[模式(MO)]:指定对角点:找到两个

选择要旋转的对象或[模式(MO)]:

指定轴起点或根据以下选项之一定义轴[对象(O)/X/Y/Z]<对象>:

指定轴端点:

指定旋转角度或[起点角度(ST)/反转(R)/表达式(EX)]<360>:

3)参数说明

①"选择要旋转的对象"。可以旋转闭合多段线、多边形、圆、椭圆、闭合样条曲线、圆环和面域。不能旋转包含在块中的对象、具有相交或自交线段的多段线。REVOLVE忽略多段线的宽度,并从多段线路径的中心处开始旋转。一次只能旋转一个对象。

②"模式(MO)"。如果输入"MO",按"Enter"键,然后提示:"闭合轮廓创建模式[实体(SO)/曲面(SU)]<实体>:"可选择闭合轮廓的创建模式。

③"指定轴起点"。O为缺省项,指定旋转轴的第一点,然后提示:"指定第二点",轴的正方向从第一点指向第二点。

④"对象(O)"。选择现有的直线或多段线中的单条线段定义轴,这个对象绕该轴旋转。轴的正方向从这条直线上的最近端点指向最远端点。

⑤"X/Y/Z"。表示使用当前UCS的正向X轴、正向Y轴、正向Z轴作为轴的正方向。

⑥"指定旋转角度"。指定旋转形成实体的范围。

⑦"起点角度(ST)"。如果输入"ST",按"Enter"键,然后提示:"指定起点角度<0.0>:"输入一个数值;"指定旋转角度或[起点角度(ST)/表达式(EX)]<360>:"输入一个数值。

⑧"反转(R)"。如果输入"R",按"Enter"键,然后提示"指定旋转角度或[起点角度(ST)/反转(R)/表达式(EX)]<360>:"输入数值,形成反转的图形。

⑨"表达式(E)"。输入"E",则命令行提示:输入表达式。输入表达式后,按"Enter"键,其二维对象将按表达式的值进行拉伸。

例9.5　使用旋转命令绘制如图9.10(b)所示的彩钢板,旋转轴一与断面距离1 000。

操作步骤:

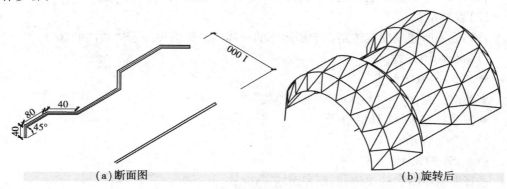

(a)断面图　　　　　　　　　　　　　　(b)旋转后

图9.11　彩钢板旋转示例

①执行视图工具栏中的"西南等轴测"命令,进入轴测图显示环境。在图9.10(a)基础上绘制如图9.11(a)所示中的短直线作为旋转轴。

②命令:REVOLVE,按"Enter"键(执行旋转建立实体命令)。

③选择要旋转的对象或[模式(MO)]:选择图9.11(a)中的彩钢板为旋转对象。

④选择要旋转的对象或[模式(MO)]:按"Enter"键。

⑤指定轴起点或根据以下选项之一定义轴[对象(O)/X/Y/Z]<对象>:选择图9.11(a)中短直线的一个端点。

⑥指定轴端点:选择图9.11(a)中短直线的另一个端点。

⑦指定旋转角度或[起点角度(ST)/反转(R)/表达式(EX)]<360>:输入"180"并按"Enter"键(即旋转角度为180°)。

⑧命令:输入"HIDE",按"Enter"键,得如图9.11(b)所示的图形。

9.2.3 布尔运算

布尔运算是用于两个及以上的实体(也可用于面域计算)的编辑工作,通过它可完成并集、差集、交集运算,各种运算的结果均将产生新的实体。用户可在许多情况下使用布尔运算:土石方工程、机械的三维建模等需大量使用布尔运算才能完成一些复杂的任务。

(1)并集运算

并集运算所建立的实体是以参加运算的物体叠加在一起形成的。

1)命令调用方式

◆命令:UNION

◆菜单:"修改"→"实体编辑"→"并集"

◆按钮:"建模"工具栏中⊙⊙

2)命令及提示

命令:UNION

选择对象:

选择对象:

……

3)参数说明

"选择对象":使用对象选择方法选择对象并在完成时按"Enter"键。

(2)差集运算

差集运算所建立的实体是以参加运算的母体为基础去掉与子体共同的部分。

1)命令调用方式

◆命令:SUBTRACT

◆菜单:"修改"→"实体编辑"→"差集"

◆按钮:"建模"工具栏中⊙⊙

2)命令及提示

命令:SUBTRACT

选择要从中减去的实体、曲面和面域……

选择对象:

选择要减去的实体、曲面和面域……

选择对象:

……

3）参数说明

"选择对象"：使用对象选择方法选择对象并在完成时按"Enter"键。

（3）交集运算

交集运算是从两个或多个相交的实体中合成一个实体，所建立的合成实体是参加运算实体的共同部分。

1）命令调用方式

◆命令：INTERSECT

◆菜单："修改"→"实体编辑"→"交集"

◆按钮："建模"工具栏中⊚⊚

2）命令及提示

命令：INTERSECT

选择对象：

选择对象：

……

3）参数说明

"选择对象"：选择集可包含任意多个实体。INTERSECT 将可选择集分成多个子集，并在每个子集中测试相交部分。

例9.6　对如图9.12（a）所示图形分别进行并集、差集和交集运算。

操作步骤：

①执行视图工具栏中的"西南等轴测"命令，进入轴测图显示环境。

②使用长方体命令绘制长×宽×高＝300×100×100 的长方体。

③使用圆柱体命令绘制半径为100、高为300 的圆柱体。

④使用移动命令，移动长方体至圆柱体上（可使用辅助线，找对齐点），得如图9.12（a）所示图形。

⑤执行并集运算命令：

命令：UNION（启动并集运算命令），按"Enter"键

选择对象：鼠标左键单击长方体，提示"找到1 个"

选择对象：鼠标左键单击圆柱体，提示"找到1 个,总计2 个"

选择对象：按"Enter"键，结束并集运算命令

命令：输入"HIDE"并按"Enter"键，得如图9.12（b）所示图形。

⑥执行差集运算命令：

命令：SUBTRACT（启动差集运算命令）

选择要从中减去的实体、曲面和面域……

选择对象：鼠标左键单击圆柱体，提示"找到1 个"

选择对象：鼠标左键单击长方体，提示"找到1 个,总计2 个"

选择对象：按"Enter"键，结束差集运算命令

命令：输入"HIDE"并按"Enter"键，得如图9.12（c）所示图形

⑦执行交集运算命令：

命令：INTERSECT（启动交集运算命令），按"Enter"键

选择对象:鼠标左键单击长方体,提示"找到1个"

选择对象:鼠标左键单击圆柱体,提示"找到1个,总计2个"

选择对象:按"Enter"键,结束交集运算命令

命令:输入"HIDE"并按"Enter"键,得如图9.12(d)所示图形

对比图9.12(d)和图9.12(c)可知,运算前为两个物体,运算后为一个物体。

(a)运算前   (b)并集运算结果   (c)差集运算结果   (d)交集运算结果

图9.12　布尔运算示例

技术提示:与实体显示有关的系统变量有 ISOLINES 和 FACETRES,二者控制显示消隐或渲染后实体的表面光滑程度。为了加强显示效果,二者的值要设大些。

9.3　三维实体编辑

广义的三维实体编辑命令,包括能对三维实体的形状、大小、位置、颜色进行修改的所有命令。

9.3.1　二维中能用于三维编辑的命令

(1)圆角命令编辑三维实体

利用圆角命令可以使一个三维图形的棱角倒成一个小圆角。

例9.7　使用圆角命令使图9.13(a)所示长方体(长×宽×高=400×150×100)的一个角圆滑。

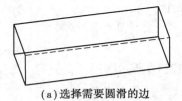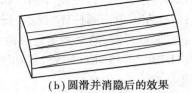

(a)选择需要圆滑的边   (b)圆滑并消隐后的效果

图9.13　圆滑实体示例

操作步骤:

命令:FILLET,按"Enter"键

当前设置:模式=修剪,半径=0.0000

选择第一个对象或[放弃(U)/多段线(P)/半径(R)/修剪(T)/多个(M)]:用鼠标选择图9.13(a)中虚线对应的棱

输入圆角半径或[表达式(E)]:输入"70"并按"Enter"键,即圆弧的半径70

选择边或[链(C)/环(L)/半径(R)]:按"Enter"键,提示"已选定1个边用于圆角"

命令:输入"HIDE"并按"Enter"键,得如图9.13(b)所示图形。

(2)移动命令编辑三维实体

移动命令可以用于三维实体的就位,正确理解三维坐标和特征点的捕捉,可完成三维实体的准确就位。

例9.8 例9.6中,在做布尔运算时,采用的是辅助线法对长方体和圆柱体进行就位,现采用移动命令准确定位长方体和圆柱体。

操作步骤:

①先把长方体就位到圆柱顶面,且长方体截面下边中点对准圆周靠左的位置(见图9.14(a)中标出的圆点位置)。

命令:输入"MOVE"并按"Enter"键

选择对象:用鼠标选择图9.14(a)中的长方体,提示"找到1个"

选择对象:按"Enter"键

指定基点或[位移(D)]<位移>:输入"MID"并按"Enter"键

于:用鼠标滑过长方体截面下边中点,出现捕捉标记时按下鼠标左键

指定第二个点或<使用第一个点作为位移>:输入"QUA"并按"Enter"键

于:用鼠标滑过圆柱体截面圆周靠左的位置,出现捕捉标记时按下鼠标左键

命令:输入"HIDE"并按"Enter"键车,得如图9.14(b)所示图形。

②在图9.14(b)基础上根据几何关系和相对位置精确定位。

命令:输入"MOVE"并按"Enter"键

选择对象:用鼠标左键单击长方体任一边,提示"找到1个"

选择对象:按"Enter"键

指定基点或[位移(D)]<位移>:用鼠标左键单击长方体附近任意一个位置

指定第二个点或<使用第一个点作为位移>:输入"@ -50,0, -30"并按"Enter"键

完成移动命令,结果如图9.14(c)所示。

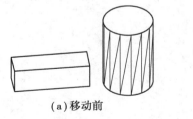  

(a)移动前 (b)移动第一步 (c)移动第二步

图9.14 三维移动示例

9.3.2 三维操作命令

三维操作命令有三维阵列、三维旋转、三维镜像、对齐等。

(1)三维阵列

使用三维阵列命令,可以在三维空间中创建对象的矩形阵列或环形阵列,除了指定列数(X方向)和行数(Y方向)以外,还要指定层数(Z方向)。

技术提示:如果阵列指定了大量行和列,则创建副本可能需要较长的时间。默认情况下,

可以由一个主命令生成的阵列元素数目限制为 100 000 个。

1）命令调用方式

◆命令：3DARRAY

◆菜单："修改"→"三维操作"→"三维阵列"

◆按钮："建模"工具栏中

2）命令及提示

命令：3DARRAY

正在初始化… 已加载 3DARRAY

选择对象：

选择对象：

输入阵列类型［矩形（R）/环形（P）］＜矩形＞：

输入行数（－－－）＜1＞：

输入列数（｜｜｜）＜1＞：

输入层数（…）＜1＞：

指定行间距（－－－）：

指定列间距（｜｜｜）：

指定层间距（…）：

3）参数说明

三维阵列命令行参数在前述二维编辑功能基础上，增加了层数和层间距，层数是指沿 Z 轴方向的复制个数（包括被复制对象在内），层间距是指 Z 轴方向复制的高差，层间距为正则向上（Z 轴正向）复制，反之则向下（Z 轴负向）复制。

（2）三维旋转

在三维制作过程中，经常需要改变实体的角度，要旋转三维对象，可使用 ROTATE 命令，也可使用 ROTATE3D 命令。使用 ROTATE，可绕指定基点旋转对象，旋转轴通过基点，并且平行于当前 UCS 的 Z 轴。使用 ROTATE3D，可根据两点，对象 X 轴、Y 轴或 Z 轴，或者当前视图的 Z 方向指定旋转轴。

1）命令调用方式

◆命令：ROTATE3D

◆菜单："修改"→"三维操作"→"三维旋转"

◆按钮："建模"工具栏中

2）命令及提示

命令：ROTATE3D

当前正向角度：ANGDIR ＝ 逆时针 ANGBASE ＝ 0

选择对象：

选择对象：

指定轴上的第一个点或定义轴依据［对象（O）/最近的（L）/视图（V）/X 轴（X）/Y 轴（Y）/Z 轴（Z）/两点（2）］：

指定轴上的第二点：

指定旋转角度或［参照（R）］：

3）参数说明

①"对象（O）/最近的（L）/视图（V）/X轴（X）/Y轴（Y）/Z轴（Z）/两点（2）"。"X轴（X）" "Y轴（Y）""Z轴（Z）"以及"两点（2）"是经常使用的旋转轴选项,缺省选项为"两点（2）"。

②"参照（R）"。可以把实体的某条线作为旋转参照,缺省则直接输入角度。

例9.9 结合拉伸示例,将如图9.15（a）所示图形通过三维旋转编辑为如图9.15（b）所示的形状。

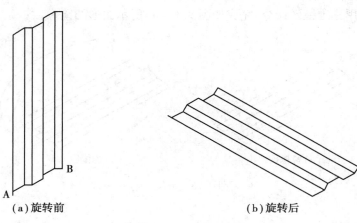

（a）旋转前　　　　　　　　　　　　　（b）旋转后

图9.15 三维旋转示例

操作步骤：

命令：ROTATE3D

当前正向角度：ANGDIR = 逆时针 ANGBASE = 0

选择对象：鼠标左键单击图9.15（a）中某一棱线,提示"找到1个"

选择对象：按"Enter"键

指定轴上的第一个点或定义轴依据［对象（O）/最近的（L）/视图（V）/X轴（X）/Y轴（Y）/Z轴（Z）/两点（2）］：打开对象捕捉,捕捉点A

指定轴上的第二点：捕捉点B

指定旋转角度或［参照（R）］：输入" − 90"并按"Enter"键（负号表示顺时针旋转）

命令：输入"HIDE"并按"Enter"键,得如图9.15（b）所示图形。

（3）三维镜像

1）命令调用方式

◆命令：MIRROR3D

◆菜单："修改"→"三维操作"→"三维镜像"

2）命令及提示

命令：MIRROR3D

选择对象：

选择对象：

指定镜像平面（三点）的第一个点或［对象（O）/最近的（L）/Z轴（Z）/视图（V）/XY平面（XY）/YZ平面（YZ）/ZX平面（ZX）/三点（3）］＜三点＞：

在镜像平面上指定第二点：

在镜像平面上指定第三点：

是否删除源对象？［是（Y）/否（N）］＜否＞：

3）参数说明

"对象（O）/最近的（L）/Z 轴（Z）/视图（V）/XY 平面（XY）/YZ 平面（YZ）/ZX 平面（ZX）/三点（3）"："对象"选项选择圆、圆弧或二维多段线作为镜像平面；缺省选项为"三点（3）"。

"是（Y）/否（N）"：输入"Y"表示去掉原来实体，输入"N"表示保留原来实体。

例 9.10　使用三维镜像命令，完成如图 9.16（a）所示图形的镜像。

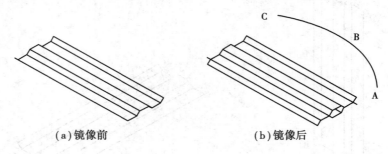

（a）镜像前　　　　　　　　　　　（b）镜像后

图 9.16　镜像示例

操作步骤：

命令：MIRROR3D

选择对象：选择彩钢板，提示"找到 1 个"

选择对象：按"Enter"键

指定镜像平面（三点）的第一个点或［对象（O）/最近的（L）/Z 轴（Z）/视图（V）/XY 平面（XY）/YZ 平面（YZ）/ZX 平面（ZX）/三点（3）］＜三点＞：指定弧线上的 A 点。

在镜像平面上指定第二点：指定弧线上的 B 点。

在镜像平面上指定第三点：指定弧线上的 C 点。

是否删除源对象？［是（Y）/否（N）］＜否＞：按"Enter"键。

命令：输入"HIDE"，按"Enter"键，得如图 9.16（b）所示图形。

9.3.3　剖切实例

（1）命令调用方式

◆命令：SLICE

（2）命令及提示

命令：SLICE

选择要剖切的对象：

选择要剖切的对象：

指定切面的起点或［平面对象（O）/曲面（S）/Z 轴（Z）/视图（V）/XY（XY）/YZ（YZ）/ZX（ZX）/三点（3）］＜三点＞：

指定平面上的第一个点：

指定平面上的第二个点：

指定平面上的第三个点：

在所需的侧面上指定点或［保留两个侧面（B）］＜保留两个侧面＞：

（3）参数说明

"三点（3）"：表示采用不在同一直线上的 3 个点确定一个剖切平面。其他选项参照三维镜像命令。

例 9.11　使用剖切命令，对如图 9.17（a）所示的长方体进行剖切。

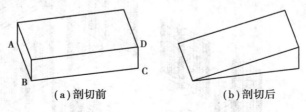

（a）剖切前　　　　　　　（b）剖切后

图 9.17　剖切实体示例

操作步骤：

命令：输入"SLICE"

选择要剖切的对象：选择长方体，提示"找到 1 个"

选择要剖切的对象：按"Enter"键

指定切面的起点或［平面对象（O）/曲面（S）/Z 轴（Z）/视图（V）/XY（XY）/YZ（YZ）/ZX（ZX）/三点（3）］＜三点＞：输入"3"并按"Enter"键，即用不在同一直线上的 3 个点确定一个剖切平面

指定平面上的第一个点：捕捉 A 点

指定平面上的第二个点：捕捉 B 点

指定平面上的第三个点：捕捉 D 点

在所需的侧面上指定点或［保留两个侧面（B）］＜保留两个侧面＞：捕捉 C 点

命令：输入"HIDE"并按"Enter"键，得如图 9.17（b）所示图形。

9.4　消隐、着色与渲染

9.4.1　消隐

使用 VPOINT，DVIEW 或 VIEW 命令创建图形的三维视图时，当前视口中将会显示一个线框。此时可以看见所有的直线，包括被其他对象遮盖的直线。HIDE 命令是从屏幕上消除这些隐藏线。

（1）命令调用方式

◆命令：HIDE

◆菜单："视图"→"消隐"

◆按钮："渲染"工具栏中

（2）命令及提示

启动"消隐"命令后，不需要进行目标选择，AutoCAD 将自动把当前视窗内的所有实体自

动进行消隐。三维图形复杂时,能看到左下角的进度条(0% ~ 100%)。

例9.12 对第 8 章如图 8.34 所示的房屋平面图进行拉伸,并对墙身轴测图进行消隐。

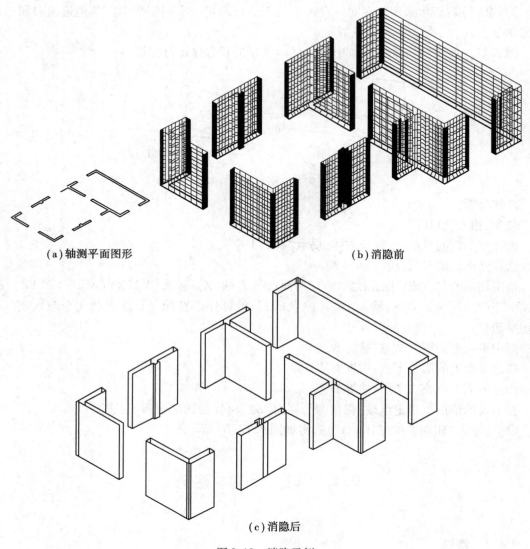

（a）轴测平面图形   （b）消隐前

（c）消隐后

图 9.18 消隐示例

操作步骤:

①调用图 8.34,删除图中的门窗、尺寸标注、轴线、台阶等,得如图 9.18(a)所示图形。

②执行拉伸命令,高度为 2 700,得如图 9.18(b)所示图形。

③执行消隐命令:

命令:输入"HIDE"并按"Enter"键

正在重生成模型,得如图 9.18(c)所示图形。

提示 1:HIDE 将下列对象视为隐藏了对象的不透明表面:圆、实体、宽线、文字、面域、宽多段线线段、三维面、多边形网格和厚度非零的对象的拉伸边。

提示 2:如果进行了拉伸,则圆、实体、宽线和宽多段线线段将被当作具有顶面和底面的实体对象。HIDE 不可以用于其图层被冻结的对象,但可以用于图层被关闭的对象。

提示 3:为了隐藏用 DTEXT,MTEXT 或 TEXT 创建的文字,必须将 HIDETEXT 系统变量设为 1 或为文字指定厚度值。

提示 4:使用 HIDE 命令时,如果 INTERSECTIONDISPLAY 系统变量设置为打开,则三维表面的面与面的交线显示为多段线。

9.4.2　着色

使用 SHADE 命令可以给物体着色,其功能比 HIDE 命令更进一步,不仅可以实现模型消隐,而且还可以给实体表面着色。

(1)命令调用方式

◆命令:SHADE(快捷键:SHA)

◆菜单:"视图"→"视觉样式"→"着色"

(2)命令及提示

①命令:输入"SHADE"并按"Enter"键,即结束此命令。

②或者选择"视图"→"视觉样式"→"着色"菜单命令。

命令:VSCURRENT

输入选项[二维线框(2)/线框(W)/隐藏(H)/真实(R)/概念(C)/着色(S)/带边缘着色(E)/灰度(G)/勾画(SK)/X 射线(X)/其他(O)] <二维线框>:

(3)参数说明

①"二维线框(2)"。用表示边界的直线段和曲线段显示对象。

②"线框(W)"。用表示边界的直线段和曲线段显示对象,同时显示一个白色的三维 UCS 坐标。

③"隐藏(H)"。用三维线框显示对象,被遮挡的线条将被隐藏。

④"着色(S)"。显示立体着色效果的同时还显示对象的线框。

⑤"带边缘着色(E)"。显示平面着色效果的同时还显示对象的线框。

例 9.13　对图 9.18(b)进行着色处理。

操作步骤:

①调用图 9.18(b)。

②输入"视图"→"视觉样式"→"着色"命令,显示效果如图 9.19(a)所示。

③输入"视图"→"视觉样式"→"带边缘着色"命令,显示效果如图 9.19(b)所示。

9.4.3　渲染

通过渲染形成建筑效果图。可以在三维对象表面添加照明和材质以产生实体效果。绘制图形时,通常绝大部分时间都花在模型的线条表面上,但在验证设计方案或提交最终建筑设计图形时,可能需要包含色彩和透视的更具有真实感的图像。

(1)命令调用方式

◆命令:RENDER

◆菜单:"视图"→"渲染"……

◆按钮:"渲染"工具栏中

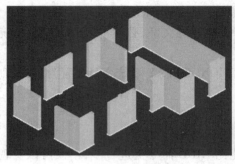 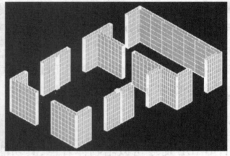

（a）着色效果　　　　　　　　　　　　（b）带边缘着色效果

图 9.19　着色效果示例

（2）命令及提示

①应先利用菜单命令，调整好渲染参数（见图 9.20）。

②执行渲染命令，完成渲染操作。

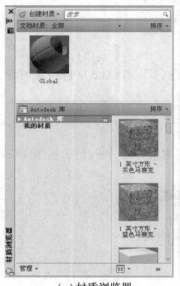  

（a）材质浏览器　　　　　　（b）材质编辑器　　　　　（c）"渲染环境"对话框

图 9.20　渲染参数对话框（部分）

例 9.14　对图 9.18（b）进行渲染处理。

操作步骤：

①调用图 9.18（b）。

②通过如图 9.20（a）所示，设置"材质"为"1 英寸方形蓝色马赛克"，"背景"置为"绿色"。

③执行"渲染"命令，得渲染效果如图 9.21 所示。

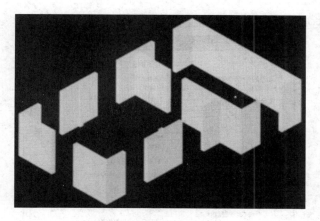

图 9.21　带材质的渲染

9.5　轴测图

轴测图是模拟三维立体的二维图形,其本质仍属于平面图形。由于轴测图绘制相对创建三维实体要简单得多,并且在表达上也比较直观,因此,在建筑工程中应用较为广泛。

9.5.1　轴测图绘图模式

轴测图由于其投影方式与工程制图中常用的正投影有很大区别,因此要在原来的绘图模式下完成轴测图的绘制会比较困难。AutoCAD 专门提供了 ISOPLANE 空间用于绘制轴测图。

打开轴测投影模式的方法如下:

(1)命令

命令:SNAP

指定捕捉间距或[开(ON)/关(OFF)/纵横向间距(A)/样式(S)/类型(T)] < 10.0000 > :
输入"S",按"Enter"键

输入捕捉栅格类型[标准(S)/等轴测(I)] < S > :输入"I",按"Enter"键

指定垂直间距 < 10.0000 > :按"Enter"键

设置成等轴测作图模式后,绘图区十字光标的两条短线不再相互垂直,而是成一定夹角,如图 9.22 所示。十字光标的状态反映绘制正等轴测图的 3 种不同平面状况:俯视、左视、右视。

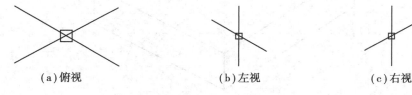

　　(a)俯视　　　　　　　　　　(b)左视　　　　　　　　　　(c)右视

图 9.22　轴测图光标

(2)菜单

选择"工具"→"绘图设置"菜单,将打开"草图设置"对话框,再选择"捕捉和栅格"选项

卡,将其中的"捕捉类型"设置为"等轴测捕捉",如图9.23所示。

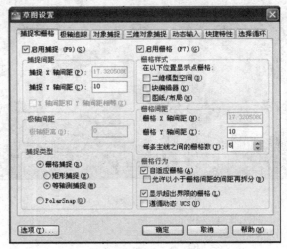

图9.23 "草图设置"对话框

(3)按钮

在状态栏▦(栅格)按钮上单击鼠标右键,在右键菜单中选择"设置(S)...",打开如图 9.23所示的"草图设置"对话框进行设置。

在不同等轴测平面之间的转换可以通过键盘快捷方式"Ctrl + E"或"F5"键来实现。

9.5.2 在轴测模式下绘图

在等轴测模式下同样可以绘制一般的图形对象,如直线、圆、圆弧、文本、标注等。但如果 想要绘制处于等轴测平面上的图形时,应根据正等轴测图各轴向变化率之间的关系,以特定的 角度方向绘制直线。为了保证角度的准确性,可以打开状态栏中的"栅格"和"捕捉"两个工具 配合作图,如图9.24所示。

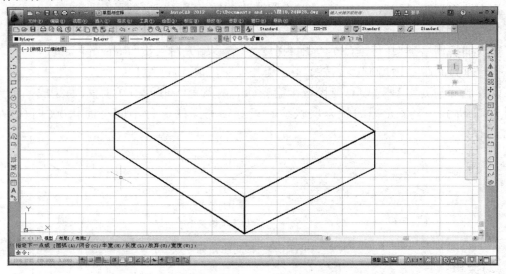

图9.24 使用"捕捉"和"栅格"工具配合绘制轴测图

　　正等轴测图中圆的表示比较特殊,它是以椭圆形式表现的,但要直接绘制椭圆,其形状、角度、尺寸等都不易确定。在轴测模式下,轴测图中圆和圆弧的绘制都是通过椭圆命令(ELLIPSE)完成,与一般图形绘制状态下调用 ELLIPSE 命令不同的是,命令选项中增加了一种绘图方式:"等轴测圆(Ⅰ)"。调用后,可以用确定圆心、指定半径的方式绘制等轴测图圆,绘图时需要对轴测平面进行切换。

　　例 9.15　绘制如图 9.25 所示的轴测图。

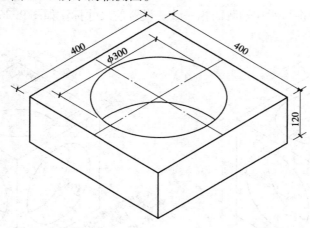

图 9.25　轴测图绘制示例

操作步骤:

　　①打开等轴测作图模式。打开如图 9.23 所示的"草图设置"对话框,为作图方便,将"捕捉 Y 轴间距"和"栅格 Y 轴间距"均设置为 10。

　　②在绘图区打开状态栏中的"栅格"和"捕捉"工具。

　　③执行直线命令,沿对应栅格点方向绘制长方体轮廓。

　　④按"F5"键将等轴测绘图平面切换到"上面",在长方体上面绘制轴测图。

　　命令:输入"ELLIPSE"并按"Enter"键

　　指定椭圆轴的端点或[圆弧(A)/中心点(C)/等轴测圆(I)]:输入"I"并按"Enter"键

　　指定等轴测圆的圆心:打开对象捕捉,捕捉顶面四边形中心点

　　指定等轴测圆的半径或[直径(D)]:输入"150"按"Enter"键

　　⑤以圆心为基点,将绘制完成的轴测圆向下 120 处复制一次。

　　⑥执行修剪命令,将底面圆不可见的圆周部分剪去,完成后得如图 9.25 所示图形。

9.5.3　在轴测模式下书写文字和标注尺寸

(1)在轴测模式下书写文字

　　正等测轴测图中的文字必须设置一定的倾斜和旋转角度,才能使书写的文字位于轴测平面上。一般情况下,不同轴测面上的文字角度设置如下:

　　①在左等轴测面上设置。设置文字的倾斜角度为 −30°,旋转角度为 −30°。

　　②在右等轴测面上设置。设置文字的倾斜角度为 30°,旋转角度为 30°。

　　③在上等轴测面上设置。设置文字的倾斜角度为 −30°,旋转角度为 −30°或倾斜角度为 30°,旋转角度为 −30°。

设置前书写的文字如图 9.26(a)所示,设置后绘制的文字如图 9.26(b)所示。

(2)正等测轴测图中的尺寸标注

要使轴测图上标注的尺寸位于轴测平面上,一般进行如下设置:

①设置专用的轴测图标注文字样式,倾斜角度分别为 30°和 - 30°;

②标注完成后,使用 DIMEDIT 命令或菜单方式:"标注""倾斜",将完成的标注倾斜 30°和 - 30°。

完成后,尺寸标注将与所在轴测面相一致。设置前尺寸标注如图 9.26(a)所示,设置后尺寸标注如图 9.26(b)所示。

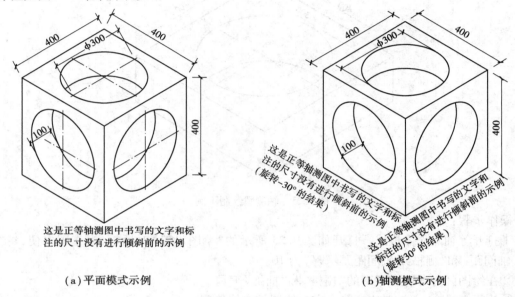

这是正等轴测图中书写的文字和标注的尺寸没有进行倾斜前的示例

（a）平面模式示例

这是正等轴测图中书写的文字和标注的尺寸没有进行倾斜前的示例
（旋转 -30° 的结果）

这是正等轴测图中书写的文字和标注的尺寸没有进行倾斜前的示例
（旋转 30° 的结果）

(b)轴测模式示例

图 9.26　平面模式和轴测模式下文字和尺寸标注的差异

操作实训

9.1　完成如图 9.27 所示图形的拉伸。

9.2　完成如图 9.28 所示图形的三维图形制作。

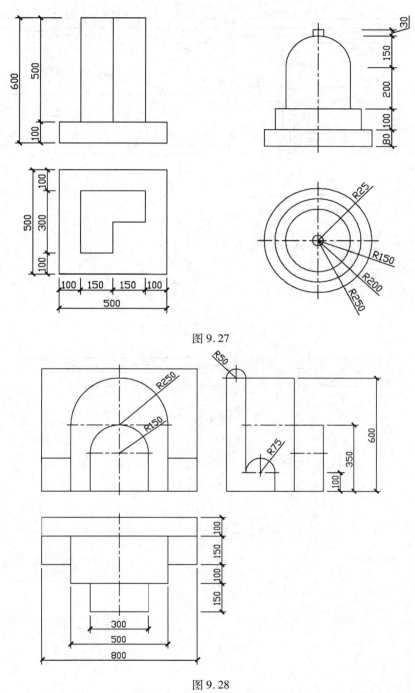

图 9.27

图 9.28

9.3　对如图 9.29 所示的房屋平面图进行拉伸,并对墙身轴测图进行消隐。

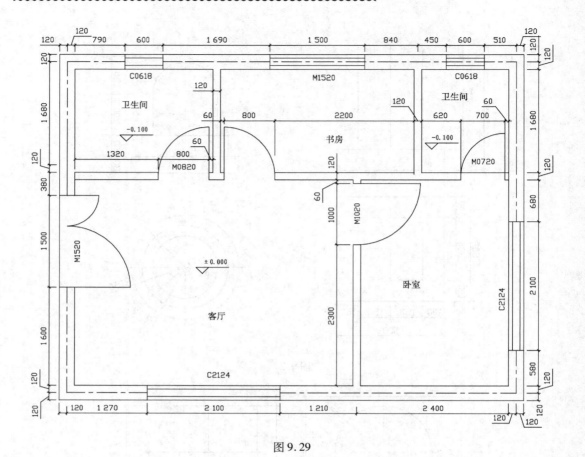

图 9.29

章节概述

本章将初步介绍天正建筑软件的基础知识及简单应用。首先对天正建筑软件进行介绍，接着介绍天正建筑软件的操作界面，以及天正建筑软件的设置方法，最后介绍了天正与AutoCAD软件的区别，从而让用户为今后熟练应用天正建筑软件打下良好的基础。

知识目标

能基本表述天正建筑 TArch 软件的基本情况，天正建筑 TArch 软件的设置方法，天正软件与 AutoCAD 软件的关联和区别。

能力目标

可以操作天正建筑 TArch 软件的界面，能正确设置天正建筑 TArch 软件，理解天正软件与AutoCAD 软件的关联和区别，利用所学的 CAD 知识尽快熟悉天正建筑 TArch 软件。

10.1 天正建筑 TArch 简介

天正公司推出的天正建筑软件已成为国内建筑 CAD 的行业规范，它的建筑对象和图档格式已经成为设计单位之间、设计单位与甲方之间图形信息交流的基础。近年来，随着建筑设计市场的需要，天正日照设计、建筑节能、规划、土方、造价等软件也相继推出。

天正公司在 2001 年推出了从界面到核心面目全新的 TArch5.0 系列（目前最新版本为TArch 2014），采用 BIM 建筑信息模型概念进行软件研发，在国内首家推出了二维图形描述与三维空间表现一体化的自定义对象，从方案到施工图全程体现建筑设计的特点，在建筑 CAD技术上掀起了一场革命，采用自定义对象技术的建筑 CAD 软件具有人性化、智能化、参数化、可视化多个重要特征，以建筑构件作为基本设计单元，把内部带有专业数据的构件模型作为智能化的图形对象。

天正 TArch 提供了方便用户的操作模式，使得软件更加易于掌握，可轻松完成各个设计阶段的任务，包括体量规划模型和单体建筑方案比较，适用于从初步设计直至最后阶段的施工图设计，同时可为天正日照设计软件和天正节能软件提供准确的建筑模型，大大推动了建筑节能设计的普及。如图 10.1 所示为天正建筑 TArch 2013ForAutoCAD 2012 的环境情况。

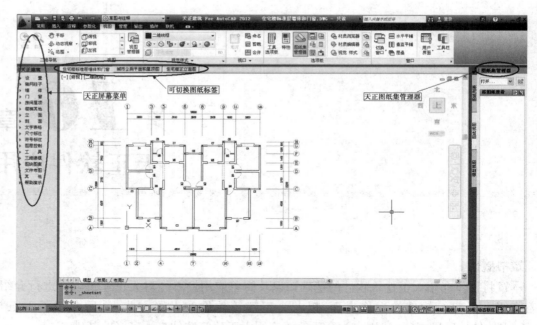

图 10.1 天正建筑 TArch 2013 的界面环境

10.2 天正建筑 TArch 2013 的操作界面

随着天正建筑软件的不断更新升级,在 CAD 软件的交互界面上做出了扩充,同时还对 CAD 的所有下拉菜单和图标菜单进行了保留。安装好天正软件后,按正常方式打开,即可进入天正的操作界面,如图 10.2 所示。

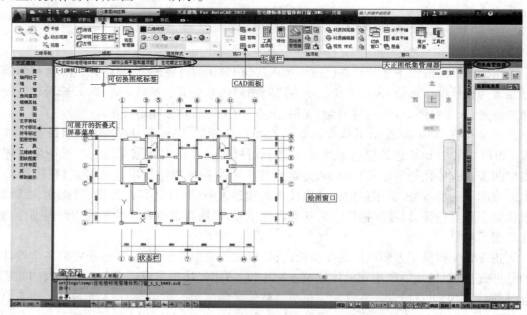

图 10.2 天正建筑 TArch 2013 的操作界面

10.3　天正建筑 TArch 的软件设置

与其他应用软件一样,天正建筑 TArch 软件也可以根据用户的需要设置不同的绘图环境来进行自定义的设置。

10.3.1　自定义的设置

天正 TArch 为用户提供了"自定义"和"天正自定义"对话框来进行设置,其内容在 8.5 版本中进行了调整与扩充。

在 TArch 2013 屏幕菜单中执行"设置"→"自定义"命令(ZDY),弹出"天正自定义"对话框,如图 10.3 所示。用户可以修改有关参数设置,包括"屏幕菜单""操作配置""基本界面""工具条"和"快捷键"等。

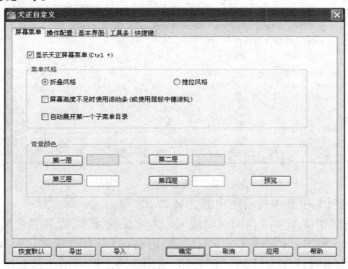

图 10.3　"天正自定义"对话框

(1)"屏幕菜单"选项

在"屏幕菜单"选项卡中,各主要功能项的含义如下:

①显示天正屏幕菜单。默认勾选,启动时显示天正的屏幕菜单,也能用热键"ctrl +"随时进行开关。

②折叠/推拉风格。表示子菜单的展示样式。单击打开子菜单 A 时,A 子菜单展开全部可见,在菜单总高度大于屏幕高度时,子菜单可在本层内出现折叠或是推拉式显示。动作由滚轮或滚动条控制。

③屏幕高度不足时使用滚动条。如果屏幕高度小于菜单高度,在菜单右侧自动出现滚动条,适用笔记本触屏、指点杆等无滚轮的定位设备,用于菜单的上下移动,在有滚轮的定位设备中均可使用滚轮移动菜单。

④自动展开第一个子菜单目录。默认打开第一个"设置"菜单,从设置自定义参数开始绘图。

⑤第×层。设置菜单的背景颜色，天正屏幕菜单最大深度为 4 层，每一层均可独立设置背景颜色。

⑥恢复默认。恢复菜单的默认背景颜色。

⑦导入/导出。表示对该选项卡进行 XML 格式的输入和输出。

⑧预览。单击该按钮，即可临时改变屏幕菜单的背景颜色为用户设置提供预览，单击"确定"按钮后可正式生效。

（2）"操作配置"选项

"操作配置"选项卡如图 10.4 所示。

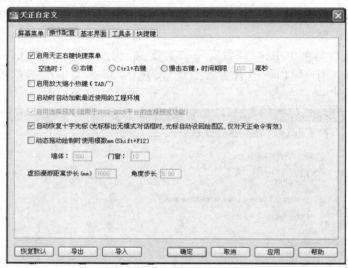

图 10.4　"操作配置"选项卡

"操作配置"选项卡中各主要功能项的含义如下：

①启用天正右键快捷菜单。当用户取消天正右键快捷菜单，没有选中对象（空选）时右键快捷菜单的弹出有 3 种方式：右键、Ctrl + 右键、慢击右键，即右击后超过时间期限放松右键弹出右键快捷菜单，快击右键作为"Enter"键使用，从而解决了既希望右键有回车功能，也希望不放弃天正右键快捷菜单命令的需求。

②启用放大缩小热键。勾选此复选框，可恢复为 3.0 版本提供的热键，"Tab"键和"～"键分别作为放大和缩小屏幕范围使用。

③启用选择预览。光标移动到对象上方时对象即可亮显，表示执行选择时要选的对象，同时智能感知该对象，此时右击鼠标即可激活相应的对象编辑菜单，使对象编辑更加快捷方便。当图形太大选择预览影响效率时会自动关闭，在此也可人工关闭。

④自动恢复十字光标。控制在光标移出对话框时，当前控制自动返回绘图区，恢复十字光标，仅对天正命令有效。

⑤启动时自动加载最近使用的工程环境。勾选此复选框后，启动时自动加载最近使用的工程环境，在 CAD 2006 以上平台上还具有自动打开上次关闭软件时，所打开的所有 DWG 图形功能。

⑥动态拖动绘制时使用模数 mm。勾选此复选框后，在动态拖动构件长度与定位门窗时，按照下面编辑框中输入的墙体与门窗模数定位。

⑦虚拟漫游距离步长。分为"距离步长"和"角度步长"两项,设置虚拟漫游时按一次方向键虚拟相机所运行的距离和角度。

(3)"基本界面"选项

在"基本界面"选项卡中,包括"界面设置"和"在位编辑"两部分内容,如图 10.5 所示。

图 10.5　"基本界面"选项卡

"基本界面"选项卡中各主要功能项的含义如下:

①启用文档标签。当打开多个 DWG 文档时,对应于每个打开的图形,在图形编辑区上方各显示一个标有文档名称的按钮,单击"文档标签"可以方便地把该图形文件切换为当前文件,在该区域右击显示右键快捷菜单,方便多图档的存盘、关闭和另存,热键为"Ctrl -"。

②启动时显示平台界面。当勾选该复选框时,下次双击 TArch 快捷图标时,可在软件启动界面重新选择 CAD 平台启动天正建筑。

③字体/背景颜色。控制"在位编辑"激活后,在位编辑框中使用的字体本身的颜色和在位编辑框的背景颜色。

④字体高度。控制"在位编辑"激活后,在位编辑框中的字体高度。

(4)"工具条"选项

在"工具条"选项卡中,可进行工具栏命令的添加与删除,如图 10.6 所示。

"工具条"选项卡中各主要功能项的含义如下:

①加入 >> 。单击"加入 >>"按钮,即可把图标添加到右侧用户自定义工具区。

② << 删除。在右侧用户自定义工具区中选择图标,单击" << 删除"按钮,可把已经加入的图标删除。

③图标排序。在右侧用户自定义工具区中选择图标,单击右边的箭头按钮,即可上下移动该工具图标的位置,每次移动一格。

(5)"快捷键"选项

在"快捷键"选项卡中,可对其单键快捷键定义某个数字或者字母键,即可调用对应于该

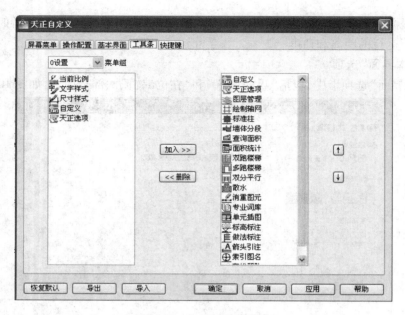

图 10.6 "工具条"选项卡

键的天正建筑或者 CAD 的命令功能。

若在"命令名"栏目下可以直接单击表格单元内右边的按钮,即可进入"天正命令"对话框,双击相对应的命令后即可获得有效的天正命令全名,如图 10.7 所示。

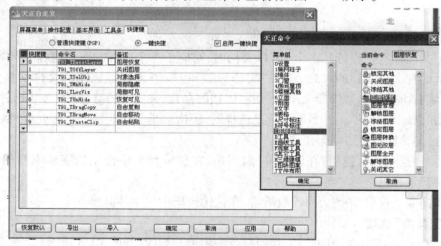

图 10.7 "快捷键"选项卡

注意:快捷键命名中,请切记快捷键不要使用数字 3,避免与 3 开头的 AutoCAD 三维命令 3D×××冲突。

10.3.2 天正选项设置

在屏幕菜单中选择"设置"→"天正选项"命令(TZXX >),打开"天正选项"窗口,用户可以对天正的"基本设定""加粗填充"和"高级选项"进行设置,如图 10.8 所示。

(1)**"基本设定"选项**

在"基本设定"选项卡中,用户可进行图形及其他参数的设置,各主要功能项的含义如下:

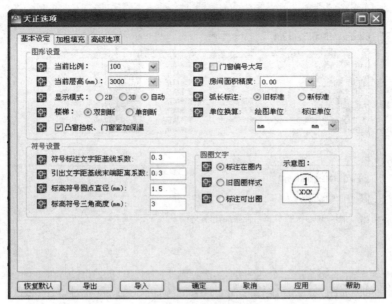

图 10.8　"天正选项"窗口

①当前比例。设定新创建的对象所采用的出图比例。同时显示在 CAD 状态栏的最左边。默认的初始比例为 1∶100。

②当前层高。设定本图的默认层高。

③显示模式 2D/3D/自动。仅显示天正对象的二维/三维视图,本功能将当前图的各个视口按照二维、三维的模式进行显示,或者系统会自动确定显示方式。

④单位换算。提供了适用于在单位图形中进行尺寸标注和坐标标注的单位换算设置。

⑤弧长标注。可以设置其尺寸界线是指向圆心(新国家标准)还是垂直于该圆弧的弦(旧国家标准),这是 TArch 2013 的新增功能项。

注意:用户不要混淆了当前层高、楼层表的层高、构件高度 3 个概念。

⑥当前层高。仅仅作为新产生的墙、柱和楼梯的高度。

⑦楼层表的层高。仅仅用在把标准层转换为自然层,并进行叠加时的 Z 向定位用。

⑧构件高度。墙柱构件创建后其高度参数就与其他全局的设置无关,一个楼层中的各构件可以拥有各自独立的不同高度,以适应梯间门窗、错层、跃层等特殊情况需要。

软件支持单位图形的坐标和尺寸标注,此时 1∶1 000 要相应调整为 1∶1,1∶500 调整为 1∶0.5,以此类推。

(2)"加粗填充"选项

在"加粗填充"选项卡中,专用于墙体与柱子的填充,并提供各种填充图案和加粗线宽,如图 10.9 所示。

"加粗填充"选项卡中各主要功能项的含义如下:

①材料名称。在墙体和柱子中使用的材料名称。

②标准填充图案。单击该列任意文本框右侧的按钮,将会打开如图 10.10 所示的"图案选择"窗口,在该窗口中选择需要的填充图案。

③详图填充图案。同标准填充方法相同。

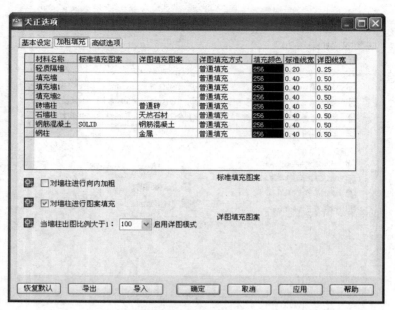

图 10.9 "加粗填充"选项卡

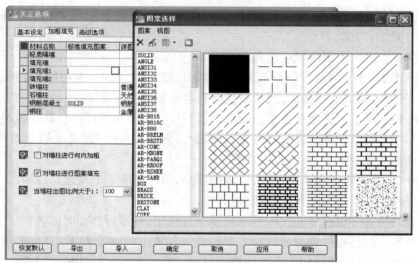

图 10.10 "图案选择"窗口

④详图填充方式。提供了"普通填充"与"线图案填充"两种方式,专用于填充沿墙体长度方向延伸的线图案。

⑤填充颜色。提供了墙柱填充颜色的直接选择新功能,避免因设置不同颜色而更改墙柱填充图层的麻烦。

⑥标准线宽。设置在建筑平面图和立面图下的非详图比例(如1:100等)显示的墙柱加粗线宽。

⑦详图线宽。设置在建筑详图比例如1:50等显示的墙柱加粗线宽。

注意:墙线宽度设置中,为了图面清晰和操作方便,加快绘图处理速度,在绘制墙柱时先不要填充,待出图前时再开启填充开关,最终打印在图纸上的墙线实际宽度 = 加粗宽度 + 1/2

墙柱。

(3)"高级选项"选项卡

在"高级选项"选项卡中,是控制天正建筑全局变量的用户自定义参数的设置界面,除了尺寸样式需专门设置外,这里定义的参数保存在初始参数文件中,不仅用于当前图形,对新建的文件也起作用,如图 10.11 所示。

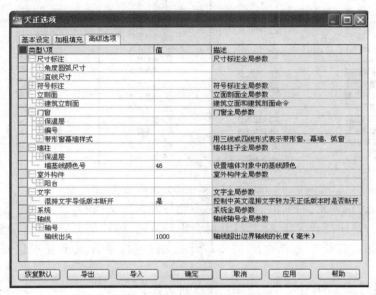

图 10.11　"高级选项"选项卡

10.4　天正与 AutoCAD 的关联与区别

目前,天正建筑软件是新型建筑制图软件,它还是使用最广泛的制图软件之一。CAD 是天正的基础,天正算是一个扩展平台。如果没有安装 AutoCAD,天正是无法单独运行的。

天正是我国在 AutoCAD 基础上进行二次开发而成的软件。可以说天正和 CAD 是一对双胞胎。但天正和 CAD 又有一些区别,在这里将进行简单介绍。

(1)绘图要素的变化

在以前的 AutoCAD 中,任何的图块以及新设置的图元素都必须进行绘制,然后进行设置块的操作,这样使得用户在绘图时花了大量时间。而在天正建筑 TArch 软件中,这些新的元素可以直接调用插入即可,TArch 2013 中提供了大量的绘图元素可供用户直接使用,如墙、门、窗、楼梯等,如图 10.12 所示。

(2)天正作图的完整性

在绘制图形时最大限度地使用天正绘制,小地方使用 CAD 补充与修饰。天正建筑软件在 CAD 的平台上针对建筑专业增加了相应的运用工具和图库,CAD 有的天正都有,从而使天正满足了各种绘图的需求。

(3)天正与 CAD 文档

由于天正是在 CAD 基础上开发的,因此在安装和使用天正前必须要先安装 CAD 程序,天

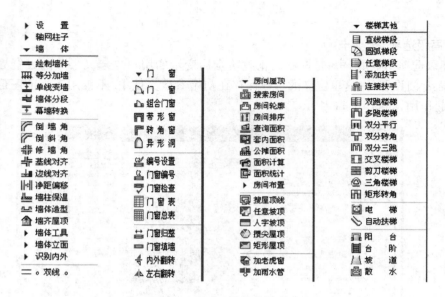

图 10.12　天正部分绘图元素

正的解释器才能识别天正文档,并且 CAD 是不能打开天正文档的。

如果强行用 CAD 打开天正文档,打开后会出现乱码,纯粹的 CAD 不能完全显示天正建筑所绘制的图形,如需打开并完全显示,需要对天正文件进行导出,而天正可以打开 CAD 的任何文档。

将天正文件导入 CAD 中,可以使用以下 3 种方法:

①在天正屏幕菜单中选择"文件布图"→"图形导出"命令,将图形文件保存为 t3. dwg 格式,此时就把文件转换成了天正 3。

②选择所绘制的全部图形,在天正屏幕菜单中选择"文件布图"→"分解对象"命令,再进行保存即可。

③在天正屏幕菜单中选择"文件布图"→"批量转旧"命令,从而把图形文件转换成 t3. dwg 格式。

(4)二维绘三维对象

运用 CAD 所绘制的图形为二维图,天正在绘制二维图形时同时可以生成三维图形,无须另行建模,其中自带了快速建模工具,减少了绘图量,对绘图的规范性也大大提高,这是天正开发的重要成就。在二维与三维的保存中,不存在具体的二维和三维表现所要用到的所有空间坐标点和线条,天正绘图时运用二维视口比三维视口快一些,三维视口表现的线条比二维表现的线条更多。

操作实训

请自行安装与 CAD 版本相配合的天正软件,并进行实际操作,熟悉操作界面及屏幕菜单(如需下载试用版本,请前往 http://www. tangent. com. cn 进行下载)。

附　录

附录 A　AutoCAD 常用快捷键

表 A.1　AatoCAD 常用快捷键

快捷键	作　用	备　注
A	圆弧	创建
L	直线	创建
C	圆	创建
PO	单点	创建
XL	参照线	创建
ML	多线	创建
PL	多段线	创建
POL	多边形	创建
REC	矩形	创建
SPL	样条曲线	创建
EL	椭圆	创建
I	插入块	操作
B	创建块	操作
H	图案填充	操作
D	标注样式管理器	操作
E	删除	操作
F	圆角	操作
G	群组	操作
M	移动	操作
O	偏移	操作

续表

快捷键	作　用	备　注
P	平移	操作
S	拉伸	操作
W	外部块	操作
V	视图对话框	操作
X	分解	操作
Z	显示缩放	操作
T	多行文字	操作
CO	复制	操作
MI	镜像	操作
AR	阵列	操作
RO	旋转	操作
SC	比例	操作
LE	引线管理器	操作
EX	延伸	操作
TR	修剪	操作
ST	文字样式管理器	操作
DT	单行文字	操作
CH	特性	操作
CHA	倒角	操作
BR	打断	操作
DI	查询距离	操作
AREA	面积	操作
ID	点坐标	操作
MA	特性匹配	操作
MASSPROP	质量特性	操作
LS	列表显示	操作
TIME	时间	操作
SETTVAR	设置变量	操作
LA	图层	操作
COLOR	颜色	操作
LT	线型管理	操作
LW	线宽管理	操作
UN	单位管理	操作

续表

快捷键	作 用	备 注
TH	厚度	操作
TT	临时追踪点	捕捉
FROM	从临时参照到偏移	捕捉
ENDP	捕捉到圆弧或线的最近端点	捕捉
MID	捕捉圆弧或线的中点	捕捉
INT	线、圆、圆弧的交点	捕捉
APPINT	两个对象的外观交点	捕捉
EXT	线、圆弧、圆的延伸线	捕捉
CEN	圆弧、圆心的圆心	捕捉
QUA	圆弧或圆的象限点	捕捉
TAN	圆弧或圆的限象点	捕捉
PER	线、圆弧、圆的重足	捕捉
PAR	直线的平行线	捕捉
NOD	捕捉到点对象	捕捉
INS	文字、块、形或属性的插入点	捕捉
NEA	最近点捕捉	捕捉
DLI	线型标注	标注
DAL	对齐标注	标注
DOR	坐标标注	标注
DDI	直径标注	标注
DAN	角度标注	标注
QDIM	快速标注	标注
DBA	基线标注	标注
DCO	连续标注	标注
LE	引线标注	标注
TOL	公差标注	标注
DLE	圆心标注	标注
DRA	半径标注	标注
CAL	计算器	标注
Alt + N + Q	快速	标注
Alt + N + L	线型	标注
Alt + N + G	对齐	标注

续表

快捷键	作　用	备　注
Alt + N + O	坐标	标注
Alt + N + D	直径	标注
Alt + N + A	角度	标注
Alt + N + B	基线	标注
Alt + N + C	连续	标注
Alt + N + E	引线	标注
Alt + N + T	公差	标注
Alt + N + M	圆心	标注
Alt + N + Q	倾斜	标注
Alt + N + S	样式	标注
Alt + N + V	替代	标注
Alt + N + U	更新	标注

附录 B　常用工程图纸编号与计算机制图文件名称举例

表 B.1　常用专业代码列表

专　业	专业代码名称	英文专业代码名称	备　注
总图	总	G	含总图、景观、测量、地图、土建
建筑	建	A	含建筑、室内设计
结构	结	S	含结构
给水排水	水	P	含给水、排水、管道、消防
暖通空调	暖	M	含采暖、通风、空调、机械
电气	电	E	含电气(强电)、通信(弱电)、消防

表 B.2　常用阶段代码列表

设计阶段	阶段代码名称	英文阶段代码名称	备　注
可行性研究	可	S	含预可行性研究阶段
方案设计	方	C	
初步设计	初	P	含扩大初步设计阶段
施工图设计	施	W	

表 B.3　常用类型代码表

工程图纸文件类型	类型代码名称	英文类型代码名称
图纸目录	目录	CL
设计总说明	说明	NT
楼层平面图	平面	FP
场区平面图	场区	SP
拆除平面图	拆除	DP
设备平面图	设备	QP
现有平面图	现有	XP
立面图	立面	EL
剖面图	剖面	SC
大样图（大比例视图）	大样	LS
详图	详图	DT
三维视图	三维	3D
清单	清单	SH
简图	简图	DG

附录 C　常用图层名称举例

表 C.1　常用状态代码表

工程性质或阶段	状态代码名称	英文状态代码名称	备　注
新建	新建	N	
保留	保留	E	
拆除	拆除	D	
拟建	拟建	F	
临时	临时	T	
搬迁	搬迁	M	
改建	改建	R	
合同外	合同外	X	
阶段编号		1~9	
可行性研究	可研	S	阶段名称
方案设计	方案	C	阶段名称
初步设计	初设	P	阶段名称
施工图设计	施工图	W	阶段名称

表 C.2 常用总图专业图层名称列表

图　层	中文名称	英文名称	说　明
总平面图	总图-平面	G-SITE	
红线	总图-平面-红线	G-SITE-REDL	建筑红线
外墙线	总图-平面-墙线	G-SITE-WALL	
建筑物轮廓线	总图-平面-建筑	G-SITE-BOTL	
构筑物	总图-平面-构筑	G-SITE-STRC	
总平面图标注	总图-平面-标注	G-SITE-IDEN	总平面图尺寸标注及标注文字
总平面图文字	总图-平面-文字	G-SITE-TEXT	总平面图说明文字
总平面图坐标	总图-平面-坐标	G-SITE-CODT	
交通	总图-交通	G-DRIV	
道路中线	总图-交通-中线	G-DRIV-CNTR	
道路竖向	总图-交通-竖向	G-DRIV-GRAD	
交通流线	总图-交通-流线	G-DRIV-FLWL	
交通详图	总图-交通-详图	G-DRIV-DTEL	交通道路详图
停车场	总图-交通-停车场	G-DRIV-PRKG	
交通标注	总图-交通-标注	G-DRIV-IDEN	交通道路尺寸标注及标注文字
交通文字	总图-交通-文字	G-DRIV-TEXT	交通道路说明文字
交通坐标	总图-交通-坐标	G-DRIV-CODT	
景观	总图-景观	G-LSCP	园林绿化
景观标注	总图-景观-标注	G-LSCP-IDEN	园林绿化标注及标注文字
景观文字	总图-景观-文字	G-LSCPTEXT	园林绿化说明文字
景观坐标	总图-景观-坐标	G-LSCPCODT	
管线	总图-管线	G-PIPE	
给水管线	总图-管线-给水	G-PIPE-DOMW	给水管线说明文字、尺寸标注及标注文字、坐标
排水管线	总图-管线-排水	G-PIPE-SANR	排水管线说明文字、尺寸标注及标注文字、坐标
供热管线	总图-管线-供热	G-PIPE-HOTW	供热管线说明文字、尺寸标注及标注文字、坐标
燃气管线	总图-管线-燃气	G-PIPE-GASS	燃气管线说明文字、尺寸标注及标注文字、坐标
电力管线	总图-管线-电力	G-PIPE-POWR	电力管线说明文字、尺寸标注及标注文字、坐标
通信管线	总图-管线-通信	G-PIPE-TCOM	通信管线说明文字、尺寸标注及标注文字、坐标
注释	总图-注释	G-ANNO	
图框	总图-注释-图框	G-ANNO-TTLB	图框及图框文字
图例	总图-注释-图例	G-ANNO-LEGN	图框与符号

图 层	中文名称	英文名称	说 明
尺寸标注	总图-注释-尺寸	G-ANNO-DIMS	尺寸标注及标注文字
文字说明	总图-注释-文字	G-ANNO-TEXT	总图专业文字说明
等高线	总图-注释-等高线	G-ANNO-CNTR	道路等高线、地形等高线
背景	总图-注释-背景	G-ANNO-BGRD	
填充	总图-注释-填充	G-ANNO-PATT	图案填充
指北针	总图-注释-指北针	G-ANNO-NARW	

表 C.3　常用建筑专业图层名称列表

图 层	中文名称	英文名称	说 明
轴线	建筑-轴线	A-AXIS	
轴网	建筑-轴线-轴网	A-AXIS-GRID	平面轴网、中心线
轴线标注	建筑-轴线-标注	A-AXIS-DIMS	轴线尺寸标注及标注文字
轴线编号	建筑-轴线-编号	A-AXIS-TEXT	
墙	建筑-墙	A-WALL	墙轮廓线,通常指混凝土墙
砖墙	建筑-墙-砖墙	A-WALL-MSNW	
轻质隔墙	建筑-墙-隔墙	A-WALL-PRTN	
玻璃幕墙	建筑-墙-幕墙	A-WALL-GLAZ	
矮墙	建筑-墙-矮墙	A-WALL-PRHT	半截墙
单线墙	建筑-墙-单线	A-WALL-CNTR	
墙填充	建筑-墙-填充	A-WALL-PATT	
墙保温层	建筑-墙-保温	A-WALL-HPRT	内、外墙保温完成线
柱	建筑-柱	A-COLS	柱轮廓线
柱填充	建筑-柱填充	A-COLS-PATT	
门窗	建筑-门窗	A-DRWD	门、窗
门窗编号	建筑-门窗-编号	A-DRWD-IDEN	门、窗编号
楼面	建筑-楼面	A-FLOR	楼面边界及标高变化处
地面	建筑-楼面-地面	A-FLOR-GRND	地面边界及标高变化处、室外台阶、散水轮廓
屋面	建筑-楼面-屋面	A-FLOR-ROOF	屋面边界及标高变化处、排水坡脊或坡谷线、坡向箭头及数字、排水口
阳台	建筑-楼面-阳台	A-FLOR-BALC	阳台边界线
楼梯	建筑-楼面-楼梯	A-FLOR-STRS	楼梯踏步、自动扶梯

续表

图 层	中文名称	英文名称	说 明
电梯	建筑-楼面-电梯	A-FLOR-EVTR	电梯间
卫生洁具	建筑-楼面-洁具	A-FLOR-SPCL	卫生洁具投影线
房间名称、编号	建筑-楼面-房间	A-FLOR-IDEN	
栏杆	建筑-楼面-栏杆	A-FLOR-HRAL	楼梯扶手、阳台防护栏
停车库	建筑-停车场	A-PRKG	
停车道	建筑-停车场-道牙	A-PRKG-CURB	停车场道牙、车行方向、转弯半径
停车位	建筑-停车场-车位	A-PRKG-SIGN	停车位标线、编号及标识
区域	建筑-区域	A-ARER	
区域边界	建筑-区域-边界	A-ARER-OTLN	区域边界及标高变化处
区域标注	建筑-区域-标注	A-ARERTEXT	面积标注
家具	建筑-家具	A-FURN	
固定家具	建筑-家具-固定	A-FURN-FIXD	固定家具投影线
活动家具	建筑-家具-活动	A-FURN-MOVE	活动家具投影线
吊顶	建筑-吊顶	A-CLNG	
吊顶网格	建筑-吊顶-网格	A-CLNG-GRID	吊顶网格线、主龙骨
吊顶图案	建筑-吊顶-图案	A-CLNG-PATT	吊顶图案线
吊顶构件	建筑-吊顶-构件	A-CLNG-SUSP	吊顶构件、吊顶上的灯具、风口
立面	建筑-立面	A-ELEV	
立面线1	建筑-立面-线一	A-ELEV-LIN1	
立面线2	建筑-立面-线二	A-ELEV-LIN2	
立面线3	建筑-立面-线三	A-ELEV-LIN3	
立面线4	建筑-立面-线四	A-ELEV-LIN4	
立面填充	建筑-立面-填充	A-ELEV-PATT	
剖面	建筑-剖面	A-SECT	
剖面线1	建筑-剖面-线一	A-SECT-LIN1	
剖面线2	建筑-剖面-线二	A-SECT-LIN2	
剖面线3	建筑-剖面-线三	A-SECT-LIN3	
剖面线4	建筑-剖面-线四	A-SECT-LIN4	
详图	建筑-详图	A-DETL	
详图线1	建筑-详图-线一	A-DETL-LIN1	
详图线2	建筑-详图-线二	A-DETL-LIN2	

续表

图 层	中文名称	英文名称	说 明
详图线 3	建筑-详图-线三	A-DETL-LIN3	
详图线 4	建筑-详图-线四	A-DETL-LIN4	
三维	建筑-三维	A-3DMS	
三维线 1	建筑-三维-线一	A-3DMS-LIN1	
三维线 2	建筑-三维-线二	A-3DMS-LIN2	
三维线 3	建筑-三维-线三	A-3DMS-LIN3	
三维线 4	建筑-三维-线四	A-3DMS-LIN4	
注释	建筑-注释	A-ANNO	
图框	建筑-注释-图框	A-ANNO-TTLB	
图例	建筑-注释-图例	A-ANNO-LEGN	
尺寸标注	建筑-注释-标注	A-ANNO-DIMS	
文字说明	建筑-注释-文字	A-ANNO-TEXT	
公共标注	建筑-注释-公共	A-ANNO-IDEN	
标高标注	建筑-注释-标高	A-ANNO-ELVT	
索引符号	建筑-注释-索引	A-ANNO-CRSR	
引出标注	建筑-注释-引出	A-ANNO-DRVT	
表格	建筑-注释-表格	A-ANNO-TAL	
填充	建筑-注释-填充	A-ANNO-PATT	
指北针	建筑-注释-指北针	A-ANNO-NARW	
轴线	结构-轴线	S-AXIS	
轴网	结构-轴线-轴网	S-AXIS-GRID	平面轴网、中心线
轴线标注	结构-轴线-标注	S-AXIS-DIMS	轴线尺寸标注及标注文字
轴线编号	结构-轴线-编号	S-AXIS-TEXT	
柱	结构-柱	S-COLS	
柱平面实线	结构-柱-平面-实线	S-COLS-PLAN-LINE	柱平面图（实线）
柱平面虚线	结构-柱-平面-虚线	S-COLS-PLAN-DASH	柱平面图（虚线）
柱平面钢筋	结构-柱-平面-钢筋	S-COLS-PLAN-RBAR	柱平面图钢筋标注
柱平面尺寸	结构-柱-平面-尺寸	S-COLS-PLAN-DIMS	柱平面图尺寸标注及标注文字
柱平面填充	结构-柱-平面-填充	S-COLS-PLAN-PATT	
柱编号	结构-柱-平面-编号	S-COLS-PLAN-IDEN	
柱详图实线	结构-柱-详图-实线	S-COLS-DEL-LINE	

续表

图 层	中文名称	英文名称	说 明
柱详图虚线	结构-柱-详图-虚线	S-COLS-DEL-DASH	
柱详图钢筋	结构-柱-详图-钢筋	S-COLS-DEL-RBAR	
柱详图尺寸	结构-柱-详图-尺寸	S-COLS-DEL-DIMS	
柱详图填充	结构-柱-详图-填充	S-COLS-DEL-PATT	
柱表	结构-柱-表	S-COLS-TABL	
柱楼层标高表	结构-柱-表-层高	S-COLS-TABL-ELVT	
构造柱平面实线	结构-柱-表-实线	S-COLS-TABL-LINE	构造柱平面图（实线）
构造柱平面虚线	结构-柱-表-虚线	S-COLS-TABL-DASH	构造柱平面图（虚线）
墙	结构-墙	S-WALL	
墙平面实线	结构-墙-平面-实线	S-WALL-PLAN-LINE	通常指混凝土墙、墙平面图（实线）
墙平面虚线	结构-墙-平面-虚线	S-WALL-PLAN-DASH	墙平面图（虚线）
墙平面钢筋	结构-墙-平面-钢筋	S-WALL-PLAN-RBAR	墙平面图钢筋标注
墙平面尺寸	结构-墙-平面-尺寸	S-WALL-PLAN-DIMS	墙平面图尺寸标注及标注文字
墙平面填充	结构-墙-平面-填充	S-WALL-PLAN-PATT	
墙编号	结构-墙-平面-编号	S-WALL-PLAN-IDEN	
墙详图实线	结构-墙-平面-实线	S-WALL-PLAN-LINE	
墙详图虚线	结构-墙-平面-虚线	S-WALL-PLAN-DASH	
墙详图钢筋	结构-墙-平面-钢筋	S-WALL-PLAN-RBAR	
墙详图尺寸	结构-墙-平面-尺寸	S-WALL-PLAN-DIMS	
墙详图填充	结构-墙-平面-填充	S-WALL-PLAN-PAT	
墙表	结构-墙-表	S-WALL-TABL	
墙柱平面实线	结构-墙柱-平面-实线	S-WALL-COLS-LINE	墙柱平面图（实线）
墙柱平面钢筋	结构-墙柱-平面-钢筋	S-WALL-COLS-RBAR	墙柱平面图钢筋标注
墙柱平面尺寸	结构-墙柱-平面-尺寸	S-WALL-COLS-DIMS	墙柱平面图尺寸标注及标注文字
墙柱平面填充	结构-墙柱-平面-填充	S-WALL-COLS-PATT	
墙柱编号	结构-墙柱-平面-编号	S-WALL-COLS-IDME	
墙柱表	结构-墙柱-表	S-WALL-COLS-TABL	
墙柱楼层标高表	结构-墙柱-表-层高	S-WALL-COLS-ELVT	
连梁平面实线	结构-墙柱-平面-实线	S-WALL-BEAM-LINE	连梁平面图（实线）
连梁平面虚线	结构-连梁-平面-虚线	S-WALL-BEAM-DASH	连梁平面图（虚线）
连梁平面钢筋	结构-连梁-平面-钢筋	S-WALL-BEAM-RBAR	连梁平面图钢筋标注

续表

图　层	中文名称	英文名称	说　明
连梁平面尺寸	结构-连梁-平面-尺寸	S-WALL-BEAM-DIMS	连梁平面图尺寸标注及标注文字
连梁编号	结构-连梁-平面-编号	S-WALL-BEAM-IDEN	
连梁表	结构-连梁-平面-表	S-WALL-BEAM-TABL	
连梁楼层标高表	结构-连梁-平面-层高	S-WALL-BEAM-ELVT	
砌体墙平面实线	结构-墙-砌体-实线	S-WALL-MSNW-LINE	砌体墙平面图（实线）
砌体墙平面虚线	结构-墙-砌体-虚线	S-WALL-MSNW-DASH	砌体墙平面图（虚线）
砌体墙平面尺寸	结构-墙-砌体-尺寸	S-WALL-MSNW-DIMS	砌体墙平面图尺寸标注及标注文字
砌体墙平面填充	结构-墙-砌体-填充	S-WALL-MSNW-PATT	
梁	结构-梁	S-BEAM	
梁平面实线	结构-梁-平面-实线	S-BEAM-PLAN-LINE	梁平面图（实线）
梁平面虚线	结构-梁-平面-虚线	S-BEAM-PLAN-DASH	梁平面图（虚线）
梁平面水平钢筋	结构-梁-钢筋-水平	S-BEAM-RBAR-HCPT	梁平面图水平钢筋标注
梁平面垂直钢筋	结构-梁-钢筋-垂直	S-BEAM-RBAR-VCPT	梁平面图垂直钢筋标注
梁平面附加吊筋	结构-梁-吊筋-附加	S-BEAM-RBAR-ADDU	梁平面图附加吊筋钢筋标注
梁平面附加箍筋	结构-梁-箍筋-附加	S-BEAM-RBAR-ADDO	梁平面图附箍筋钢筋标注
梁平面尺寸	结构-梁-平面-尺寸	S-BEAM-PLAN-DIMS	梁平面图尺寸标注及标注文字
梁编号	结构-梁-平面-编号	S-BEAM-PLAN-IDEN	
梁详图实线	结构-梁-详图-实线	S-BEAM-DETL-LINE	
梁详图虚线	结构-梁-详图-虚线	S-BEAM-DETL-DASH	
梁详图钢筋	结构-梁-详图-钢筋	S-BEAM-DETL-RBAR	
梁详图尺寸	结构-梁-详图-尺寸	S-BEAM-DETL-DIMS	
梁楼层标高表	结构-梁-表-层高	S-BEAM-TABL-ELVT	
过梁平面实线	结构-过梁-平面-实线	S-LTEL-PLAN-LINE	过梁平面图（实线）
过梁平面虚线	结构-过梁-平面-虚线	S-LTEL-PLAN-DASH	过梁平面图（虚线）
过梁平面钢筋	结构-过梁-平面-钢筋	S-LTEL-PLAN-RBAR	过梁平面图钢筋标注
过梁平面尺寸	结构-过梁-平面-尺寸	S-LTEL-PLAN-DIMS	过梁平面图尺寸标注及标注文字
楼板	结构-楼板	S-SLAB	
楼板平面实线	结构-楼板-平面-实线	S-SLAB-PLAN-LINE	楼板平面图（实线）
楼板平面虚线	结构-楼板-平面-虚线	S-SLAB-PLAN-DASH	楼板平面图（虚线）
楼板平面下部钢筋	结构-楼板-正筋	S-SLAB-BBAR	楼板平面图下部钢筋（正筋）

续表

图　层	中文名称	英文名称	说　明
楼板平面下部钢筋标注	结构-楼板-正筋-标注	S-SLAB-BBAR-IDEN	楼板平面图下部钢筋（正筋)标注
楼板平面下部钢筋尺寸	结构-楼板-正筋-尺寸	S-SLAB-BBAR-DIMS	楼板平面图下部钢筋（正筋)尺寸标注及标注文字
楼板平面上部钢筋	结构-楼板-负筋	S-SLAB-TBAR	楼板平面图上部钢筋（负筋)
楼板平面上部钢筋标注	结构-楼板-负筋-标注	S-SLAB-TBAR-IDEN	楼板平面图上部钢筋（负筋)标注
楼板平面上部钢筋尺寸	结构-楼板-负筋-尺寸	S-SLAB-TBAR-DIMS	楼板平面图上部钢筋（负筋)尺寸标注及标注文字
楼板平面填充	结构-楼板-平面-填充	S-SLAB-PLAN-PATT	
楼板详图实线	结构-楼板-详图-实线	S-SLAB-DETL-LINE	
楼板详图钢筋	结构-楼板-详图-钢筋	S-SLAB-DETL-RBAR	
楼板详图钢筋标注	结构-楼板-详图-标注	S-SLAB-DETL-IDEN	
楼板详图尺寸	结构-楼板-详图-尺寸	S-SLAB-DETL-DIMS	
楼板编号	结构-楼板-平面-编号	S-SLAB-PLAN-IDEN	
楼板楼层标高表	结构-楼板-表-层高	S-SLAB-TABL-ELVT	
预制板	结构-楼板-预制	S-SLAB-PCST	
洞口	结构-洞口	S-OPNG	
洞口楼板实线	结构-洞口-平面-实线	S-OPNG-PLAN-LINE	楼板平面洞口（实线)
洞口楼板虚线	结构-洞口-平面-虚线	S-OPNG-PLAN-DASH	楼板平面洞口（虚线)
洞口楼板加强钢筋	结构-洞口-平面-钢筋	S-OPNG-PLAN-RBAR	楼板平面洞边加强钢筋
洞口楼板钢筋标注	结构-洞口-平面-标注	S-OPNG-RBAR-IDEN	楼板平面洞边加强钢筋标注
洞口楼板尺寸	结构-洞口-平面-尺寸	S-OPNG-PLAN-DIMS	楼板平面洞口尺寸标注及标注文字
洞口楼板编号	结构-洞口-平面-编号	S-OPNG-PLAN-IDEN	
洞口墙上实线	结构-洞口-墙-实线	S-OPNG-WALL-LINE	墙上洞口（实线)
洞口墙上虚线	结构-洞口-墙-虚线	S-OPNG-WALL-DASH	墙上洞口（虚线)
基础	结构-基础	S-FNDN	

图　　层	中文名称	英文名称	说　　明
基础平面实线	结构-基础-平面-实线	S-FNDN-PLAN-LINE	基础平面图（实线）
基础平面钢筋	结构-基础-平面-钢筋	S-FNDN-PLAN-RBAR	基础平面图钢筋
基础平面钢筋标注	结构-基础-平面-标注	S-FNDN-PLAN-IDEN	基础平面图钢筋标注
基础平面尺寸	结构-基础-平面-尺寸	S-FNDN-PLAN-DIMS	基础平面图尺寸标注及标注文字
基础编号	结构-基础-平面-编号	S-FNDN-PLAN-IDEN	
基础详图实线	结构-基础-详图-实线	S-FNDN-DETL-LINE	
基础详图虚线	结构-基础-详图-虚线	S-FNDN-DETL-DASH	
基础详图钢筋	结构-基础-详图-钢筋	S-FNDN-DETL-RBAR	
基础详图钢筋标注	结构-基础-详图-标注	S-FNDN-DETL-IDEN	
基础详图尺寸	结构-基础-详图-尺寸	S-FNDN-DETL-DIMS	
基础详图填充	结构-基础-详图-填充	S-FNDN-DETL-PATT	
桩	结构-桩	S-PILE	
桩平面实线	结构-桩-平面-实线	S-PILE-PLAN-LINE	桩平面图（实线）
桩平面虚线	结构-桩-平面-虚线	S-PILE-PLAN-DASH	桩平面图（虚线）
桩编号	结构-桩-平面-编号	S-PILE-PLAN-IDEN	
桩详图	结构-桩-详图	S-PILE-DETL	
楼梯	结构-楼梯	S-STRS	
楼梯平面实线	结构-楼梯-平面-实线	S-STRS-PLAN-LINE	楼梯平面图（实线）
楼梯平面虚线	结构-楼梯-平面-虚线	S-STRS-PLAN-DASH	楼梯平面图（虚线）
楼梯平面钢筋	结构-楼梯-平面-钢筋	S-STRS-PLAN-RBAR	楼梯平面图钢筋
楼梯平面标注	结构-楼梯-平面-标注	S-STRS-RBAR-IDEN	楼梯平面图钢筋标注及其他标注
楼梯平面尺寸	结构-楼梯-平面-尺寸	S-STRS-PLAN-DIMS	楼梯平面图尺寸标注及标注文字
楼梯详图实线	结构-楼梯-详图-实线	S-STRS-DETL-LINE	
楼梯详图虚线	结构-楼梯-详图-虚线	S-STRS-DETL-DASH	
楼梯详图钢筋	结构-楼梯-详图-钢筋	S-STRS-DETL-RBAR	
楼梯详图标注	结构-楼梯-详图-标注	S-STRS-DETL-IDEN	
楼梯详图尺寸	结构-楼梯-详图-尺寸	S-STRS-DETL-DIMS	
楼梯详图填充	结构-楼梯-详图-填充	S-STRS-DETL-PATT	
钢结构	结构-钢	S-STEL	
钢结构辅助线	结构-钢-辅助	S-STEL-ASIS	

续表

图 层	中文名称	英文名称	说 明
斜支撑	结构-钢-斜撑	S-STEL-BRGX	
型钢实线	结构-型钢-实线	S-STEL-SHAP-LINE	
型钢标注	结构-型钢-标注	S-STEL-SHAP-IDEN	
型钢尺寸	结构-型钢-尺寸	S-STEL-SHAP-DIMS	
型钢填充	结构-型钢-填充	S-STEL-SHAP-PATT	
钢板实线	结构-螺栓-实线	S-STEL-PLAT-LINE	
钢板标注	结构-钢板-标注	S-STEL-PLAT-IDEN	
钢板尺寸	结构-钢板-尺寸	S-STEL-PLAT-DIMS	
钢板填充	结构-钢板-填充	S-STEL-PLAT-PATT	
螺栓	结构-螺栓	S-ABLT	
螺栓实线	结构-螺栓-实线	S-ABLT-LINE	
螺栓标注	结构-螺栓-标注	S-ABLT-IDEN	
螺栓尺寸	结构-螺栓-尺寸	S-ABLT-DIMS	
螺栓填充	结构-螺栓-填充	S-ABLT-PATT	
焊缝	结构-焊缝	S-WELD	
焊缝实线	结构-焊缝-实线	S-WELD-LINE	
焊缝标注	结构-焊缝-标注	S-WELD-IDEN	
焊缝尺寸	结构-焊缝-尺寸	S-WELE-DIMS	
预埋件	结构-预埋件	S-BURY	
预埋件实线	结构-预埋件-实线	S-BURY-LINE	
预埋件虚线	结构-预埋件-虚线	S-BURY-DASH	
预埋件钢筋	结构-预埋件-钢筋	SBURY-RBAR	
预埋件标注	结构-预埋件-标注	S-BURY-IDEN	
预埋件尺寸	结构-预埋件-尺寸	S-BURY-DIMS	
注释	结构-注释	S-ANNO	
图框	结构-注释-图框	S-ANNO-TTLB	图框及图框文字
尺寸标注	结构-注释-标注	S-ANNO-DIMS	尺寸标注及标注文字
文字说明	结构-注释-文字	S-ANNO-TEXT	结构专业文字说明
公共标注	结构-注释-公共	S-ANNO-IDEN	
标高标注	结构-注释-标高	S-ANNO-ELVT	标高符号及标注文字
索引符号	结构-注释-索引	S-ANNO-CRSR	

续表

图　层	中文名称	英文名称	说　明
引出标注	结构-注释-引出	S-ANNO-DRVT	
表格线	结构-注释-表格-线	S-ANNO-TSBL-LINE	
表格文字	结构-注释-表格-文字	S-ANNO-TSBL-TEXT	
表格钢筋	结构-注释-表格-钢筋	S-ANNO-TSBL-RBSR	
填充	结构-注释-填充	S-ANNO-PSTT	图案填充
指北针	结构-注释-指北针	S-ANNO-NSRW	

参考文献

[1] 谢龙汉. AutoCAD 2012 建筑制图实例图解[M]. 北京:清华大学出版社,2012.

[2] 施勇. AutoCAD 2011 建筑图形设计[M]. 北京:清华大学出版社,2011.

[3] 袁友胜,葛毅鹏,李楠. 2012 建筑设计从入门到精通[M]. 北京:中国铁道出版社,2012.

[4] 王吉强. AutoCAD 2008 建筑制图与室内工程制图精粹[M]. 北京:机械工业出版社,2011.

[5] 游普元. 建筑制图技术[M]. 北京:化学工业出版社,2010.

[6] 张小平,张国清. 建筑工程 CAD[M]. 北京:人民交通出版社,2012.

[7] 阮志刚. 公路工程 CAD 制图[M]. 北京:人民交通出版社,2011.